高等职业教育土建类“十四五”新形态活页式教材

建筑 CAD 实例教程

主　编　黄晓丽　仇务东
副主编　白晓东　邓于莘　李　垚

U1002133

中国建材工业出版社
北　京

图书在版编目（CIP）数据

建筑 CAD 实例教程/黄晓丽，仇务东主编．--北京：中国建材工业出版社，2024.1

高等职业教育土建类“十四五”新形态活页式教材

ISBN 978-7-5160-3852-9

Ⅰ.①建…　Ⅱ.①黄…　②仇…　Ⅲ.①建筑设计-计算机辅助设计-AutoCAD 软件-高等职业教育-教材　Ⅳ.①TU201.4

中国国家版本馆 CIP 数据核字（2023）第 200688 号

建筑 CAD 实例教程

JIANZHU CAD SHILI JIAOCHENG

主　编　黄晓丽　仇务东

副主编　白晓东　邓于莘　李　垚

出版发行：中国建材工业出版社

地　　址：北京市海淀区三里河路 11 号

邮　　编：100831

经　　销：全国各地新华书店

印　　刷：中煤（北京）印务有限公司

开　　本：787mm×1092mm　1/16

印　　张：13.5

字　　数：300 千字

版　　次：2024 年 1 月第 1 版

印　　次：2024 年 1 月第 1 次

定　　价：59.80 元

本社网址：www.jccbs.com，微信公众号：zgjcgycbs

请选用正版图书，采购、销售盗版图书属违法行为

《建筑 CAD 实例教程》编 委 会

主　编	黄晓丽	闽西职业技术学院
	仇务东	北京财贸职业学院
副主编	白晓东	黑龙江建筑职业技术学院
	邓于苹	闽西职业技术学院
	李　垚	广州中望龙腾软件股份有限公司
参　编	黄　波	四川农业大学
	林晓星	黎明职业大学
	章陈瀑	闽西职业技术学院
	章宇萍	闽西职业技术学院
	王健凡	闽西职业技术学院
	田　静	四川建筑职业技术学院

前 言 PREFACE

2019年，国务院印发《国家职业教育改革实施方案》，把奋力办好新时代职业教育的决策部署细化为若干具体行动，其中指出要深化复合型技术技能人才培养培训模式改革。随着国民经济和科学技术的飞速发展，我国职业教育内涵正发生着巨大变化，为培养高素质技术技能人才，更好地将理论与实践相结合，满足土建类专业建筑CAD课程的需要，编者根据职业教育教学改革需求组织编写了本书。

本书共分为7个教学单元：教学单元1和教学单元2主要介绍了CAD的基本操作和常用命令；教学单元3~教学单元6紧密联系工程实例，通过任务的形式详细介绍建筑施工图与结构施工图的绘图步骤，提升CAD绘图技能；教学单元7主要介绍图形输出与打印。

本书由闽西职业技术学院组织编写，闽西职业技术学院黄晓丽担任第一主编，负责本教材的全面统筹、编排和梳理工作；北京财贸职业学院仇务东担任第二主编，黑龙江建筑职业技术学院白晓东、闽西职业技术学院邓于莘、广州中望龙腾软件股份有限公司李垚担任副主编。具体编写分工如下：教学单元3、教学单元4和教学单元5由黄晓丽编写，教学单元1、教学单元2和教学单元7由仇务东编写，教学单元6由黄晓丽和白晓东编写，李垚负责全书CAD软件技术支持。其他参编人员还有四川农业大学黄波、黎明职业大学林晓星、闽西职业技术学院章陈瀑、闽西职业技术学院章宇萍、闽西职业技术学院王健凡、四川建筑职业技术学院田静等。

本书以中望CAD 2024教育版为例进行编写。编写过程中，编写人员以实用、适用、够用为标准，紧贴工程实际，以国家最新标准为依据，选用实际工程案例为载体，将理论知识与实践相结合，不断探索如何更好地培养学生的建筑CAD绘图能力。由于编者水平有限，书中不足和疏漏之处在所难免，敬请广大读者批评指正。

编 者

2023年11月

目 录 CONTENTS

教学单元1　绪论 …… 1

1.1　CAD简介 …… 1

1.1.1　CAD概述 …… 1

1.1.2　CAD发展史 …… 2

1.1.3　CAD基本功能 …… 3

1.2　CAD用户界面 …… 3

1.2.1　CAD工作空间 …… 3

1.2.2　CAD工作界面 …… 4

1.3　操作基础 …… 7

1.3.1　功能键定义 …… 7

1.3.2　鼠标的应用 …… 8

1.3.3　命令的访问和操作 …… 8

1.3.4　命令的撤销和恢复 …… 10

1.3.5　视口刷新 …… 11

1.3.6　视图平移缩放 …… 11

1.4　文件管理 …… 12

1.4.1　新建文件 …… 12

1.4.2　打开文件 …… 13

1.4.3　保存文件 …… 13

1.4.4　关闭文件 …… 14

1.4.5　输出文件数据 …… 16

1.4.6　设置自动保存文件间隔时间 …… 16

1.5　坐标显示和输入 …… 17

1.5.1　坐标系统 …… 17

1.5.2　坐标输入方法 …… 18

1.6　图纸的基本设置 …… 19

1.6.1　图形界限设置 …… 19

1.6.2　度量单位和精度设置 …… 19

1.7 绘图辅助工具 …… 20
1.7.1 对象捕捉 …… 20
1.7.2 捕捉和栅格 …… 21
1.7.3 正交模式 …… 23
1.7.4 自动追踪 …… 24
1.7.5 动态输入 …… 26
1.7.6 隐藏线宽 …… 26
1.7.7 对象查询 …… 27
1.7.8 目标选择 …… 29
1.7.9 常用“选项”设置 …… 31

教学单元2 CAD常用命令 …… 33

2.1 绘制图形命令 …… 33
2.1.1 Point绘制点 …… 34
2.1.2 绘制线段 …… 35
2.1.3 Pline绘制多段线 …… 37
2.1.4 绘制矩形和正多边形 …… 41
2.1.5 绘制多线 …… 44
2.1.6 绘制曲线 …… 47
2.1.7 徒手绘制 …… 52
2.1.8 Block创建块和插入块 …… 54
2.1.9 图案填充和面域 …… 55
2.1.10 文字标注和表格 …… 60
2.2 编辑修改图形命令 …… 70
2.2.1 对象选择方法和技巧 …… 70
2.2.2 使用夹点编辑图形 …… 70
2.2.3 特性和特性匹配 …… 72
2.2.4 对象的删除和恢复 …… 73
2.2.5 图形变换 …… 73
2.2.6 图形复增 …… 79
2.2.7 图形修整 …… 85
2.2.8 倒角和倒圆角 …… 87
2.2.9 图形打断、合并和分解 …… 89
2.3 尺寸标注 …… 91
2.3.1 尺寸标注的基本知识 …… 91
2.3.2 标注样式管理器 …… 92
2.3.3 标注尺寸的内容和方法 …… 93

2.3.4 编辑尺寸标注文本 …… 98
2.3.5 尺寸标注实战 …… 98

教学单元3 建筑平面图绘制 …… 101

3.1 设置图层 …… 101
3.1.1 图层的调用 …… 101
3.1.2 图层的创建 …… 101
3.2 绘制轴网 …… 105
3.2.1 绘制轴线 …… 105
3.2.2 标注轴号 …… 106
3.3 绘制墙体 …… 113
3.3.1 设置“墙体”多线样式 …… 113
3.3.2 绘制墙线 …… 114
3.3.3 编辑多线 …… 116
3.4 绘制柱子 …… 117
3.4.1 绘制柱子轮廓线 …… 117
3.4.2 填充图例 …… 118
3.4.3 复制柱子 …… 118
3.5 绘制门窗 …… 120
3.5.1 门窗洞口 …… 120
3.5.2 绘制门 …… 121
3.5.3 绘制窗户 …… 124
3.6 绘制楼梯和其他 …… 125
3.6.1 绘制楼梯 …… 125
3.6.2 绘制台阶和坡道 …… 127
3.7 标注文字和尺寸 …… 128
3.7.1 文字标注 …… 128
3.7.2 尺寸标注 …… 129
3.8 标注符号和图名 …… 136
3.8.1 绘制指北针 …… 136
3.8.2 绘制剖切符号 …… 136
3.8.3 绘制箭头 …… 137
3.8.4 绘制标高符号 …… 138
3.8.5 标注图名 …… 139

教学单元4 建筑立面图绘制 …… 141

4.1 设置图层 …… 141

4.2 绘制轴线和辅助线 …… 141
4.2.1 绘制轴线 …… 141
4.2.2 绘制辅助线 …… 142
4.3 绘制地坪线和外轮廓线 …… 143
4.3.1 绘制地坪线 …… 143
4.3.2 绘制外轮廓线 …… 144
4.4 绘制窗户 …… 145
4.4.1 绘制窗户洞口 …… 145
4.4.2 绘制立面窗户 …… 145
4.5 绘制立面装饰 …… 148
4.5.1 绘制分隔线 …… 148
4.5.2 填充立面装饰材料 …… 149
4.5.3 立面装饰材料注释 …… 149
4.6 标注尺寸、图名和标高 …… 150
4.6.1 标注尺寸 …… 150
4.6.2 标注图名 …… 150
4.6.3 标注标高 …… 151
4.7 绘制台阶和雨篷 …… 151
4.7.1 绘制台阶 …… 151
4.7.2 绘制雨篷 …… 151

教学单元5 建筑剖面图绘制 …… 153

5.1 设置图层 …… 153
5.2 绘制轴线和辅助线 …… 153
5.2.1 绘制轴线 …… 153
5.2.2 绘制辅助线 …… 155
5.3 绘制墙体和梁板 …… 155
5.3.1 绘制墙体 …… 155
5.3.2 绘制剖断梁板 …… 156
5.4 绘制门窗 …… 156
5.4.1 绘制剖面门窗 …… 156
5.4.2 绘制立面门窗 …… 157
5.5 标注尺寸、图名和标高 …… 158
5.5.1 标注尺寸 …… 158
5.5.2 标注图名 …… 159
5.5.3 标注标高 …… 159

教学单元 6　结构施工图绘制 …… 161
6.1　结构施工图介绍 …… 161
6.1.1　结构施工图概述 …… 161
6.1.2　结构施工图的作用 …… 161
6.1.3　结构施工图绘制要求 …… 162
6.1.4　结构施工图绘制要点 …… 162
6.2　样板文件 …… 163
6.2.1　创建样板文件 …… 164
6.2.2　调用样板文件 …… 169
6.3　绘制基础平法施工图 …… 169
6.3.1　基础图绘制内容 …… 169
6.3.2　调用样板文件 …… 170
6.3.3　基础平法施工图绘制的基本步骤 …… 170
6.3.4　绘制基础平面图 …… 171
6.3.5　绘制基础平法配筋 …… 172
6.4　绘制钢筋混凝土梁平法施工图 …… 174
6.4.1　钢筋混凝土梁平法施工图绘制内容 …… 174
6.4.2　绘制钢筋混凝土梁模板图 …… 174
6.4.3　绘制钢筋混凝土梁平法施工图 …… 176
6.4.4　绘制梁横截面配筋图 …… 177
6.5　绘制现浇混凝土楼梯结构图 …… 180
6.5.1　钢筋混凝土楼梯绘制内容 …… 180
6.5.2　绘制楼梯结构图准备工作 …… 180
6.5.3　绘制楼梯梯段板配筋图 …… 182

教学单元 7　图形输出和打印 …… 187
7.1　模型空间和图纸空间 …… 187
7.1.1　模型空间和图纸空间的切换 …… 187
7.1.2　布局的创建和管理 …… 188
7.1.3　浮动视口的特点和操作要点 …… 189
7.2　图形输出 …… 191
7.2.1　页面设置 …… 191
7.2.2　打印设置 …… 195
7.3　布局图的设置和输出 …… 196

参考文献 …… 201

教学单元1　绪论

1.1　CAD简介

1.1.1　CAD概述

1. 符号约定

为叙述和读者阅读方便，本书采用一些符号来表示不同的含义，并做如下约定：

（1）符号“→”：表示操作路径、操作顺序。

（2）符号“↵”：表示按【Enter】键或空格键（个例除外）。所有通过键盘输入的命令、选项或数据，均按该键确认。

（3）鼠标动作：左右键与Windows系统规范相同，如“单击”“右击”“双击”“拖动”。

“单击”和“点取”都指将光标移动到目标对象上按鼠标左键一下后松开；“拾取”指光标在视口的某一坐标点处，按鼠标左键一下后松开即可。

中键“滚轮”的操作包括：按住并移动鼠标称为“拖动中键”；推动滚轮向前或向后称为“前推”“后拉”。

特别说明的是“悬停”是指光标停留在目标（如按钮）上2秒以上。

（4）符号“【】”：用来标识功能键，如【Esc】指键盘上的Esc键。

（5）用键盘输入命令、选项或参数时，大小写字母没有区别。

（6）窗口操作：与Windows系统规范相同，本书不再赘述。

2. 术语解释

（1）拖放（Drag-Drop）和拖动（Dragging）。

前者是按住鼠标左键不放，移动到目标位置时再松开左键，松开时操作才生效。这是Windows常用的操作，当然也可以是鼠标右键的拖放。后者是不按住鼠标键，在中望CAD绘图区移动鼠标，系统给出图形的动态反馈，在绘图区用左键点取位置，结束拖动。如：夹点编辑和动态创建使用的就是拖动操作。

（2）窗口（Window）和视口（Viewport）。

前者是Windows操作系统的界面元素，后者是中望CAD文档客户区用于显示某个视图的区域，客户区上可以开辟多个视口，不同的视口可以显示不同的视图。视口有模型空间视口和图纸空间视口，前者用于创建和编辑图形，后者用于在电子图纸上布置图形。

3. 初识 CAD

CAD 是一款计算机辅助设计（Computer Aided Design）软件，指利用计算机及其图形设备帮助设计人员进行设计工作。在设计中通常要用计算机对不同方案进行大量的计算、分析和比较，以决定最优方案；各种设计信息，无论是数字的、文字的还是图形的，都能存放在计算机的内存或外存里，并能快速地检索；设计人员通常从草图开始设计，将草图变为工作图的繁重工作可以交给计算机完成；由计算机自动产生的设计结果，可以快速作出图形，使设计人员及时对设计做出判断和修改；利用计算机可以进行与图形的编辑、放大、缩小、平移、复制和旋转等有关的图形数据加工工作。

CAD 简单总结如下：

（1）它的用途：绘制二维和三维图样的软件。

（2）软件安装：目前各个 CAD 研发公司研发的软件安装十分人性化，双击安装文件，继续下一步后在线注册就可以，这里不再赘述。

1.1.2 CAD 发展史

20 世纪 70 年代，开始出现工程绘图系统，CADAM 系统成为工程绘图系统的鼻祖。

1982 年，AutoCAD 系统的推出，使得以工程绘图为主要功能的二维 CAD 成为第一个能够在 PC 上运行的 CAD 软件。AutoCAD 成为很多企事业单位进行功能扩展和开发专用 CAD 的重要工具。

20 世纪 90 年代，在国家的“甩图板”工程的推动下，机械 CAD 的发展如雨后春笋一般，涌现出很多品牌，产生了凯思（中科院软件所）、开目（华中理工大学）、CAXA（发源于北航）、高华 CAD（清华大学）等自主平台的二维 CAD 系统，以及基于 AutoCAD 二次开发的天正 CAD、艾克斯特（清华大学）、中望 CAD（ZWCAD）等系统，开创了国产二维机械 CAD 发展的黄金时代。

二维 CAD 系统仍然应用十分广泛，三维 CAD 系统也非常重视二维工程图功能的不断完善和对各国工程图标准的支持。2000 年之后，随着 Open DWG 联盟的兴起，中望、浩辰、纬衡、华途等公司先后推出了对 AutoCAD 兼容性更好的二维 CAD 软件。中望和浩辰在正版化浪潮中，实现了快速成长，并实现了国际化。

三维 CAD 技术的发展，源于布尔运算和计算机辅助几何造型等技术，实现了从线框造型、曲面造型、实体造型到特征造型的发展。

北京航空航天大学在 20 世纪 90 年代曾组织开发过金银花三维 CAD 系统，新洲协同（后并入瑞风协同）自主开发了 Solid 3000 三维 CAD 系统。2000 年之后，CAXA 推出了三维实体工程师（与 IRON CAD 共同推出）；中望通过并购 VX CAD/CAM，推出了自主的三维 CAD/CAM 系统。现在主流三维 CAD 系统中，都具备草图设计和工程绘图功能。

本书以中望 CAD 2024 教育版为应用平台进行编写。

1.1.3 CAD 基本功能

（1）二维绘图：能以多种方式创建直线、圆、椭圆、圆环多边形（正多边形）、样条曲线等基本图形对象。

（2）编辑图形：CAD 具有强大的编辑功能，可以移动、复制、旋转、阵列、拉伸、延长、修剪、缩放对象等。

（3）三维绘图：可创建 3D 实体及表面模型，能对实体本身进行编辑、渲染和三维场景的漫游制作。

（4）绘图辅助工具：提供了正交、对象捕捉、极轴追踪、捕捉追踪等绘图辅助工具。正交功能使用户可以很方便地绘制水平、竖直直线，对象捕捉可帮助用户拾取几何对象上的特殊点，而追踪功能使画斜线及沿不同方向定位点变得更加容易。

（5）标注尺寸与注释工具：可以创建多种类型尺寸，标注外观可以自行设定。

能轻易在图形的任何位置、沿任何方向书写文字，可设定文字字体、倾斜角度及宽度缩放比例、可以在文件中方便绘制表格等属性。

（6）图层管理功能：图形对象都位于某一图层上，可设定对象颜色、线型、线宽等特性。

（7）网络（Internet）功能：可将图形在网络上发布，或是通过网络访问 AutoCAD 资源进行协同设计。

（8）数据交换：提供了多种图形图像数据交换格式及相应命令。

（9）输出与打印：输出各种格式的图纸。

1.2 CAD 用户界面

1.2.1 CAD 工作空间

为方便布图 ZWCAD 都有模型空间和图纸空间，单击绘图窗口下方的“模型”“布局”标签，可以方便地在这两个空间之间切换，如图 1.2.1 所示。

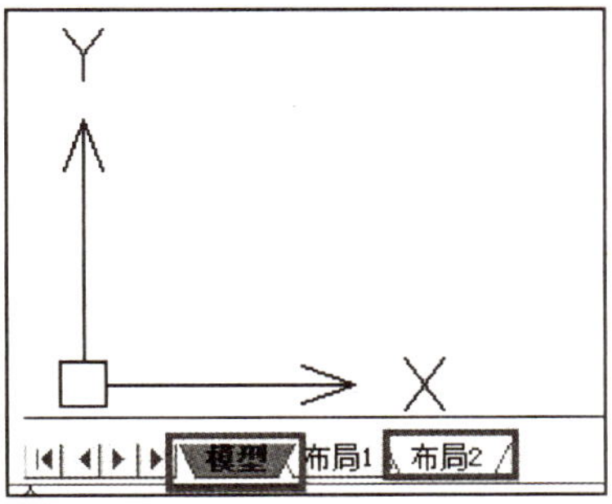

图 1.2.1 模型空间与布局空间

1. 模型空间

模型空间主要是供用户建立和修改二维、三维模型的工作环境。对于一些绘图比例比较单一的图形，可以在模型空间中按一个比例布图（即单比例布图）并打印输出，如图 1.2.2 所示。

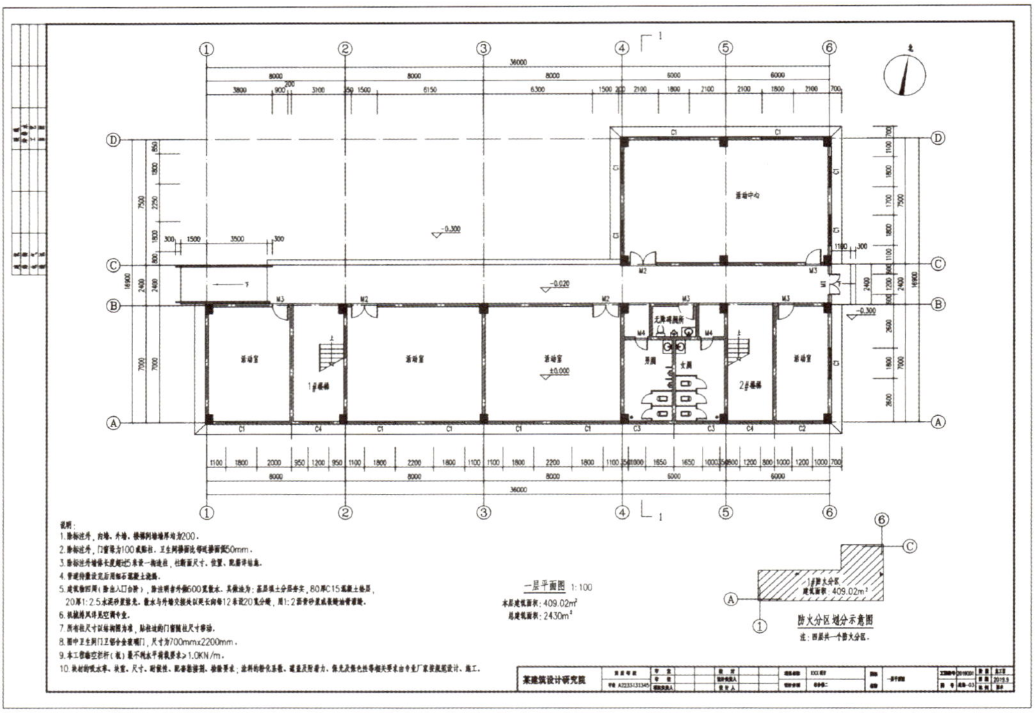

图 1.2.2　单比例布图模型空间

2. 图纸空间（布局空间）

图纸空间是二维图形环境，它以布局形式出现，布局完全模拟图纸内容，用户可以在绘图之前或之后安排图形的输出布局。ZWCAD 命令都能用于图纸空间，但在图纸空间建立的二维实体，在模型空间不能显示。图纸空间可分为“图纸模型空间”和“纯图纸空间”。尽管 ZWCAD 模型空间只有 1 个，但用户可以为图形创建多个布局图，以适应各种不同比例要求的图形输出和打印，如图 1.2.3 所示。

1.2.2　CAD 工作界面

1. 工作界面介绍

基于 Windows 操作系统的应用程序有大体相同的界面风格，通常都由标题栏、下拉菜单、功能选项卡或工具栏、成果显示窗口等组成，操作中都是以菜单后的三角箭头“▶”或者“▼”预示有子菜单和省略号“…”预示打开对话框。而对“中望 CAD 2024 教育版”的操作有特别之处，需要从工作界面出发，认识和掌握该应用程序的基础知识。如图 1.2.4 所示图标。

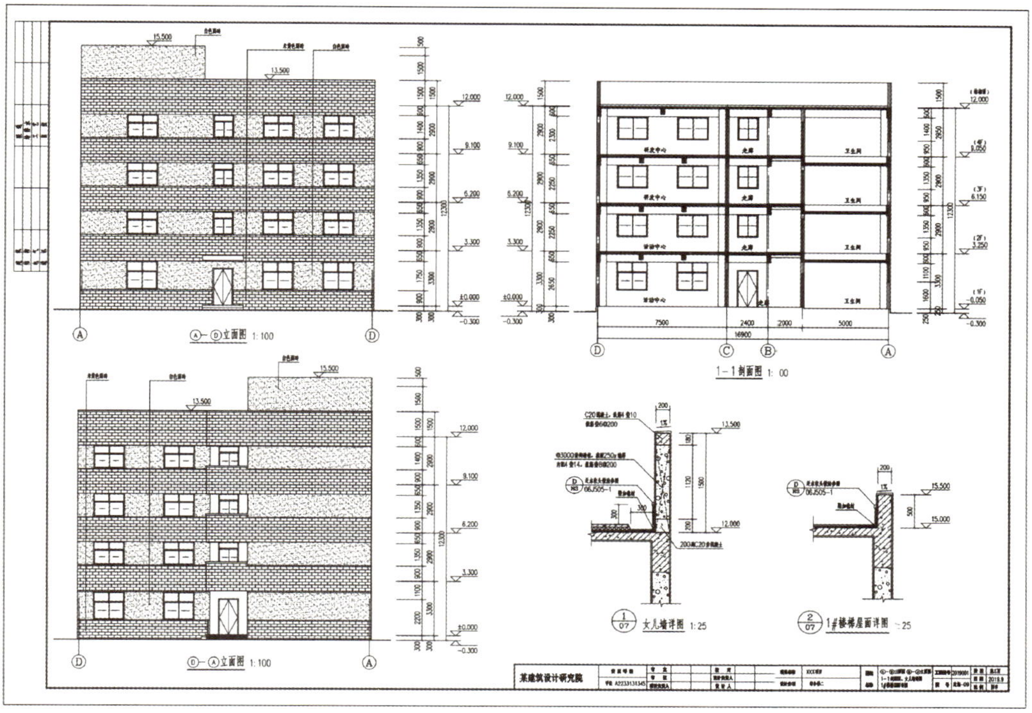

图 1.2.3　多比例布局空间

中望 CAD 2024 教育版的初始界面采用了时尚的功能选项卡风格，界面深沉、有点灰暗。熟悉它并对它进行用户个性化设置是使用好它的基本前提。

图 1.2.4　软件图标

（1）首次启动中望 CAD 2024 教育版，将进入“草图与注释”工作空间，默认的图形视口是黑色的，为了印刷清楚，本书中图例均改为白底状态，其应用程序界面如图 1.2.5 所示。

操作方法：

① 双击桌面快捷图标。

② 选择“开始”→“所有程序”→“ZWSOFT”→“中望 CAD 2024 教育版”。

（2）了解界面组成。

根据图 1.2.5 所示，“草图与注释”工作空间界面主要包括：

① 应用程序按钮和快速访问工具栏：其功能主要是关于文件的有关操作。

② 图形显示窗口：其实是个无限大的三维空间，通过该窗口可以观察图形，可以实现对图形的显示控制。

③ 各功能选项卡及其功能区：如界面所示的“默认”功能选项卡有“绘图”“修改”“注释”“图层”“块”“特性”和“组”等功能区。各功能区中又集成了相关功能图标按钮，单击图标按钮就是执行对应的 CAD 命令；单击向下的三角箭头“▼”，可展开更多的功能图标按钮。

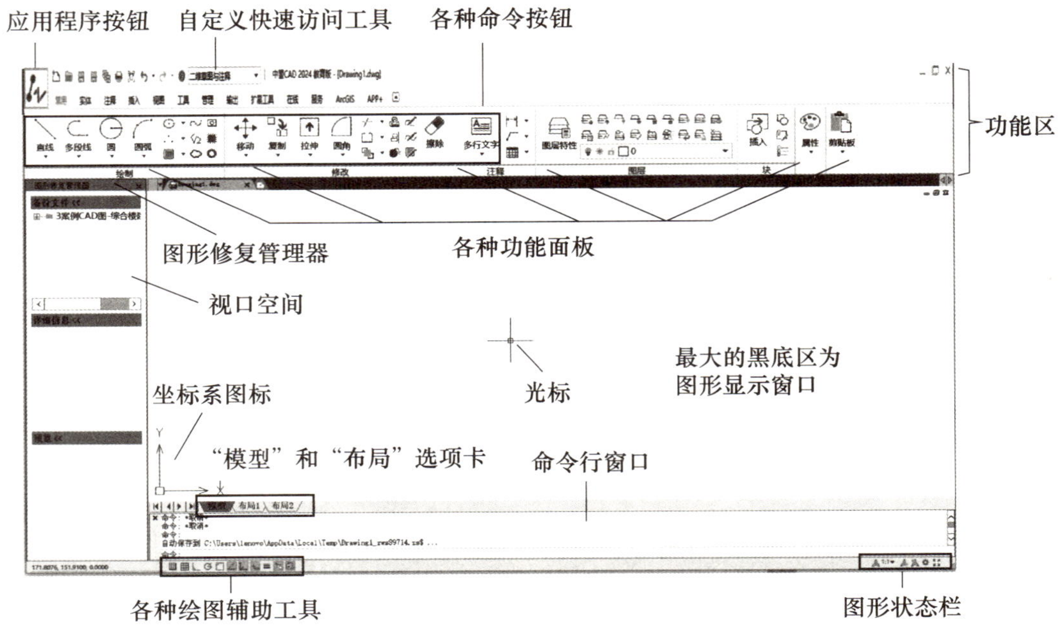

图 1.2.5　中望 CAD 2024 教育版“草图与注释”初始界面

④ 命令行窗口：显示绘图命令和系统提示信息，与早期版本不同的是可以调整其透明度。

⑤ 坐标系：坐标系图标称为 WCS 图标，显示坐标轴的正方向。

⑥ 光标：光标是鼠标指针的象征，在界面的不同区域和不同运行状态，光标所表现出的形状是不相同的，也表明了不同的含义。

⑦ 图形修复管理器：窗口内显示当前编辑文件名称和文件对应的详细信息。

⑧ 绘图辅助工具：熟练掌握绘图辅助工具是保证绘图准确性和提高绘图效率的重要前提。按下相应的按钮表示启用了该辅助工具，其中三个最重要的辅助工具是：极轴追踪、对象捕捉和对象捕捉追踪。

⑨“模型”和“布局”选项卡：用于在模型空间和图纸空间切换。

2. 工作空间的创建与修改

工作空间是指用户自己创建的用户界面配置。对于每个工作空间，用户可以显示快速访问工具栏、选项卡及控制面板。该软件提供了常用的两种工作空间：“二维草图与注释”和“ZWCAD 经典”，如图 1.2.6 所示；也可以根据用户习惯进行自定义用户界面，如图 1.2.7 所示；一般推荐使用两种之一。本书中我们以“ZWCAD 经典”工作空间进行操作。

操作方法：单击状态栏“齿轮”→“选择工作空间”。

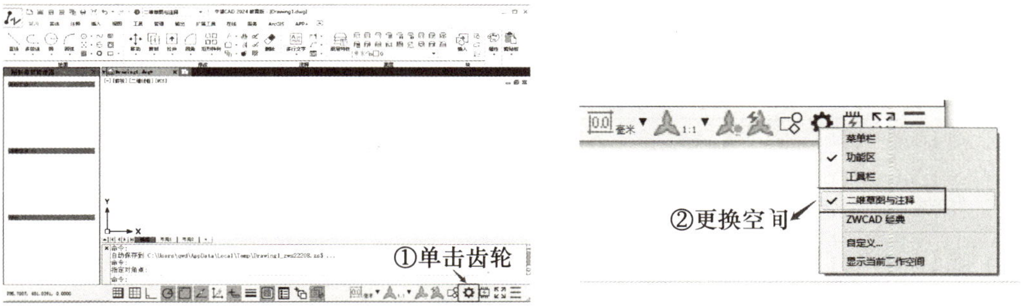

图 1.2.6　切换工作空间

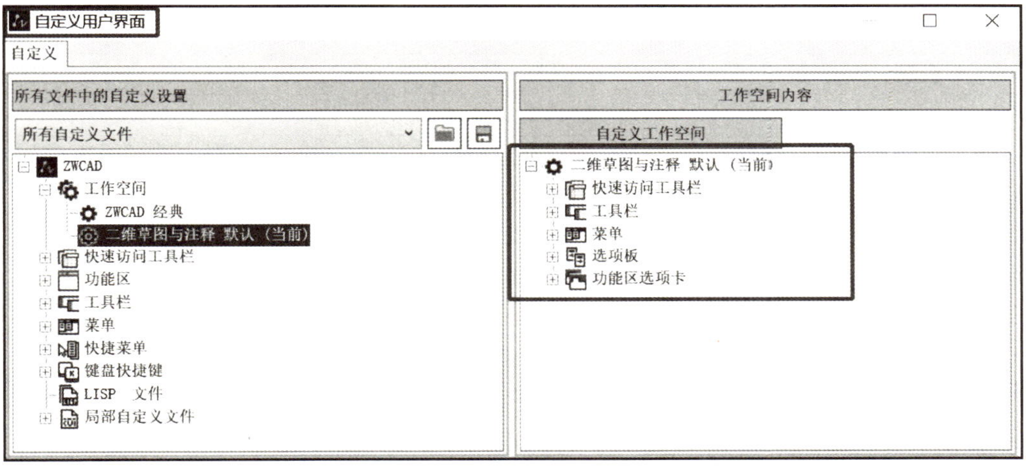

图 1.2.7　自定义用户界面

1.3　操作基础

任何软件都有自己的使用说明和操作特点，为了方便有成效的学习该软件，了解它的操作风格和基本操作是必要的。

1.3.1　功能键定义

CAD 中的功能键可以快速实现指定命令的操作，如表 1.3.1 所示。

表 1.3.1　功能键的定义

功能键	功能释义
【F1】	获得帮助（HELP）
【F2】	实现图形显示窗口与文本窗口的切换
【F3】或【Ctrl】+【F】	对象捕捉功能的开关（OSNAP）

续表

功能键	功能释义
【F4】	三维对象捕捉功能的开关（TABLET）
【F5】或【Ctrl】+【E】	等轴测平 main 切换方式（ISOPLANE）
【F6】或【Ctrl】+【D】	允许/禁止动态 UCS 开关
【F7】	栅格显示开关（GRID）
【F8】或【Ctrl】+【L】	正交模式开关（ORTHO）
【F9】或【Ctrl】+【B】	栅格捕捉模式开关（SNAP）
【F10】或【Ctrl】+【U】	极轴启用开关
【F11】	对象追踪功能开关
【F12】	动态输入功能开关
【Ctrl】+【O】	打开文件
【Shift】	连续选择文件或者对象
【Esc】	中断正在执行的命令
【Ctrl】+【W】	选择循环开关
【Ctrl】+快捷键	用于某些命令的快捷方式
【Alt】+快捷键	用于菜单的快捷方式

1.3.2 鼠标的应用

目前绘图使用的鼠标组成为：左键、右键、中键滚轮。

（1）左键：单击为选择、双击为确定打开。在软件中用于选中图中内容（正选、反选）、单击绘图、修改命令。

（2）右键：快捷菜单。也可以根据个人绘图习惯，在“选项”中进行设置。

（3）中键：即滚轮，用于放大缩小图面，快速双击滚轮为显示全屏幕内容。

1.3.3 命令的访问和操作

CAD 软件绘图的执行命令特点是：人机对话，即需要操作人员在软件里输入命令，系统通过识别和计算，执行正确的图形处理命令。

命令访问的方法：

（1）键盘输入：这种命令输入方法是一线工作人员使用最多的方法之一，能大大提高绘图效率。需要重复该命令，直接按【Enter】键或空格键。

命令行输入：L（line）↵，如图 1.3.1 所示。

图 1.3.1　命令行输入直线命令

（2）下拉菜单：绘图→直线，如图 1.3.2 所示，需要熟悉命令的位置。

（3）命令按钮：直接单击“功能面板”或者“工具栏”中的按钮。如图 1.3.3 所示，这种方法直观快捷。

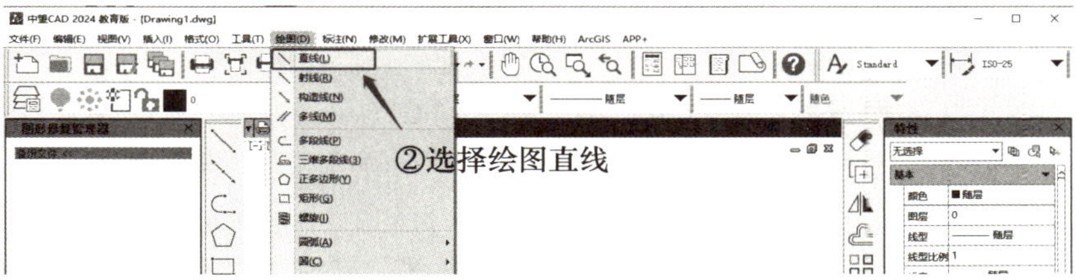

图 1.3.2　下拉菜单选择直线命令

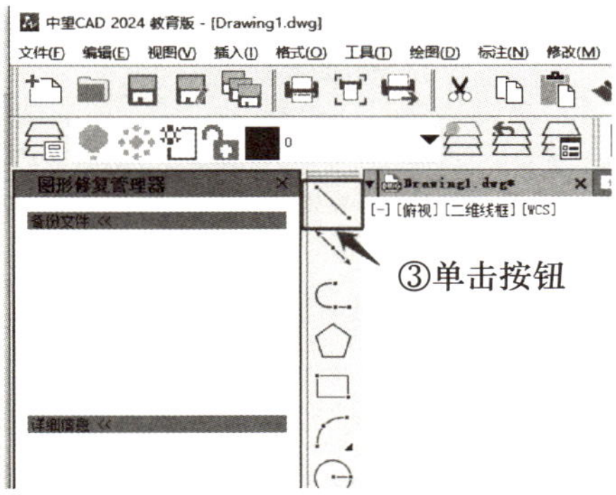

图 1.3.3　命令按钮直线命令

1. 命令的操作

以直线命令绘制边长为 100mm 的正方形为例说明。

单击菜单“绘图”→“直线”→绘图区任一点单击确定第 1 点位置→打开【F8】正交模式→移动鼠标确定方向→输入第一条边数值 100 到达第 2 点→移动鼠标确定方向→输入第 2 条边数值 100 到达第 3 点→方法同理完成正方形的 4 条边→结束命令，如图 1.3.4 所示。

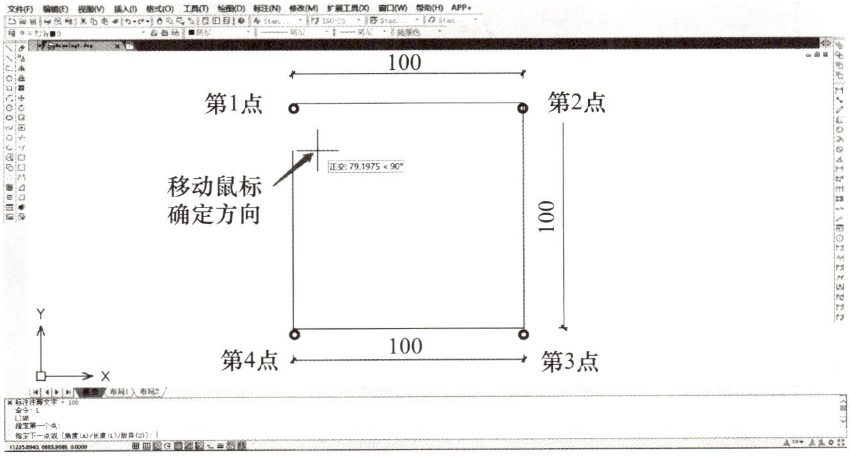

图 1.3.4　用直线命令绘制边长为 100mm 的正方形

2. 命令的中止与结束

绘图中会出现正在执行的命令是错误的，需要中断，或者命令执行完毕，需要结束，这里我们介绍几种方法：

（1）如图 1.3.4 左下角的命令执行中，输入“C（close）↵”，结束命令。

（2）图形绘制完毕，也可以使用空格键或者【Enter】键，结束命令。

（3）在命令对话过程结束前，可随时按【Esc】键，中止对话过程。

（4）鼠标右键经过“选项”设置后，完成命令，可以右击结束命令。如图 1.3.5 所示。

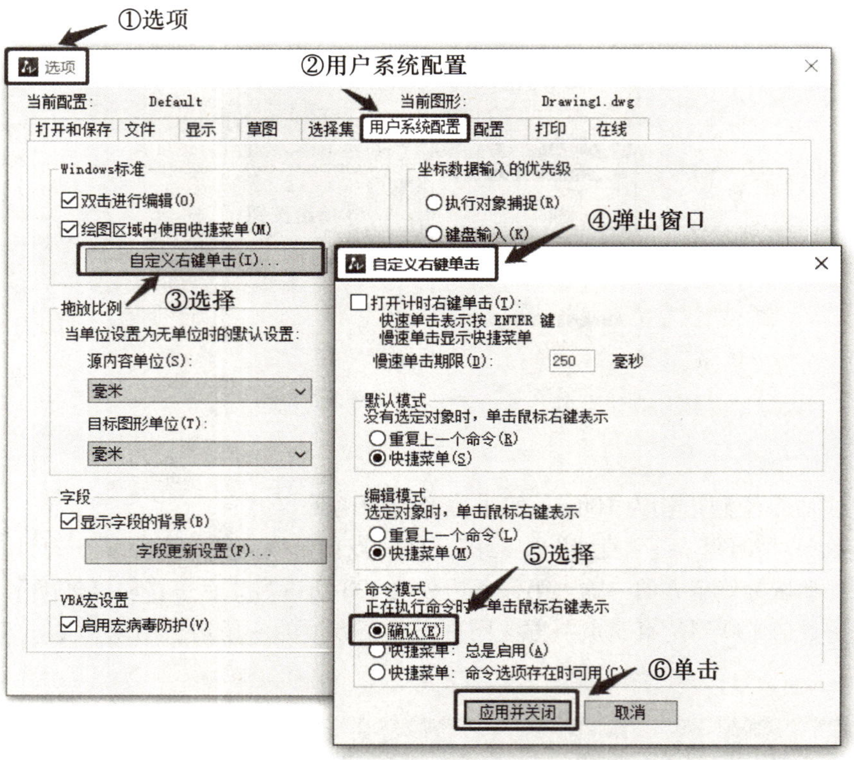

图 1.3.5 自定义右键设置

1.3.4 命令的撤销和恢复

（1）撤销（Undo）：快捷键为“U”或者【Ctrl】+【Z】。

在执行绘图编辑过程中，用来撤销已经执行的命令，直至退回到最后一次存盘的状态。

（2）恢复（Redo）：组合键为【Ctrl】+【Y】。

Redo 命令用于恢复由 Undo 命令撤销的操作。

1.3.5 视口刷新

图形被放大很多倍时，会出现图形边缘显示不圆滑的情况，这些给人的错觉会对正确绘图产生影响，一般我们会用“重画”或者“重生成”进行处理。

操作步骤：

菜单：视图（V）→重画（R）/重生成（R）/全部生成（A）；

命令行输入：RE ↵。

1.3.6 视图平移缩放

CAD 绘图生成的是矢量图纸，我们在绘制时按照 1∶1 的比例进行，软件绘图的窗口有限，当图纸很大的时候，会出现图纸观察不全，或大或小，因此我们会使用视图的平移缩放来进行缩放，便于观察图纸。请注意：这里是视口缩放，矢量图纸的大小并没有改变。

中望 CAD 中提供了 Zoom、Pan 命令来完成视图显示的平移和缩放。实际操作时，可根据命令行的提示，多加练习即可，另实际应用中多用鼠标中键进行操作。

操作如下：

（1）工具访问位置：

草图空间：视图→定位→缩放下拉菜单，如图 1.3.6 所示。

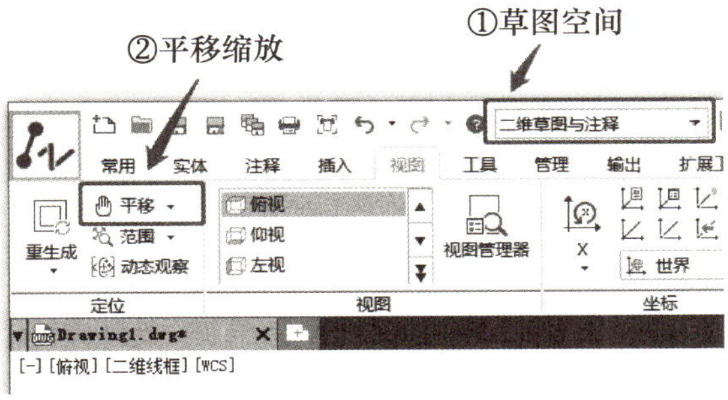

图 1.3.6　草图空间

经典空间：“标准”工具栏中相应位置，如图 1.3.7 所示。

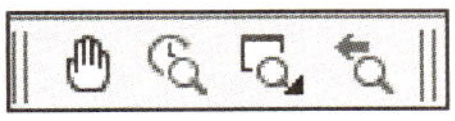

图 1.3.7　经典空间

（2）菜单访问：

缩放：视图→缩放→各个子菜单，如图 1.3.8 所示。

平移：视图→平移→各个子菜单，如图 1.3.9 所示。

（3）命令行输入：Zoom 或 Pan ↵。

指定窗口的角点，输入比例因子（nX 或 nXP），或者

[全部（A）/中心（C）/动态（D）/范围（E）/上一个（P）/比例（S）/窗口（W）/对象（O）] <实时>：输入需要的选项（按 Esc 键退出，或右击显示快捷菜单）

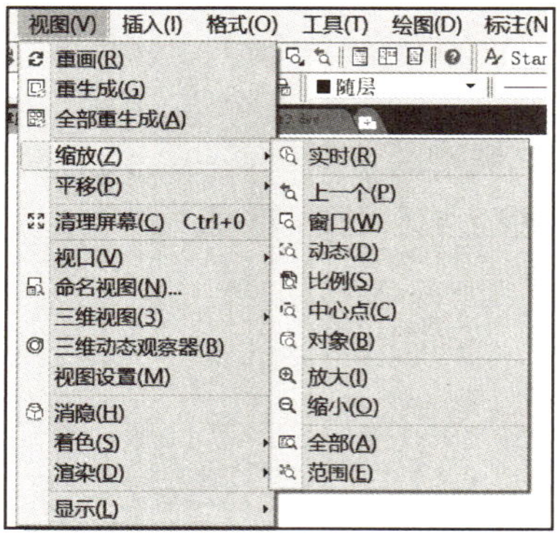

图 1.3.8　视图/缩放

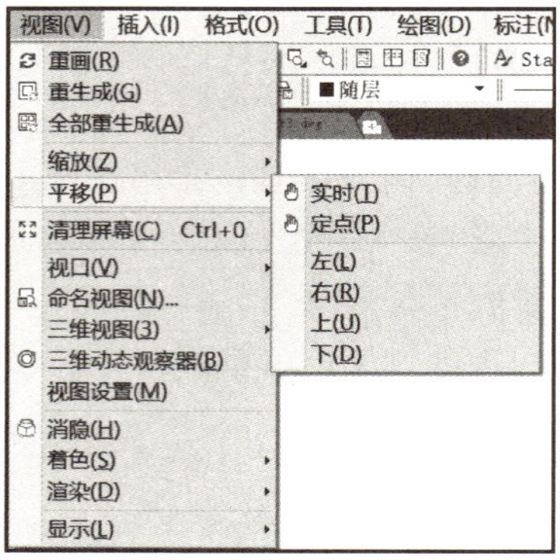

图 1.3.9　视图/平移

1.4　文件管理

利用中望 CAD 进行绘图时，会对文件进行常用的管理操作，如图形文件的新建、命名、打开、图形之间的复制及对图形文件进行保存或退出。因此，在绘图之前，学会常用的文件管理方法是有必要的。

1.4.1　新建文件

（1）利用“二维草图与注释”工作空间中应用程序按钮创建新图形文件：单击按钮 →单击“新建”，如图 1.4.1 所示。

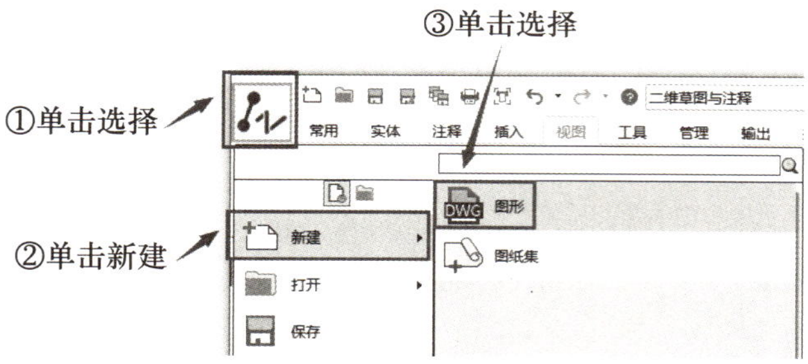

图 1.4.1　二维草图与注释新建文件

（2）利用“快速访问”工具栏建新图形文件：单击该工具栏上“新建”按钮 ，如图 1.4.2 所示。

（3）经典空间工作界面，新建文件与 Office 建立 Word 文件方法一样。在此不再赘述。

（4）命令行输入：new ↵，如图 1.4.3 所示。

（5）组合键：【Ctrl】+【N】。

【Ctrl】+【N】新建文件与图 1.4.3 的界面显示是一样的。

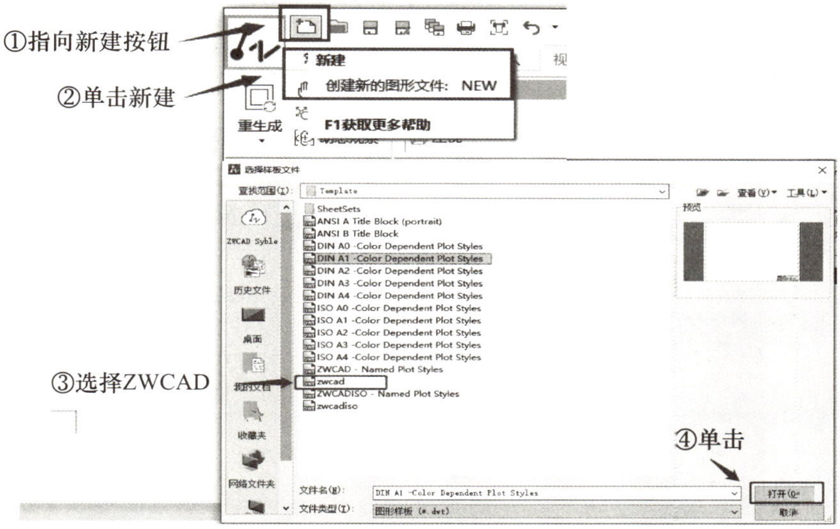

图 1.4.2　工具栏新建文件

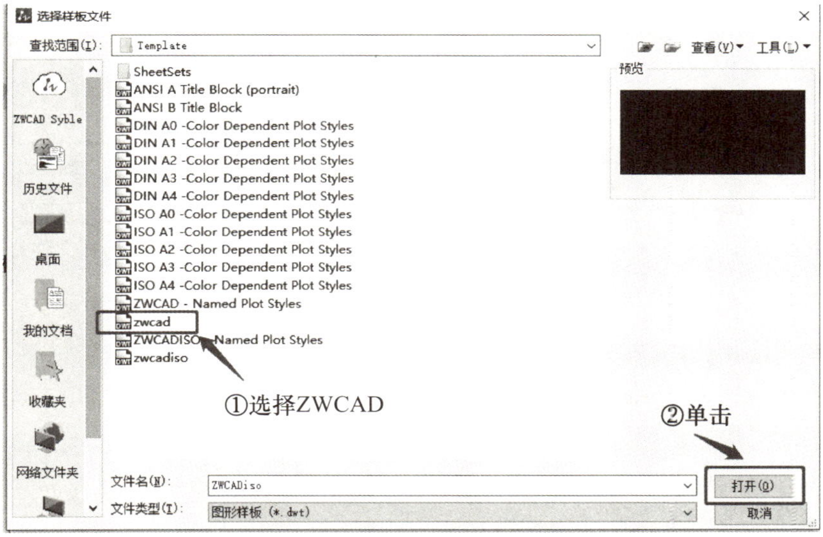

图 1.4.3　工具栏新建文件

1.4.2　打开文件

在中望 CAD 中，打开方式与“新建文件”一样，在此不再赘述。需要强调以下几点：

（1）中望 CAD 软件有“打开”“以只读方式打开”两种方式打开图形文件。如果以“以只读方式打开”打开图形时，则无法对打开的图形进行编辑，如图 1.4.4 所示。

（2）快捷键是：O；组合键：【Ctrl】+【O】。

1.4.3　保存文件

（1）菜单：“文件”→“保存或另存为”。

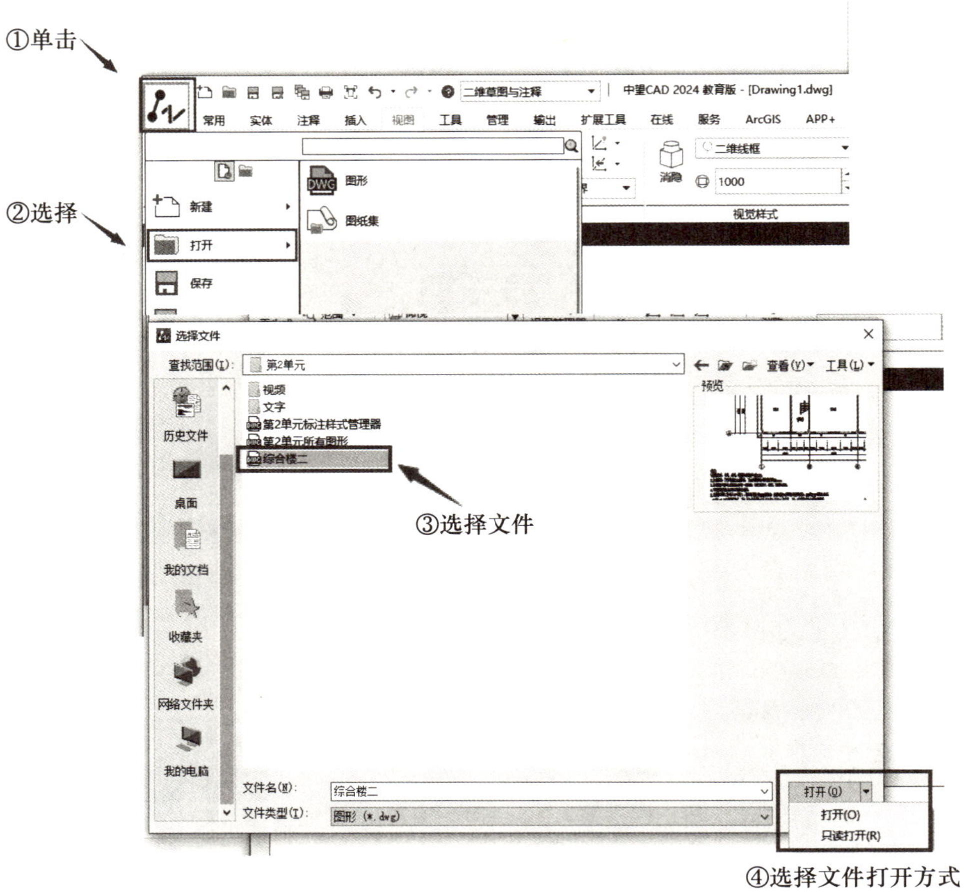

图 1.4.4　“以只读方式”打开文件

（2）利用应用程序按钮：单击按钮 →单击“保存或另存为”。

（3）命令行输入：qsave、save 或 saveas ↵。

（4）利用“快速访问”工具栏保存或另存文件按钮 。

（5）组合键：【Ctrl】+【S】或【Ctrl】+【Shift】+【S】。

（6）保存其他版本文件

①中望 CAD 2024 教育版默认情况下，文件以高版本“AutoCAD 2013 图形（*.dwg）”格式保存，也可以保存为低版本格式文件，如 AutoCAD 2000/LT2000 图形（*.dwg）。此外还可以保存为 AutoCAD 图形标准（*.dws）、AutoCAD 图形样板（*.dwt）等格式文件。图 1.4.5 显示了保存为 2004 版本的过程。

②将文件永久保存为 AutoCAD 2004 版本的步骤为：“文件”→“另存为”，如图 1.4.6 所示。

1.4.4　关闭文件

（1）菜单：选择“文件”→“关闭”。

（2）命令：close ↵。

（3）在绘图窗口中单击“关闭”按钮，可以关闭当前图形文件。

（4）应用程序按钮：单击→关闭，或双击。

（5）组合键：【Ctrl】+【F4】。

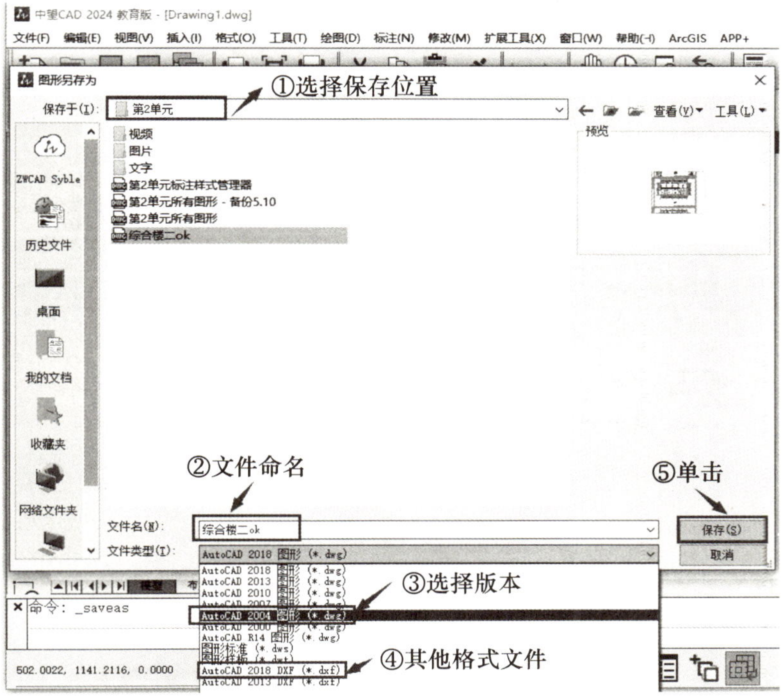

图 1.4.5　保存文件

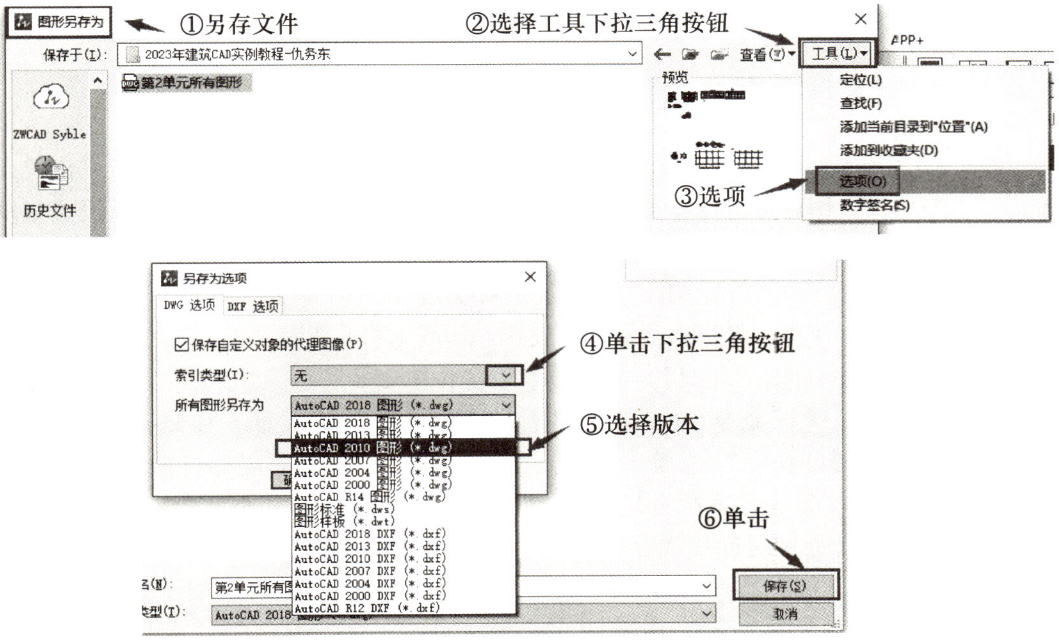

图 1.4.6　另存为低版本

1.4.5 输出文件数据

Export 命令用于当前文件转换成其他格式的文件，中望 CAD 2024 教育版提供了多种输出格式，图元文件（＊.wmf）、ACIS、jpg、png、tif、DWF 等，根据需求进行选择。

操作步骤：

（1）菜单："文件"→"输出"，如图 1.4.7 所示。

（2）命令行输入：export ↵。

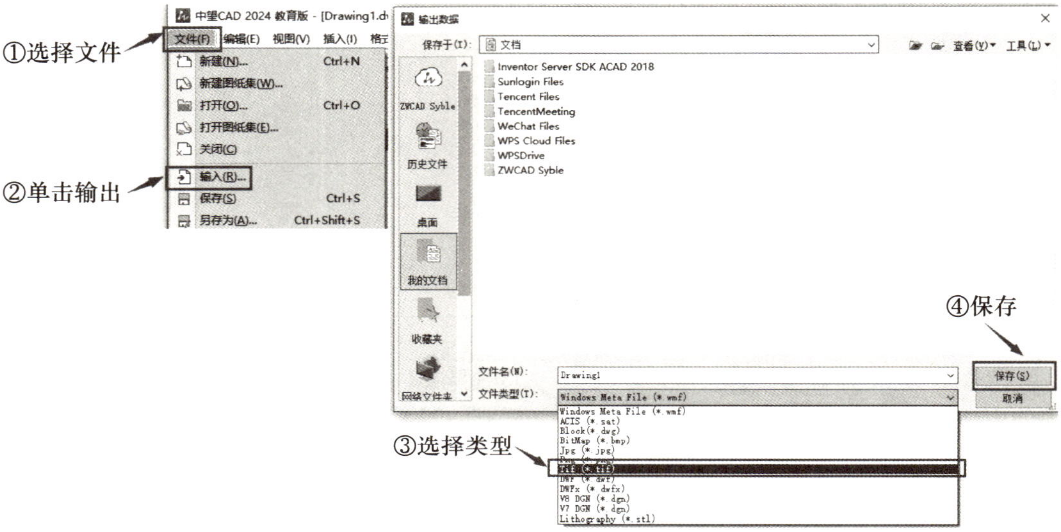

图 1.4.7 输出的格式

1.4.6 设置自动保存文件间隔时间

在 CAD 操作中，由于停电或死机等原因，往往让自己之前做的工作付诸东流，而不得不重新再做。用户可以设置自动保存图形的时间间隔，使损失减到最小。设置自动存图时间间隔方法有两种：

（1）二维草图工作空间：单击"视图"功能选项卡→单击"窗口"功能区"选项"按钮↘→"打开和保存"选项卡进行设置，如图 1.4.8 所示。

（2）经典工作空间："工具"→"选项"，如图 1.4.8 所示。

（3）快捷键：执行命令 Options，同样弹出"选项"对话框，如图 1.4.8 所示。选择第一个"打开和保存"选项卡，将系统默认的自动存盘间隔分钟数由"10"改成"5"，即每隔 5 分钟，系统自动存盘一次。但建议，保存时间不要太短，如 2 分钟，这样会每隔 2 分钟缓存一次，占用内存空间，影响绘图速度。建议一般 10 分钟为宜。

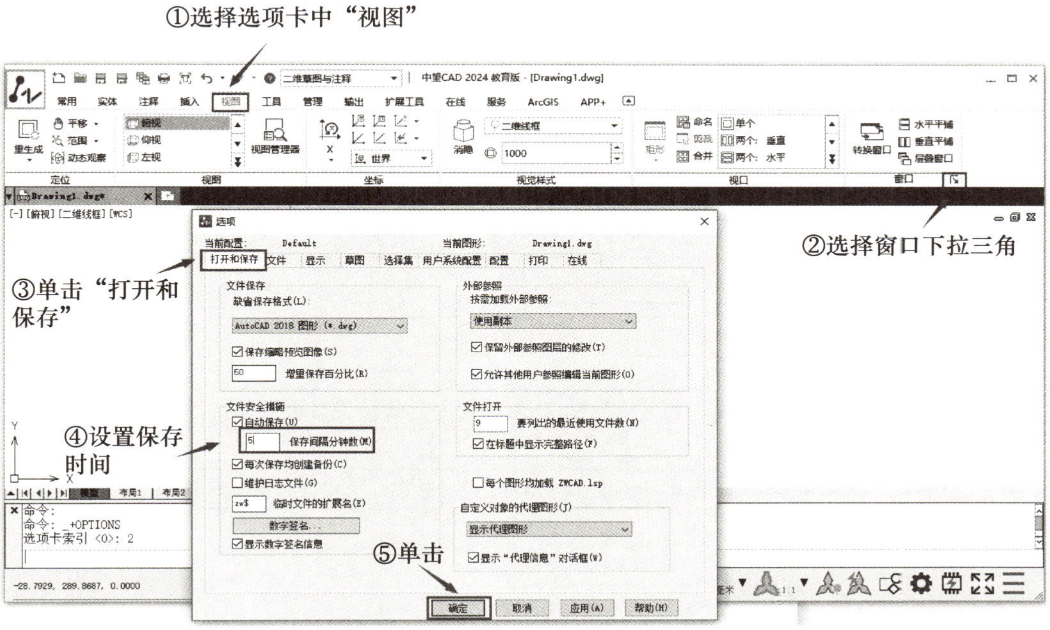

图 1.4.8　文件自动保存时间间隔设置

1.5　坐标显示和输入

1.5.1　坐标系统

点的坐标是图形的基本构成，CAD 软件的系统提供了多种点的坐标表达形式，主要有：直角坐标（笛卡儿）、极坐标、柱坐标和球坐标，如图 1.5.1 所示。观察图片中十字光标对应第 1 点、第 2 点左下角坐标值的变化。

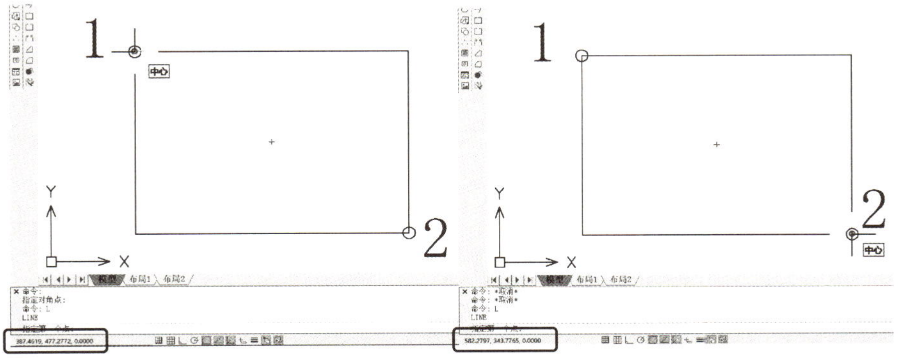

图 1.5.1　坐标系统的显示

1.5.2　坐标输入方法

（1）不同的坐标系有各自的输入方法，如图 1.5.2 所示。

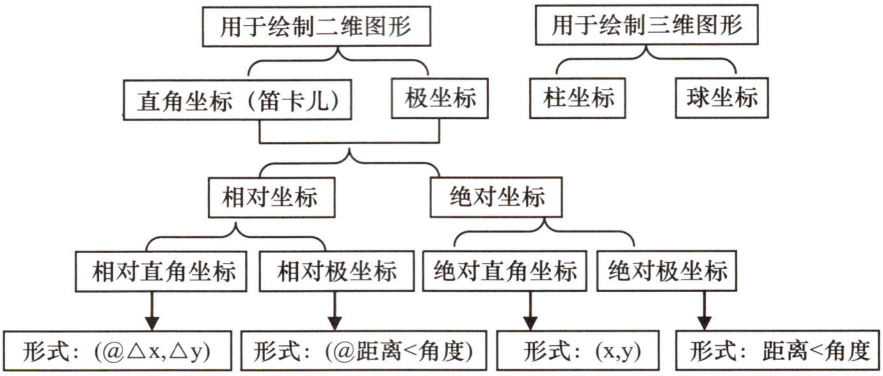

图 1.5.2　坐标表达图

（2）体会各种坐标的应用。

① 相对直角坐标：如图 1.5.3 所示。

命令：line ↵

指定第一个点：（单击屏幕任意点）

指定下一点或［角度（A）/长度（L）/放弃（U）］：@10，10 ↵

② 相对极坐标：如图 1.5.4 所示。

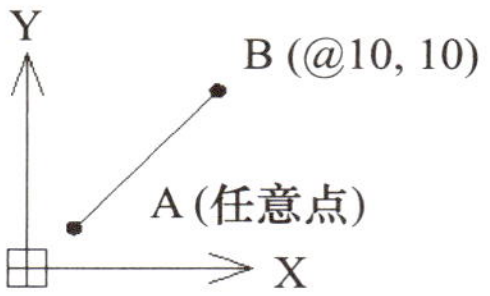

图 1.5.3　相对直角坐标

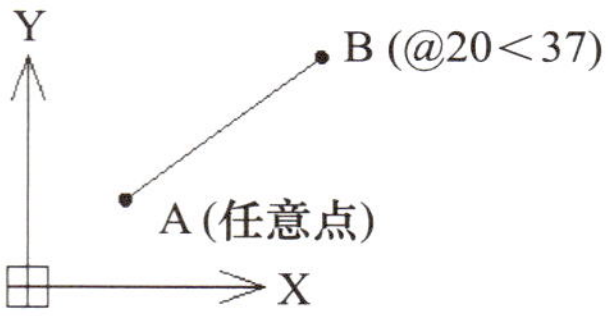

图 1.5.4　相对极坐标

命令：line ↵

指定第一个点：（单击屏幕任意点）

指定下一点或［角度（A）/长度（L）/放弃（U）］：@20<37 ↵

③ 绝对直角坐标：如图 1.5.5 所示。

命令：line ↵

指定第一个点：3，7 ↵

指定下一点或［角度（A）/长度（L）/放弃（U）］：10，15 ↵

④ 绝对极坐标：如图 1.5.6 所示。

命令：line ↵

指定第一个点：0，0 ↵

指定下一点或［角度（A）/长度（L）/放弃（U）］：10<56 ↵

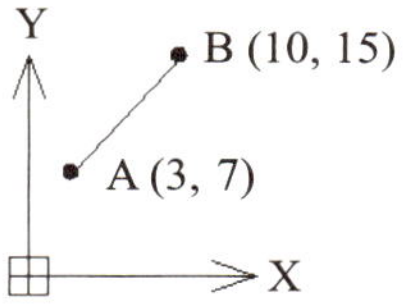

图 1.5.5 绝对直角坐标

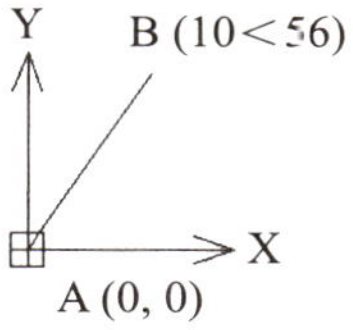

图 1.5.6 绝对极坐标

1.6 图纸的基本设置

计算机辅助设计绘图和原来的手工绘图一样，绘图前要进行图纸大小、尺寸单位、线型设置等。

1.6.1 图形界限设置

图形显示区域我们可以想象成图纸，即图幅；图形界限就是绘图的范围，例如，默认打开的 CAD 图形界限的 597mm×420mm，我们在模型空间绘图一般按照 1∶1 绘制，因此会出现所画的图形大于图幅，这样就看不到完整的图形，不利于编辑，设定合适的绘图界限，有利于确定图形绘制的大小、比例、图形与图框之间的距离。ZWCAD 中提供了 Limits 命令来设置图形界限。

以 A2 图纸为例，操作方法及步骤如下：

（1）菜单项：“格式”→“图形界限”。

（2）命令行输入：limits ↵

指定左下点或限界［开（ON）/关（OFF）］<0，0>：0，0↵

指定右上点<420，297>：594，420↵（A2 图纸尺寸）

命令：Z↵

指定窗口的角点，输入比例因子（nX 或 nXP），或者

［全部（A）/中心（C）/动态（D）/范围（E）/上一个（P）/比例（S）/窗口（W）/对象（O）］<实时>：a↵

1.6.2 度量单位和精度设置

软件中有毫米、厘米、米、千米、英尺、英寸等尺寸单位，如图 1.6.1 所示。

访问命令的两种方式。

（1）菜单：“格式”→“单位”→“图形单位”对话框。

（2）命令行输入：units↵。

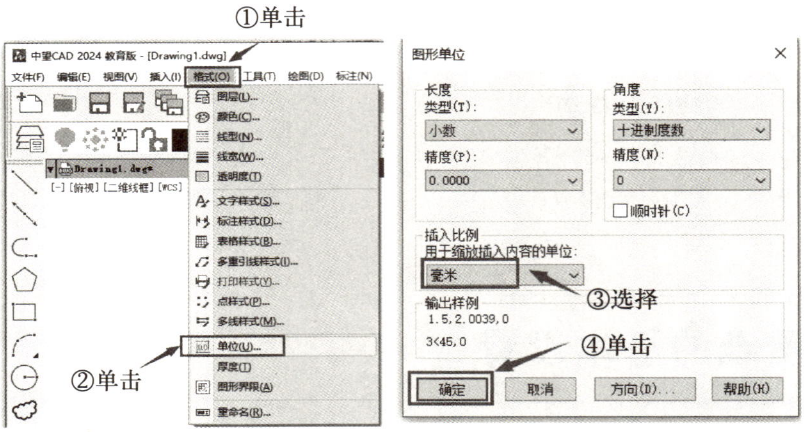

图 1.6.1　图形单位设置

1.7　绘图辅助工具

在实际绘制施工图过程中，精确度要求很高，因为需要“按图施工”，因此，鼠标定位很难达到要求，ZWCAD 软件提供了绘图辅助工具，可以解决这些问题，如对象捕捉、捕捉和栅格、正交模式、自动追踪、动态输入、隐藏线宽、快捷特性等；本节除介绍这些之外，还对对象查询、目标选择、“选项”对话框中常用设置，如十字光标，拾取框大小等设置进行介绍。本节介绍命令的使用，采取任务操作的形式进行。

1.7.1　对象捕捉

1. 对象捕捉的作用

工程设计绘图中，组成图形的点、线、面是有机体，它们之间的形状、位置和几何关系都存在必然联系。ZWCAD 提供了“对象捕捉”功能（OSNAP）。它有如下特点：直线及圆弧的端点和中点、圆和圆弧的圆心及象限点、切点、垂足、等分点、文本和块的插入点等，为精确定位图元、高效地绘制图形，带来了极大的方便。

无论何时提示输入点，都可以指定对象捕捉。例如，当需要用一个圆的圆心作为线段的端点时，只需在回答系统“指定起点”或“指定下一个点”提示时，使用捕捉圆心的对象捕捉模式单击圆周，AutoCAD 就会自动捕捉到该圆的圆心，作为所画线段的端点。

2. 对象捕捉的分类

对象捕捉有“指定单一对象捕捉”和“运行对象捕捉（固定对象捕捉）”两种，这两种方式所使用的对象捕捉模式基本相同。

对象捕捉与 SNAP 的栅格捕捉都实现对点的捕捉，当要求随机输入一个点时都可以使用。但对象捕捉所捕捉的是所选对象的特征点，而栅格捕捉所捕捉的是栅格定义了的点。

3. 对象捕捉设置与使用

（1）按钮：单击“对象捕捉”工具栏，指定单一对象捕捉，如图 1.7.1 所示。

步骤：工具栏空白处右击→选择 ZWCAD→单击“对象捕捉”；

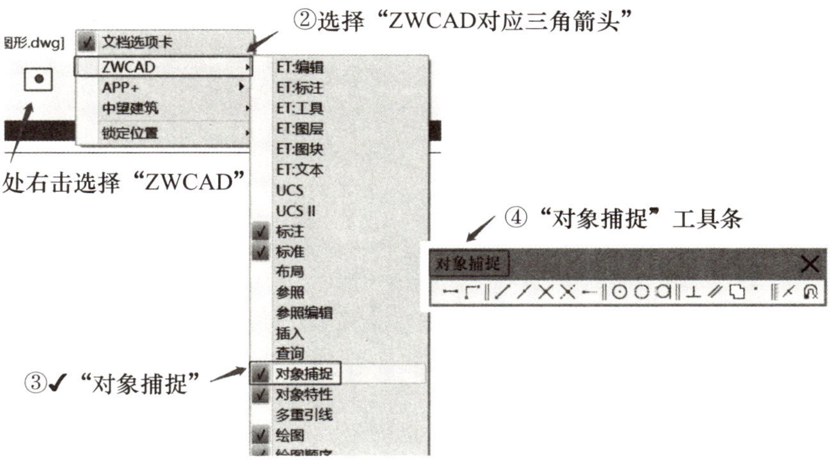

图 1.7.1　指定单一对象捕捉

（2）快捷菜单：按住【Ctrl】+【Shift】+右击→在“对象捕捉”快捷菜单中选取模式，指定单一对象捕捉如图 1.7.2 所示。

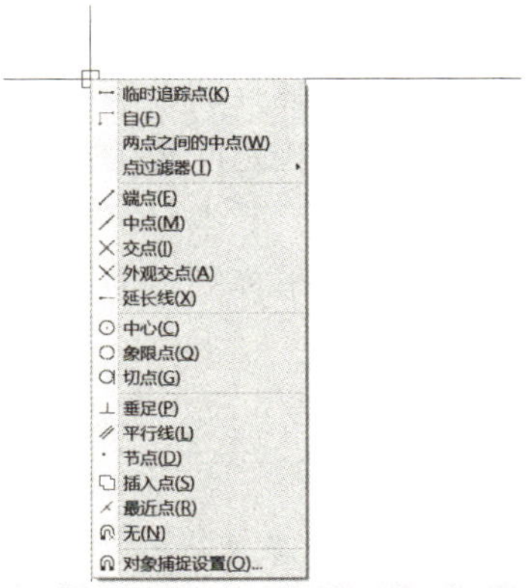

图 1.7.2　【Ctrl】+【Shift】+右击

（3）命令行：OS ↵。

如图 1.7.3 所示，常用勾选项为：端点、中点、中心、节点、垂足、交点。运行对象捕捉（固定对象捕捉）。

1.7.2　捕捉和栅格

1. 捕捉和栅格的使用

捕捉和栅格是精确绘图必不可少的工具之一。捕捉快捷键为【F9】，栅格快捷键为【F7】。

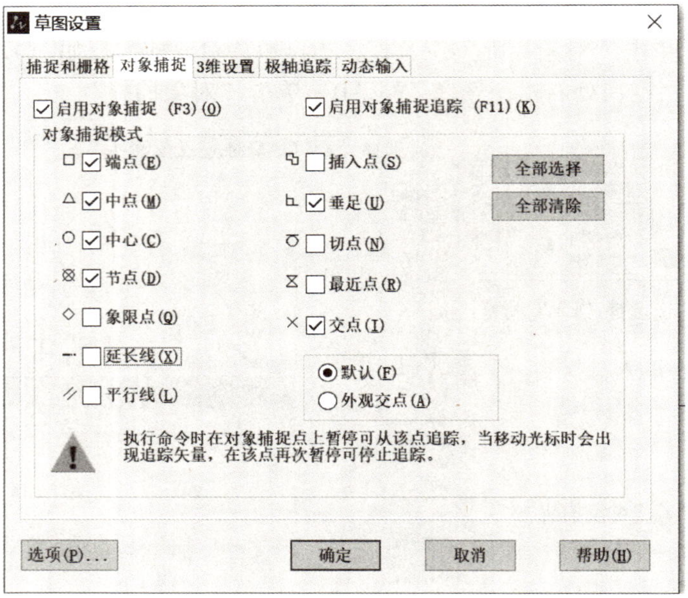

图 1.7.3　对象捕捉设置

捕捉提供了一个不可见的捕捉栅格，启用捕捉工具后，移动光标时，将迫使光标落在最近的栅格点上，此时不能用鼠标拾取非捕捉栅格上的点。设置合适的栅格间距，可以用鼠标快速地拾取点，并由 ZWCAD 保证它们的精确位置。从键盘上输入的坐标或在关闭栅格捕捉模式后拾取点，都不受栅格捕捉的影响。

栅格是在屏幕上可以显示出来的具有指定间距的点。栅格所显示出来的栅格线只是给绘图者提供一种参考，正如坐标纸一样，其本身不是图形的组成部分，不会被打印。

栅格的间距不要太小，否则将导致图形模糊及屏幕重画太慢，甚至无法显示栅格。

2. 捕捉和栅格工具设置

（1）菜单：工具（T）→草图设置（F）→“草图设置”对话框→“捕捉和栅格”选项卡。

（2）快捷菜单：右击 按钮→“设置（S）”→“草图设置”对话框→“捕捉和栅格”选项卡。

（3）命令行：OS ↵。

执行该命令后，系统弹出如图 1.7.4 所示的“草图设置”对话框，其中第一个选项卡就是“捕捉和栅格”。

“捕捉和栅格”选项卡分成左右两部分。左边部分包含启用捕捉、极轴间距、捕捉类型；右边部分包含启用栅格、栅格行为。各组成部分的意义如下：

① 启用捕捉：勾选“启用捕捉（F9）（S）”前面的矩形方框，为“捕捉”功能打开。

“捕捉”区中包含：

捕捉 X 轴间距：设定在 X 方向上的间距。

捕捉 Y 轴间距：设定在 Y 方向上的间距。

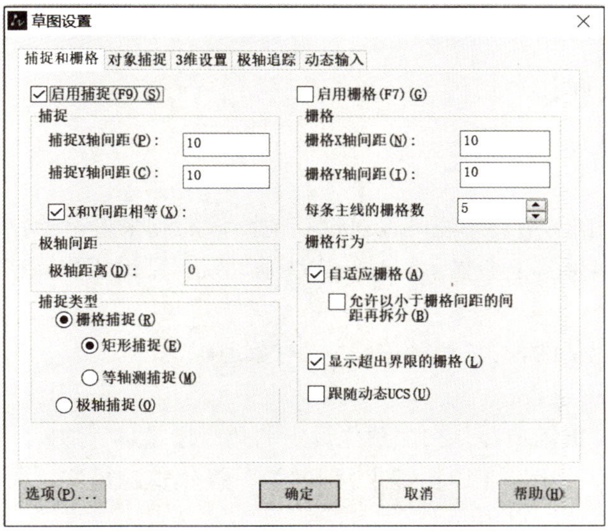

图 1.7.4 “捕捉与栅格”选项卡

角度：设定捕捉的角度。在矩形模式下，X 和 Y 方向始终成直角。

X 基点：设定 X 的基点，默认为 0。

Y 基点：设定 Y 的基点，默认为 0。

②“极轴间距”区：设定极轴捕捉模式下的间距。

③“捕捉类型”。

栅格捕捉：设定为栅格捕捉，分为矩形捕捉和等轴测捕捉两种方式。

极轴捕捉：设定为极轴捕捉，单击该项后极轴间距有效，而捕捉区无效。

④ 启用栅格：勾选“启用栅格（F7）（G）”前面的矩形方框，为“栅格”功能打开。

栅格 X 轴间距：设定栅格在 X 方向上的间距。

栅格 Y 轴间距：设定栅格在 Y 方向上的间距。

每条主线的栅格数：两个栅格点之间的等分数。例如：栅格数是 5，则两个栅格点之间有四个等分点可以被捕捉到。

⑤ 栅格行为：控制所显示栅格线的外观。

自适应栅格：缩小时，限制栅格密度。

允许以小于栅格间距的间距再拆分：放大时生成更多间距更小的栅格线。

显示超出界限的栅格：显示超出 limits 命令指定区域的栅格。

跟随动态 UCS：更改栅格平面以跟随动态 UCS 的 XY 平面。

1.7.3 正交模式

软件设置了正交模式后，十字光标只能沿上下左右 4 个方向绘制图形，当栅格捕捉为“等轴测”模式时，它将迫使直线平行于三个等轴测中的一个，正交模式不限制输入坐标进行绘制图形。

正交模式的开关有 2 种方法：

（1）按钮：![]。

（2）功能键：【F8】。

1.7.4　自动追踪

ZWCAD 提供的自动追踪功能可以通过其他图形的点来进行绘制图形。打开自动追踪功能，执行命令时屏幕上会显示临时的虚线辅助线，帮助用户在精确的位置和角度来创建新的图形。

自动追踪模式包括两种：“极轴追踪”“对象追踪”。

1. 极轴追踪

在绘图过程中，极轴追踪是按照预先设定的角度增量进行追踪。在软件下方的状态栏上单击按钮或者使用【F10】键来“开/关”极轴追踪模式，需要提醒：这个功能不能与正交模式功能同时启用。

举例说明操作步骤：

（1）分析图形特征：已知长边为 200，短边均为 100，如图 1.7.5 所示。

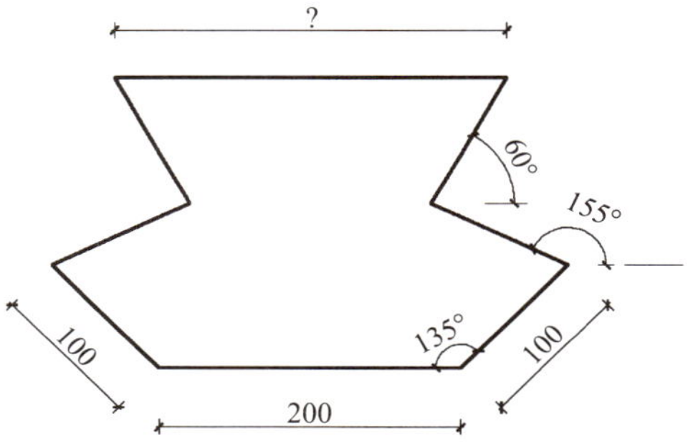

图 1.7.5　已知图形特征

极轴追踪绘制图形

（2）选中“启用极轴追踪”，增量角度“90”。

（3）设置极轴追踪：分析图形后→选中“启用极轴追踪”→选中附加→新建角度分别为：60、155、45、135，单击“确定”按钮，如图 1.7.6 所示。

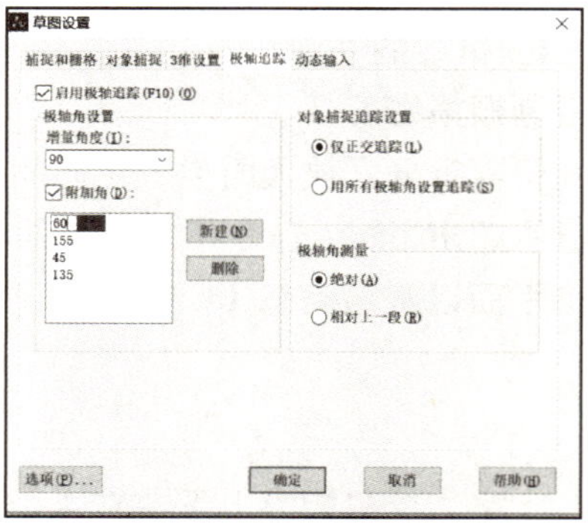

图 1.7.6　极轴追踪设置

（4）绘制线段：根据已知条件从 A 点绘制至 B 点长度为 200，如图 1.7.7 所示。

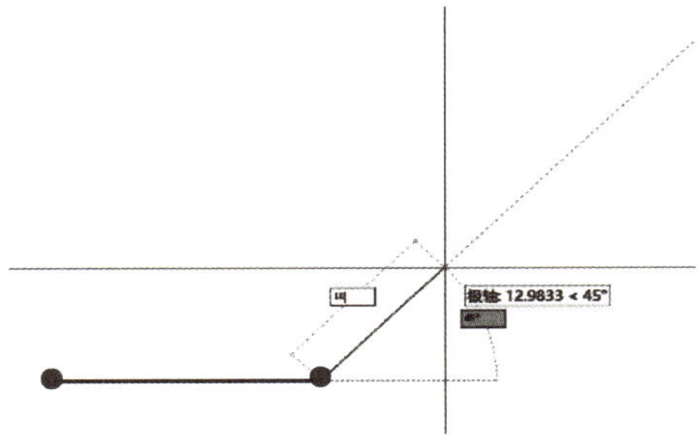

图 1.7.7 绘制图形

（5）移动鼠标至 45°，沿着出现虚线的方向输入 100。

（6）用相同方法绘制右侧其他线段。

（7）镜像右侧到左侧，完成图形绘制。

2. 对象追踪

对象捕捉追踪是按与选定对象的特定几何关系进行追踪，状态栏单击按钮或者使用【F11】键来“开/关”对象捕捉追踪模式。极轴追踪和对象追踪可以分别使用，也可同时使用。

举例说明操作步骤：

（1）分析图形特征：已知矩形长边长为 150，短边长为 100，如图 1.7.8 所示。

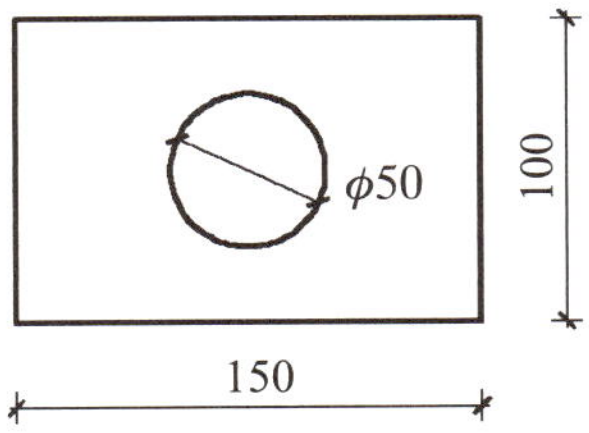

图 1.7.8 已知图形

对象追踪绘制图形

（2）绘制矩形：rectang ←┘。

指定第一个角点或［倒角（C）/标高（E）/圆角（F）/正方形（S）/厚度（T）/宽度（W）］：

指定其他的角点或［面积（A）/尺寸（D）/旋转（R）］：d ←┘

输入矩形长度<100>：150 ←┘

输入矩形宽度<100>：100 ←┘

指定其他的角点或［面积（A）/尺寸（D）/旋转（R）］：屏幕任意点单击

（3）命令：C（circle）←┘。

（4）极轴追踪 A 点（短边中心）向右到矩形中心点，如图 1.7.9 所示。

（5）极轴追踪 B 点（长边中心）向下至矩形中心点，如图 1.7.10 所示。

（6）两个绿色虚线追踪交会至矩形中心，鼠标左键选择中心（即圆的中心）以圆心为基点，直径 50。

（7）绘制圆，完成绘图。

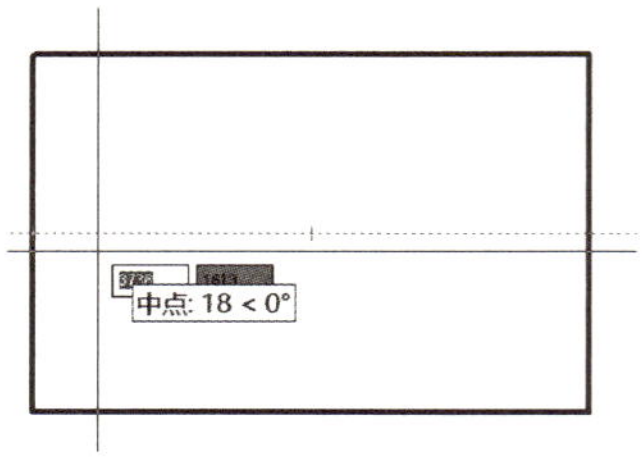

图 1.7.9　追踪 A 点

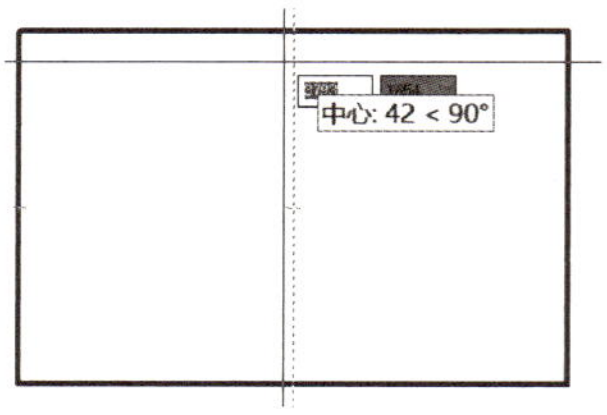

图 1.7.10　追踪 B 点

1.7.5　动态输入

在软件最下方的状态栏中的“各种绘图辅助工具”里，开启动态输入的图标，系统在执行过程中，会在十字光标右下角始终追随一个提示框，可以在提示框输入命令，也可在命令行输入命令，如图 1.7.11 所示。

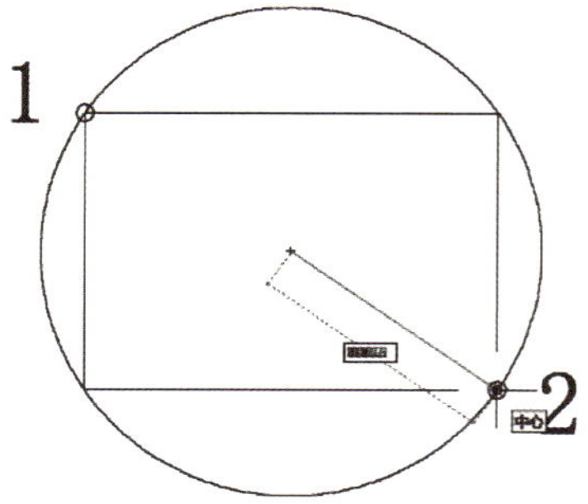

图 1.7.11　动态输入

1.7.6　隐藏线宽

CAD 图形中包含点、线、线型等信息，按照一定的标准和规范进行设计的图样，按照国标要求，立面和剖面施工图中，被剖切到承重墙体、柱子在绘制时采用粗实线线型，在 CAD 中一般粗实线用 0.5 的线宽，系统默认是不显示线宽的状态，开启显示线宽，视口的图形层次清楚，方便编辑，但开启后会稍占内存。图 1.7.12 所示为关闭状态，图 1.7.13 所示为开启状态所示。

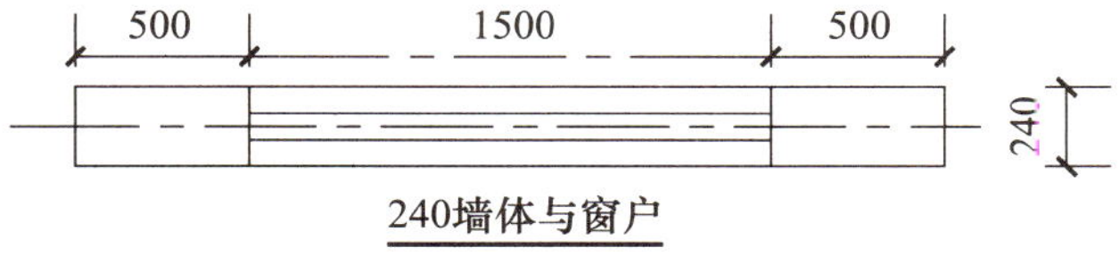

图 1.7.12　关闭线宽显示

图 1.7.13　开启线宽显示

1.7.7　对象查询

ZWCAD 软件中的图形都会有属性、大小、面积、周长等，我们可以通过软件提供的查询功能来完成快速查询的任务。

1. 点的坐标

操作步骤："工具" → "查询" → "点坐标" → 选择图形中需要查询的点。

2. 距离

操作方法与步骤：

（1）菜单项："工具" → "查询" → "距离" → 选择图形中需要查询的线段。

（2）命令行：di ↵，如图 1.7.14 所示。

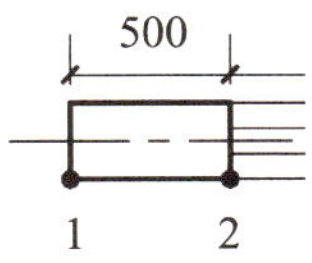

图 1.7.14　距离查询

命令：DI（dist）

指定第一个点：

指定第二个点或［多个点（M）］：

距离 = 500，XY 面上角 = 359，与 XY 面夹角 = 0。

X 增量 = 500.0000，Y 增量 = −12.5000，Z 增量 = 0.0000。

3. 面积及周长

操作方法与步骤：

（1）菜单项："工具" → "查询" → "面积" → 选择图形中需要查询的图形。

（2）命令行：AA（area）↵，如图 1.7.15 所示。

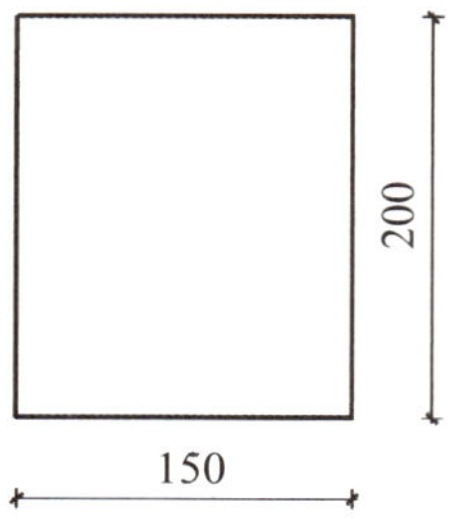

图 1.7.15　面积查询

指定第一点或［对象（O）/添加（A）/减去（S）］<对象（O）>：o ↵

选取对象进行面积计算：

面积 = 30000.0000，周长 = 700.0000

4. 列表显示

全面显示图形的信息：图层、线宽、半径、周长、面积等。

操作方法与步骤：

（1）菜单项："工具"→"查询"→"列表显示"→选择图形中需要查询图形。

（2）命令行：LI（list）↵，如图 1.7.16 所示。

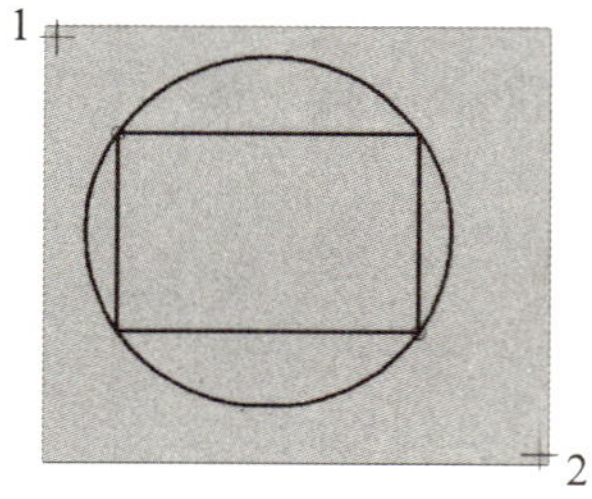

图 1.7.16　列表显示

列出选取对象：窗口选择屏幕第 1 点

指定对角点：窗口选择屏幕第 2 点

找到 6 个

列出选取对象：↵

-- CIRCLE --

句柄：　2FD

当前空间：　模型空间

层：　0

线宽：　0.40 毫米

中间点：　X = 484.8708　Y = 410.5269　Z = 0.0000

半径：　118.0852

圆周：　741.9509

面积：　43806.6961

---------- CIRCLE ----------

句柄： 22E
当前空间： 模型空间
层： 0
中间点： X = 582.2797 Y = 343.7765 Z = 0.0000
半径： 4.3273
圆周： 27.1893
面积： 58.8283

---------- MTEXT ----------

句柄： 22D
当前空间： 模型空间
层： 0

5. 时间查询

操作方法与步骤：

（1）菜单项：“工具” → “查询” → “时间”。

（2）命令行：time ↵。

当前时间：Sun May 03 07：50：47 2020。

此图形的各项时间统计：

创建时间：Fri May 1，2020 at 9：26：54。

上次更新时间：Sun May 3，2020 at 7：08：28。

累计编辑时间：1 天 8 时 26 分 11.1700 秒。

消耗时间计时器（开）：1 天 8 时 26 分 11.1390 秒。

下次自动保存时间：0 天 0 时 4 分 42.5150 秒。

1.7.8 目标选择

图形在编辑过程中，所有需要编辑的图形对象的集合称为“选择集”。本软件提供了几种常用的选择图形的方法：点选、窗口选择、交叉选择等。

1. 进入选择

命令：执行任何需要选择对象命令（删除、修改、复制、镜像等）

选择对象：↵

需要点或窗口（W）/最后（L）/相交（C）/框（B）/全部（ALL）/围栏（F）/圈围（WP）/圈交（CP）/组（G）/添加（A）/删除（R）/多个（M）/上一个（P）/撤销（U）/自动（AU）/单个（SI）

2. 选项说明

以上出现的 16 种选择的方式，操作原理相同，我们选择绘图时最常用的几种进行介绍。

（1）需要点（点选）。

最常用的选择方式，适用于选择少量的单个对象，移动鼠标选择需要编辑的图形。

（2）窗口选择（W）和相交选择（交叉选择）。

指定第 M2 角点后，随着光标移动会显示一个浅蓝色底的实线矩形窗口，输入第 2 点后，选择所有被完全包含在选取框内的图形被选中，没有完全包含的选择对象则不能被选中。它的操作特点是从左向右选择被编辑的图形。相反，指定 M3 点，从右向左选择至第 3 点，选择框显示为绿色底虚线矩形窗口，即为“相交选择”，如图 1.7.17 和图 1.7.18 所示。

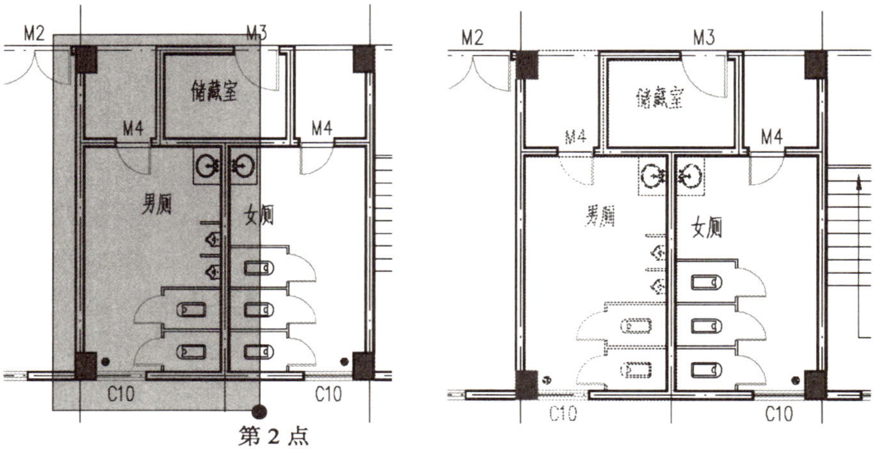

图 1.7.17　窗口选择

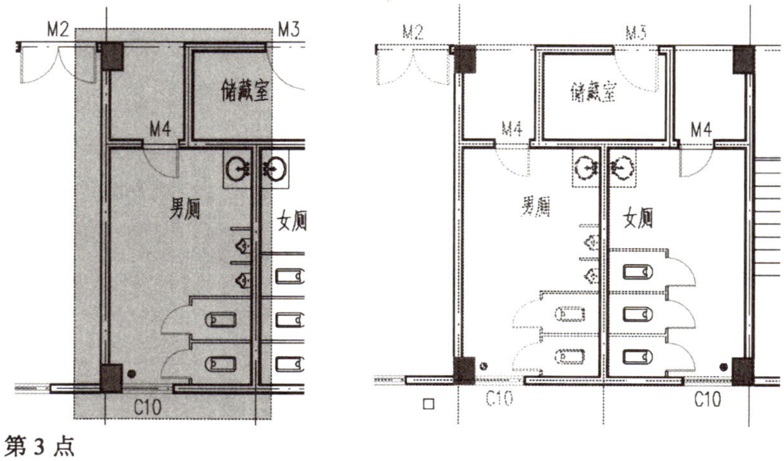

图 1.7.18　相交选择

（3）全部选择（All）。

选择非冻结层上所有可见与不可见的对象，可以使用组合键【Ctrl】+【A】。

（4）围栏选择（F）。

围栏选择的前提是绘制一个封闭的多边形框，只有被虚线多边形框接触到的对象可以选择，如图 1. 7. 19 所示。

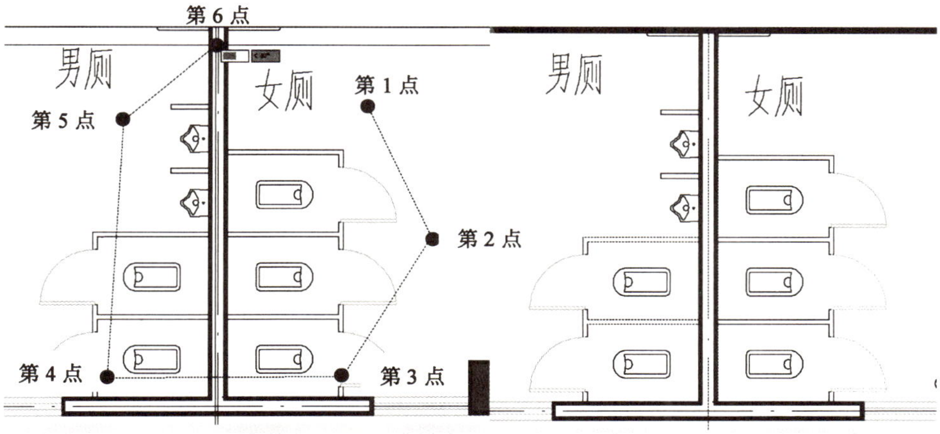

图 1. 7. 19 围栏选择

（5）框选+反选。

选择对象后，可以通过【Ctrl】键进行“加选”或者“减选”；通过【Shift】键进行“反选”，选中的为“保留的”，其余不被选择。这个命令使用熟练，可以代替以上大部分命令，应用比较广泛。

1. 7. 9 常用“选项”设置

ZWCAD 绘图时，根据自己的习惯，一般需要进行“选项”常规设置，包括十字光标、窗口颜色的配色方案，拾取框和夹点大小设置等，操作参考如下：

1. “十字光标”和“窗口颜色”

我们在进行施工技术方案编制时，需要白底黑图；将 CAD 图纸粘贴到 Word 文档中，教师上课更清楚地显示绘制内容，我们一般需要将图纸背景由黑色变成白色。

十字光标在绘图时可以协助有距离的两个图形进行定位，有辅助线的作用，根据绘图习惯设置，一般尺寸较大的图纸我们设置为“100”，默认为“5”。

操作的两种方法：如图 1. 7. 20 所示。

（1）菜单：“工具”→“选项”→“显示”→“十字光标大小”。

（2）命令行输入：OP ↵。

2. 拾取框和夹点大小设置

绘图在绘制中需要进行编辑，而编辑的前提是要进行选择对象，选择对象需要用拾取的工具，即执行命令过程中，拾取框是选择要编辑的图形时应用，合适的大小有利于在绘图过程中提高效率。

夹点大小在编辑图形时使用，它可以选中并拖动夹点可以改变点的位置，也可以执行多种常规的编辑命令，如删除、移动、缩放、旋转、镜像等。

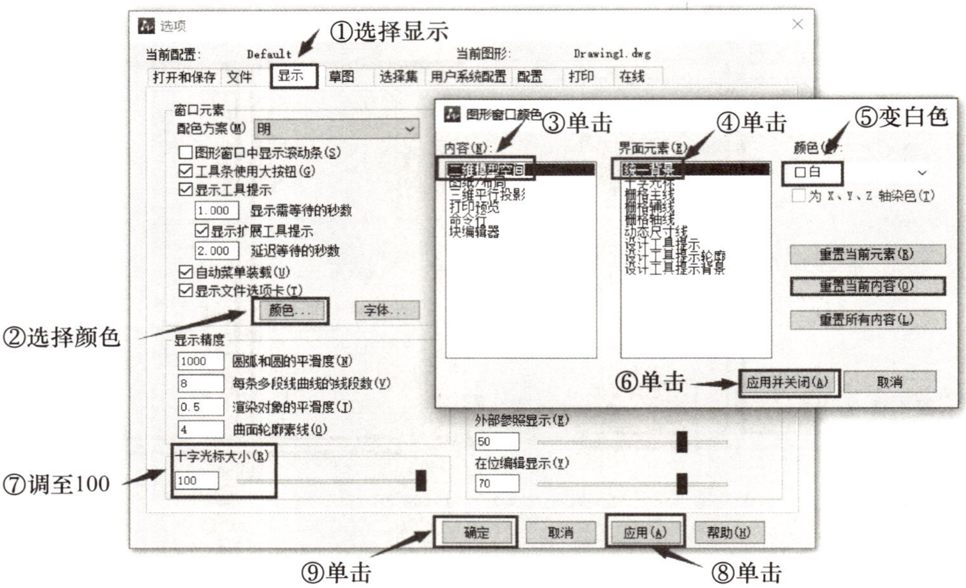

图 1.7.20 “十字光标”和“窗口颜色”

操作的两种方法：如图 1.7.21 所示。

（1）菜单：“工具”→“选项”→“显示”→“选择集”。

（2）命令行输入：OP ↵。

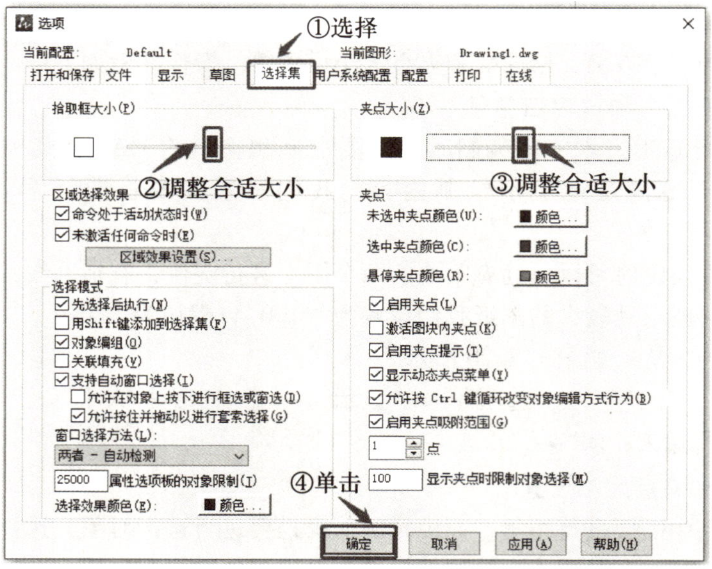

图 1.7.21 选择集设置

教学单元 2　CAD 常用命令

无论复杂程度多么高的图形都是由基本图元组成的，组成图元的元素一般包括：点、直线、曲线、矩形、多边形等，将它们进行一定规则的编辑和修改就可以完成；在 ZWCAD 软件里提供了：绘制图纸、编辑图纸、标注图形等命令。本单元将分类介绍：绘图、修改、标注工具栏等内容。

2.1　绘制图形命令

绘图命令在软件中主要体现在：下拉菜单“绘图”中对应的工具栏是“绘图”，在“二维草图与注释”工作空间里是“绘图”功能面板。

特别说明：

（1）本章启动命令的方法时，会有“功能区”词语，它代表“二维草图与注释”工作空间里的功能区面板，如图 2.1.1 所示。

（2）文字背景为灰色的部分表示是软件生成的格式化的操作步骤。

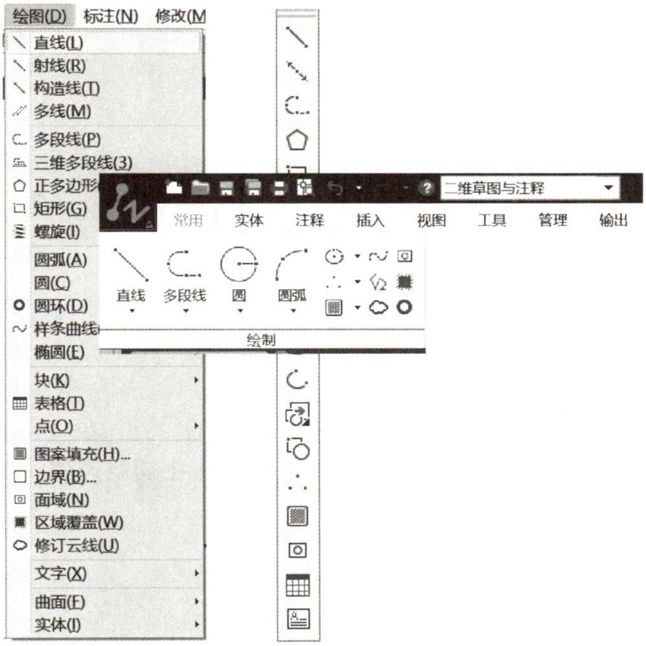

图 2.1.1　绘图工具栏

2.1.1 Point 绘制点

1. Point 绘制点

作为实体的点和其他实体一样具有各种属性，也可以被编辑。

（1）启动 Point 命令的方法。

① 功能区：“常用” → “绘制” → “多个点”。

② 工具栏：“绘图” → “点”。

③ 菜单项：“绘图” → “点” → “单点或多点”。

④ 命令行：point 或 PO ↵。

（2）启动命令后，执行下面命令提示。

命令：point ↵

（3）选项说明及操作。

指定点定位或［设置（S）/多次（M）］：s ↵，设置点样式，如图 2.1.2 所示

指定点定位或［设置（S）/多次（M）］：m ↵ 多次

指定点定位或［设置（S）］：单击第 1 点

指定点定位或［设置（S）］：单击第 2 点

指定点定位或［设置（S）］：单击第 3 点

指定点定位或［设置（S）］：单击第 4 点，按 Esc 键 ，如图 2.1.3 所示

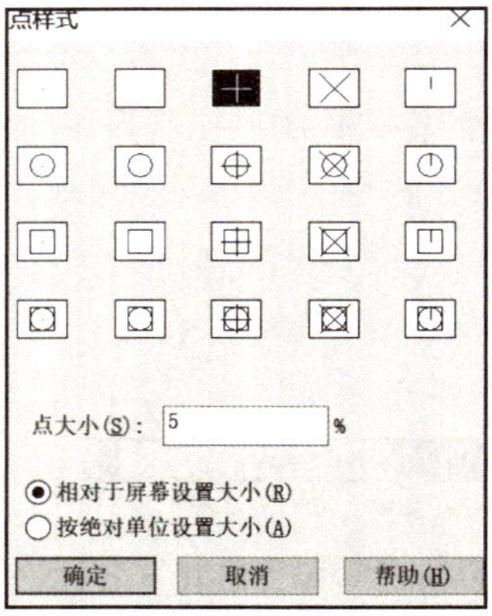

图 2.1.2　点样式

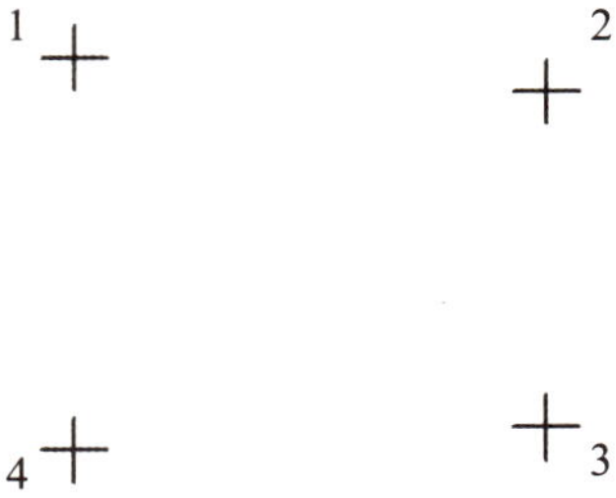

图 2.1.3　点绘制

2. Ddptype 设置点样式

如图 2.1.2 所示，绘制点的过程中有“点样式”的设置，也可以通过下列方法调取使用。点的样式、大小，相对于屏幕设置大小都可以根据需要调整。

菜单项：“格式” → “点样式”。

命令行：ddptype ↵。

3. Divide 定数等分线段

固定长度范围内按照需要的份数进行分配；如图 2.1.4 所示，长 200 的直线段，定数等分。

命令：L（line）↵

指定第一个点：屏幕上拾取任意点

指定下一点或［角度（A）/长度（L）/放弃（U）］：<正交 开> 200 ↵

菜单："绘图""点""定数等分"

命令：divide ↵

选取分割对象：拾取 200 长度线段

输入分段数或［块（B）］：5 ↵

图 2.1.4　定数等分

4. Measure 定距等分线段

固定长度范围内，按照相等的距离进行分配；如图 2.1.4 所示，长 200 直线段，定距离等分，方法同上。

2.1.2　绘制线段

绘制直线的命令是 Line。在实际绘图中应用最多，一次可以绘制 1 条线段，也可连续绘制多条，并且每一条线是独立的；绘制线段只需要鼠标左键指定线段的始点和终点，鼠标移动给出方向，用它可以绘制各种线段组成的图形，如图框、楼梯台阶等。

1. Line 绘制直线段

（1）启动 Line 命令的方法。

① 功能区："常用"→"绘制"→"直线"。

② 工具栏："绘图"→"直线"。

③ 菜单项："绘图"→"直线"。

④ 命令行：line 或 L ↵，如图 2.1.5 所示。

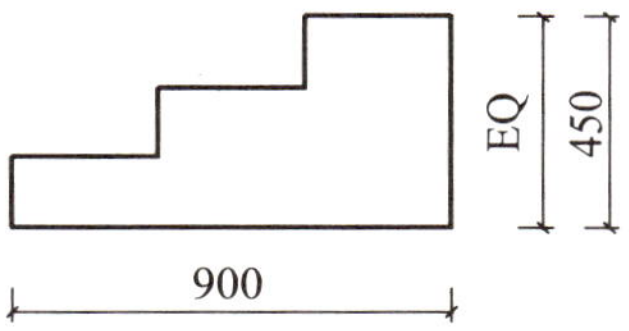

图 2.1.5　直线绘制台阶图形

（2）启动命令后，执行下面命令提示。

命令：L（line）↵。

（3）选项说明及操作。

指定第一个点：屏幕任意点。

指定下一点或［角度（A）/长度（L）/放弃（U）］：900 ↵

指定下一点或［角度（A）/长度（L）/放弃（U）］：450 ↵

指定下一点或［角度（A）/长度（L）/闭合（C）/放弃（U）］：300 ↵

指定下一点或［角度（A）/长度（L）/闭合（C）/放弃（U）］：150 ↵

指定下一点或［角度（A）/长度（L）/闭合（C）/放弃（U）］：300 ↵

指定下一点或［角度（A）/长度（L）/闭合（C）/放弃（U）］：150 ↵

指定下一点或［角度（A）/长度（L）/闭合（C）/放弃（U）］：300 ↵

指定下一点或［角度（A）/长度（L）/闭合（C）/放弃（U）］：C ↵

① 角度：给任意角度，输入角度数值。

② 长度：长度距离。

③ 闭合：封闭直线段，首尾相连的多边形。

④ 放弃：放弃刚绘制完成的直线段。

2. XLine 绘制构造线

XLine 命令特点是：确定第一个点，其余直线以第一个点为中心，向指定方向两端无限延伸，一般用于工程图绘制辅助参考线，用法和射线类同。

（1）启动 XLine 命令的方法

① 功能区：“常用” → “绘制” → “构造线”。

② 工具栏：“绘图” → “构造线” 。

③ 菜单项：“绘图” → “构造线”。

④ 命令行：xline 或 XL ↵，如图 2.1.6 所示。

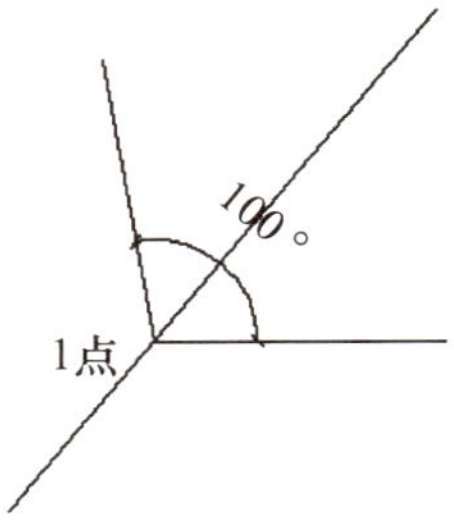

图 2.1.6　指定角度绘制构造线

（2）启动命令后，执行下面命令提示。

命令：XL（xline）↵

（3）选项说明。

指定构造线位置或［等分（B）/水平（H）/竖直（V）/角度（A）/偏移（O）］：

① 等分：绘制平分指定对象或指定角度的构造线。

顶点：绘制经过指定顶点并平分指定角度的构造线，按【Enter】键结束绘制。

对象：创建平分选取对象的构造线，选取对象包括直线、弧、多段线段等。

② 水平：绘制通过指定点并平行于 X 轴的一条或多条构造线。

③ 竖直：绘制通过指定点并平行于 Y 轴的一条或多条构造线。

④ 角度：以指定的角度绘制构造线。

⑤ 偏移：绘制平行于另一对象的构造线。偏移的对象必须是直线、多段线、射线或构造线。

（4）操作。

以指定角度绘制构造线为例，完成图 2.1.6，步骤如下：

命令：L（line）↵

指定第一个点：屏幕上任意点

指定下一点或［角度（A）/长度（L）/放弃（U）］：500 ↵

命令：L（line）

指定第一个点：捕捉极轴追踪 100°的方向

指定下一点或［角度（A）/长度（L）/放弃（U）］：500 ↵

命令：XL（xline）

指定构造线位置或［等分（B）/水平（H）/竖直（V）/角度（A）/偏移（O）］：a ↵

输入角度值或［参照值（R）］<0>：50

定位：1 点

定位：＊取消＊

3. Ray 绘制射线

Ray 射线和构造线的使用方法雷同，不同的是：确定第一个点，其余直线以第一个点为中心，向指定方向一端无限延伸，一般用于工程图绘制辅助参考线。

2.1.3 Pline 绘制多段线

二维多段线是由连续的可具有不同宽度的直线段和弧线段组成，多段线的起点，可在绘图区域单击或输入点的坐标值，通过指定两点的方式绘制多段线。在按【Enter】键结束命令之前，可通过指定下一点来绘制多段线的多条线段。特点是：可以改变线段的形状、起始点的宽度；多段线绘制的图形是“单个对象”。

1. 启动 Pline 命令的方法

（1）功能区：“常用”→“绘制”→“多段线”。

（2）工具栏：“绘图”→“多段线”。

（3）菜单项：“绘图”→“多段线”。

（4）命令行：pline 或 PL ↵。

2. 启动命令后，执行下面命令提示

命令：PL（pline）↵

指定多段线的起点或<最后点>：屏幕任意点单击

当前线宽是 10.0：（系统默认值）

指定下一点或［圆弧（A）/半宽（H）/长度（L）/撤销[①]（U）/宽度（W）］：

3. 选项说明

（1）选择绘制直线方式：指定下一点或 [圆弧(A)/闭合(C)/半宽(H)/长度(L)/撤消(U)/宽度(W)]:

① 圆弧：绘制包含圆弧段的多段线。在按【Enter】键结束命令或选择“直线”选项之前，均以圆弧方式绘制多段线。

② 闭合：将多线段的起点和最后一条线段的端点连接起来，闭合多段线，同时结束命令。绘制两条或两条以上线段时才可使用此选项。

③ 半宽：指定多段线的起始半宽和终止半宽，绘制宽多段线。

④ 长度：指定下一条绘制的直线段的长度。要绘制的直线段的角度与上一条直线段的角度相同。如果上一条绘制的为圆弧，则绘制的直线段与圆弧相切。

⑤ 撤销：放弃最近一条绘制的线段。绘制至少一条线段后才可使用此选项。

⑥ 宽度：指定多段线的起始宽度和终止宽度，绘制宽多段线。

（2）选择绘制圆弧方式：[角度(A)/圆心(CE)/闭合(CL)/方向(D)/半宽(H)/直线(L)/半径(R)/第二个点(S)/宽度(W)/撤消(U)]:

圆弧的端点：通过指定弧的起点和终点绘制圆弧段。弧线段从多段线上一段的最后一点开始并与多段线相切。

① 角度：圆弧的角度。

② 圆心：圆弧的圆心。

③ 闭合：以弧线段将多段线封闭。

④ 方向：指定弧线段绘制的起点的切线方向。

---

① 软件中“撤消”同“撤销”，后同。

⑤ 半宽：为弧线段指定起始半宽和终止半宽。半宽是指定弧线段中心到其一边的宽度。

⑥ 直线：退出“圆弧”模式，使用直线段继续绘制多段线。

⑦ 半径：指定弧线段所在圆的半径。

⑧ 第二个点：指定弧线段上的点和端点，以三个点来绘制弧线段。

⑨ 宽度：为弧线段指定起始宽度和终止宽度。起始宽度将作为终止宽度的默认值，可重新指定终止宽度。宽多段线的起点和端点位于宽线的中心。

⑩ 撤销：放弃最近一条绘制的弧线段。

4. 操作

（1）绘制太极图，如图 2.1.7 所示。

D=100，最大线宽5

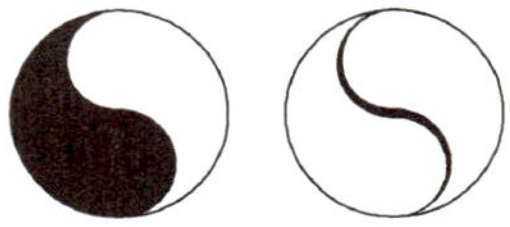

图 2.1.7 太极图

太极图

命令行：C（circle）↵

指定圆的圆心或［三点（3P）/两点（2P）/切点、切点、半径（T）］：屏幕任意点

指定圆的半径或［直径（D）］<50.0>：d ↵

指定圆的直径<100.0>：100 ↵

命令：L（line）↵

指定第一个点：选择圆心（辅助线）

指定下一点或［角度（A）/长度（L）/放弃（U）］：圆的端点 1

指定下一点或［角度（A）/长度（L）/放弃（U）］：【Esc】

命令：PL（pline）↵

指定多段线的起点或<最后点>：圆的端点 1

当前线宽是 0.0（默认）

指定下一点或［圆弧（A）/半宽（H）/长度（L）/撤销（U）/宽度（W）］：w ↵

指定起始宽度<0.0>：0 ↵

指定终止宽度<0.0>：5 ↵

指定下一点或［圆弧（A）/半宽（H）/长度（L）/撤销（U）/宽度（W）］：a ↵

指定圆弧的端点（按住 Ctrl 键以切换方向）或

［角度（A）/圆心（CE）/方向（D）/半宽（H）/直线（L）/半径（R）/第二个点（S）/宽度（W）/撤销（U）］：ce ↵

指定中心点：拾取辅助线的中心

指定圆弧的端点（按住 Ctrl 键以切换方向）或［角度（A）/长度（L）］：拾取圆心

指定圆弧的端点（按住 Ctrl 键以切换方向）或

［角度（A）/圆心（CE）/闭合（CL）/方向（D）/半宽（H）/直线（L）/半径

（R）/第二个点（S）/宽度（W）/撤销（U）]：w↵

指定起始宽度<5.0>：5↵

指定终止宽度<5.0>：0↵

指定圆弧的端点（按住 Ctrl 键以切换方向）或

[角度（A）/圆心（CE）/闭合（CL）/方向（D）/半宽（H）/直线（L）/半径（R）/第二个点（S）/宽度（W）/撤销（U）]：拾取圆的 2 点

指定圆弧的端点（按住 Ctrl 键以切换方向）或

[角度（A）/圆心（CE）/闭合（CL）/方向（D）/半宽（H）/直线（L）/半径（R）/第二个点（S）/宽度（W）/撤销（U）]：*取消*

命令：erase 删除辅助线

（2）绘制钢筋，如图 2.1.8 所示。

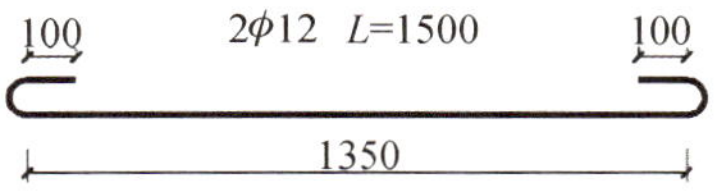

图 2.1.8　绘制钢筋

绘制钢筋

命令行：PL（pline）↵

指定多段线的起点或<最后点>：

当前线宽是 12.0

指定下一点或[圆弧（A）/半宽（H）/长度（L）/撤销（U）/宽度（W）]：w↵

指定起始宽度<12.0>：12↵

指定终止宽度<12.0>：12↵

指定下一点或[圆弧（A）/半宽（H）/长度（L）/撤销（U）/宽度（W）]：100↵

指定下一点或[圆弧（A）/闭合（C）/半宽（H）/长度（L）/撤销（U）/宽度（W）]：a↵

指定圆弧的端点（按住 Ctrl 键以切换方向）或

[角度（A）/圆心（CE）/闭合（CL）/方向（D）/半宽（H）/直线（L）/半径（R）/第二个点（S）/宽度（W）/撤销（U）]：75↵

指定圆弧的端点（按住 Ctrl 键以切换方向）或

[角度（A）/圆心（CE）/闭合（CL）/方向（D）/半宽（H）/直线（L）/半径（R）/第二个点（S）/宽度（W）/撤销（U）]：l↵

指定下一点或[圆弧（A）/闭合（C）/半宽（H）/长度（L）/撤销（U）/宽度（W）]：w↵

指定起始宽度<12.0>：12↵

指定终止宽度<12.0>：12↵

指定下一点或[圆弧（A）/闭合（C）/半宽（H）/长度（L）/撤销（U）/宽度（W）]：1350↵

指定下一点或［圆弧（A）/闭合（C）/半宽（H）/长度（L）/撤销（U）/宽度（W）］：a↵

指定圆弧的端点（按住 Ctrl 键以切换方向）或

［角度（A）/圆心（CE）/闭合（CL）/方向（D）/半宽（H）/直线（L）/半径（R）/第二个点（S）/宽度（W）/撤销（U）］：w↵

指定起始宽度<12.0>：

指定终止宽度<12.0>：

指定圆弧的端点（按住 Ctrl 键以切换方向）或

［角度（A）/圆心（CE）/闭合（CL）/方向（D）/半宽（H）/直线（L）/半径（R）/第二个点（S）/宽度（W）/撤销（U）］：75↵

指定圆弧的端点（按住 Ctrl 键以切换方向）或

［角度（A）/圆心（CE）/闭合（CL）/方向（D）/半宽（H）/直线（L）/半径（R）/第二个点（S）/宽度（W）/撤销（U）］：L↵

指定下一点或［圆弧（A）/闭合（C）/半宽（H）/长度（L）/撤销（U）/宽度（W）］：w↵

指定起始宽度<12.0>：

指定终止宽度<12.0>：

指定下一点或［圆弧（A）/闭合（C）/半宽（H）/长度（L）/撤销（U）/宽度（W）］：100↵

指定下一点或［圆弧（A）/闭合（C）/半宽（H）/长度（L）/撤销（U）/宽度（W）］：取消

（3）绘制指北针：直径 D=24mm，箭头尾部宽 3mm，如图 2.1.9 所示。

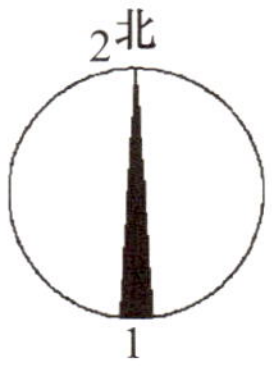

图 2.1.9　指北针

指北针

命令：C（circle）↵

指定圆的圆心或［三点（3P）/两点（2P）/切点、切点、半径（T）］：屏幕 1 点

指定圆的半径或［直径（D）］<12.0>：12↵

命令：PL（pline）↵

指定多段线的起点或<最后点>：屏幕 2 点

当前线宽是 10.0（系统默认）

指定下一点或［圆弧（A）/半宽（H）/长度（L）/撤销（U）/宽度（W）］：w↵

指定起始宽度<10.0>：3↵

指定终止宽度<3.0>：0↵

指定下一点或［圆弧（A）/半宽（H）/长度（L）/撤销（U）/宽度（W）］：

指定下一点或［圆弧（A）/闭合（C）/半宽（H）/长度（L）/撤销（U）/宽度（W）］：取消

2.1.4　绘制矩形和正多边形

1. Rectang 绘制矩形

（1）启动 Rectang 命令的方法：

① 功能区："常用"→"绘制"→"多段式"→"矩形"。

② 工具栏："绘图"→"矩形" ▭。

③ 菜单项："绘图"→"矩形"。

④ 命令行：REC（rectang）↵。

（2）启动命令后，执行下面命令提示：

命令：REC（rectang）↵

指定第一个角点或［倒角（C）/标高（E）/圆角（F）/正方形（S）/厚度（T）/宽度（W）］：

（3）选项说明。

① 指定第一个角点：鼠标在屏幕上拾取一点或者输入坐标定义矩形第一点。

② 倒角（C）：为矩形对象设置倒角距离。设置的倒角距离将保存为下一次调用 Rectang 命令时倒角的默认设置。设置倒角命令为 Chamfer。

③ 标高（E）：设置矩形对象的标高。

④ 圆角（F）：为矩形指定圆角距离。设置的圆角距离将保存为下一次调用 Rectang 命令时圆角的默认设置。设置圆角命令为 Fillet。

⑤ 正方形（S）：通过指定正方形一条边的两个端点绘制正方形。

⑥ 厚度（T）：为矩形指定厚度。

⑦ 宽度（W）：指定组成矩形的多段线的宽度。

矩形各选项的效果如图 2.1.10 所示。

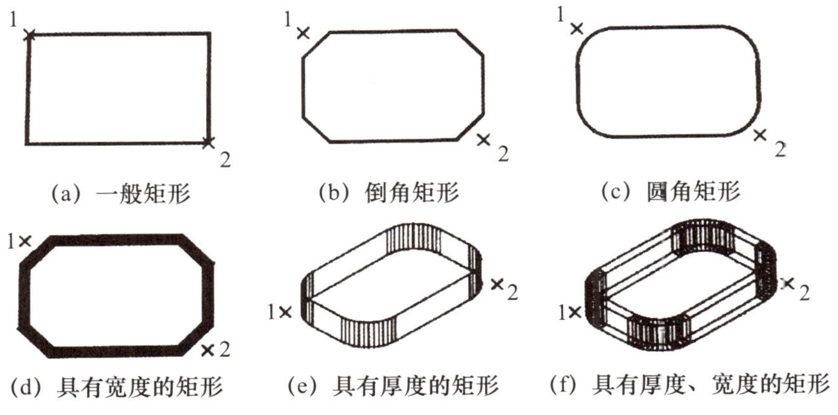

图 2.1.10　矩形的 6 种效果

（4）操作：根据已知条件绘制矩形，如图 2.1.11 所示。

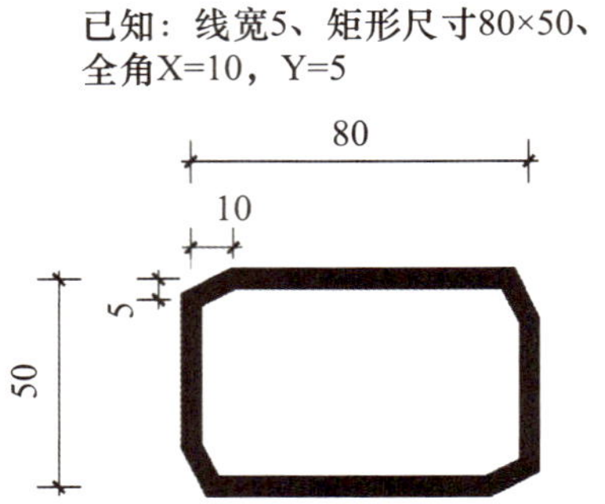

图 2.1.11　绘制矩形

命令：REC（Rectang）↵

指定第一个角点或［倒角（C）/标高（E）/圆角（F）/正方形（S）/厚度（T）/宽度（W）］：c ↵

指定所有矩形的第一个倒角距离<0.0>：10 ↵

指定所有矩形的第二个倒角距离<10.0>：5 ↵

指定第一个角点或［倒角（C）/标高（E）/圆角（F）/正方形（S）/厚度（T）/宽度（W）］：w ↵

指定矩形的线宽<0.0>：5 ↵

指定第一个角点或［倒角（C）/标高（E）/圆角（F）/正方形（S）/厚度（T）/宽度（W）］：

指定其他的角点或［面积（A）/尺寸（D）/旋转（R）］：d ↵

输入矩形长度<80.0>：80 ↵

输入矩形宽度<50.0>：50 ↵

指定其他的角点或［面积（A）/尺寸（D）/旋转（R）］：鼠标屏幕任意点单击。

2. Polygon 绘制正多边形

绘制正多边形的命令是 Polygon，它可以绘制的边数是 3~1024。

（1）启动 Polygon 命令的方法：

① 功能区："常用" → "绘制" → "多段线" → "正多边形"。

② 工具栏："绘图" → "正多边形" ⬠。

③ 菜单项："绘图" → "正多边形"。

④ 命令行：Poly（polygon）↵。

（2）启动命令后，执行下面命令提示：

命令：polygon ↵

输入边的数目<5> 或［多个（M）/线宽（W）］：5 ↵

指定正多边形的中心点或［边（E）］：屏幕任意点或图形对象

输入选项［内接于圆（I）/外切于圆（C）］<C>：根据需求选择方式↵

指定圆的半径：50 ↵

（3）选项说明。

中心点：指定正多边形的中心点。通过指定正多边形的中心点、外接圆或内切圆的半径来绘制正多边形。

边：也可以根据已知边（E），第 1 点到第 2 点的连线，逆时针方向绘制。

内接于圆：绘制的正多边形内接于圆，正多边形的各个顶点都位于圆上。圆的半径指定内接于圆或外切于圆的半径。对于外切于圆，圆的半径即正多边形中心到其边的距离；对于内接于圆，圆的半径即正多边形中心到其顶点的距离。

外切于圆：绘制的正多边形外切于圆，正多边形的各条边都与圆相切。

（4）操作。

① 完成图 2.1.12 所示的图形。

命令行：Poly（polygon）←

输入边的数目<5> 或［多个（M）/线宽（W）］：5 ←

指定正多边形的中心点或［边（E）］：

输入选项［内接于圆（I）/外切于圆（C）］<C>：I ←

指定圆的半径：50 ←

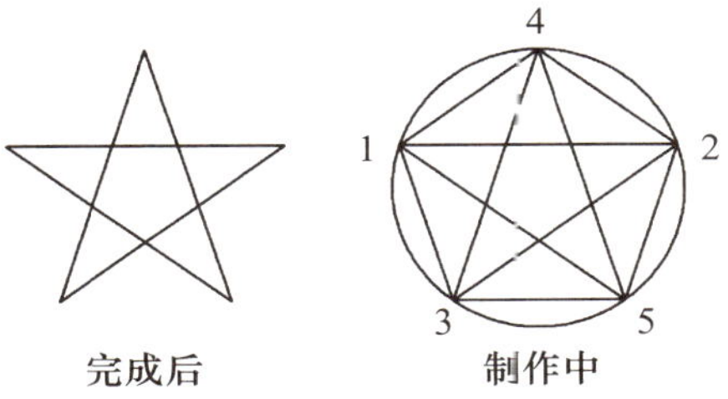

图 2.1.12　内接于圆

命令：line ←

指定第一个点：

指定下一点或［角度（A）/长度（L）/放弃（U）］：选择“1”点

指定下一点或［角度（A）/长度（L）/放弃（U）］：选择“2”点

指定下一点或［角度（A）/长度（L）/闭合（C）/放弃（U）］：选择“3”点

指定下一点或［角度（A）/长度（L）/闭合（C）/放弃（U）］：选择“4”点

指定下一点或［角度（A）/长度（L）/闭合（C）/放弃（U）］：选择“5”点

指定下一点或［角度（A）/长度（L）/闭合（C）/放弃（U）］：*取消*

命令：erase ← 找到 2 个删除圆和正五多边形。

② 完成图 2.1.13 所示的图形。

命令行：C（circle）←

指定圆的半径或［直径（D）］<25.0>：25 ←

命令：polygon ←

输入边的数目<3>或［多个（M）/线宽（W）］：3 ←

指定正多边形的中心点或［边（E）］：选择圆心

输入选项［内接于圆（I）/外切于圆（C）］<C>：c ←

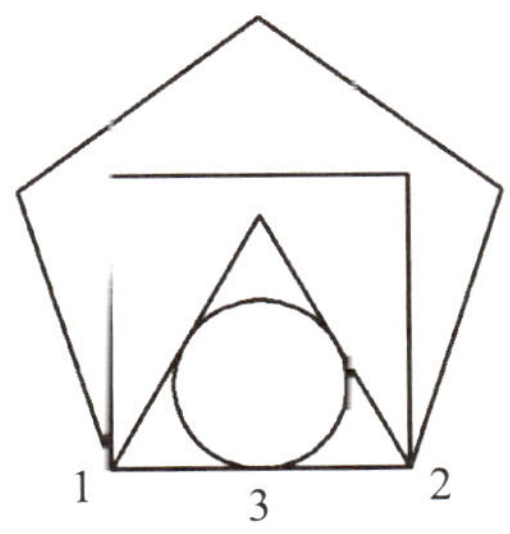

图 2.1.13　外切圆共用边

指定圆的半径：选取第 3 点

命令：polygon ←

输入边的数目<3> 或［多个（M）/线宽（W）］：4 ↵
指定正多边形的中心点或［边（E）］：e ↵
指定边的第一个端点：选取第 1 点
指定边的第二个端点：选取第 2 点
命令：polygon ↵
输入边的数目<4> 或［多个（M）/线宽（W）］：5 ↵
指定正多边形的中心点或［边（E）］：e ↵
指定边的第一个端点：选取第 1 点
指定边的第二个端点：选取第 2 点
命令：＊取消＊

2.1.5 绘制多线

绘制多线的命令是 Multiline，它是由多条平行的线组成。应用于建筑墙体、外墙散水、门窗等制作。多线是特殊对象，ZWCAAD 中有配套使用的“多线编辑”命令。

1. Multiline 绘制多线

（1）启动 Multiline 命令的方法：
① 菜单项：“绘图”→“多线”。
② 命令行：ML（multiline）↵。
（2）启动命令后，执行下面命令提示：
命令：ML（mline）↵
当前设置：对正＝上，比例＝20.0000，样式＝STANDARD
指定起点或［对正（J）/比例（S）/样式（ST）］：
（3）选项说明
① 对正：选择偏移，包括三种：零偏移、顶偏移、底偏移。
② 比例：设置绘制多线时采用的比例，模型空间 1∶1 绘图，比例采用“1”。
③ 样式：设置当前多线的类型。

2. Mlstyle 设置多线样式

绘制多线的前提是设置好绘图需要的多线样式。
（1）启动 Mlstyle 命令的方法：
① 功能区：“工具”→“样式管理器”→“多线样式”。
② 菜单项：“格式”→“多线样式”。
③ 命令行：mlstyle ↵。
（2）启动命令后，新建 300mm 墙体，操作如图 2.1.14 所示：
命令：mlstyle ↵
（3）实操：绘制 300 墙体 如图 2.1.15 所示。
命令：ml mline ↵
当前设置：对正＝无，比例＝1.0000，样式＝300

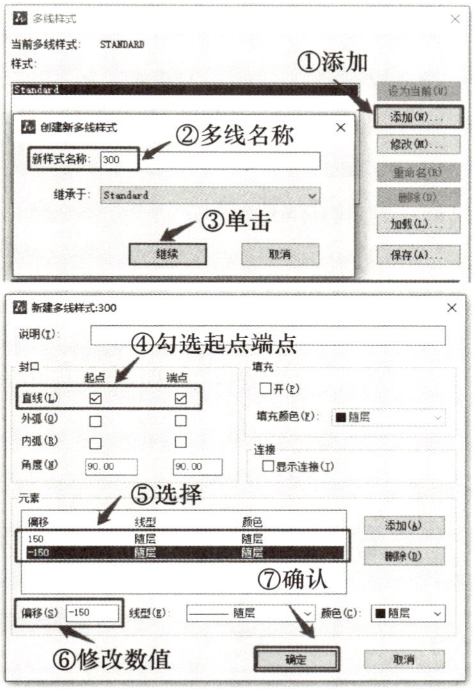

图 2.1.14　设置多线样式

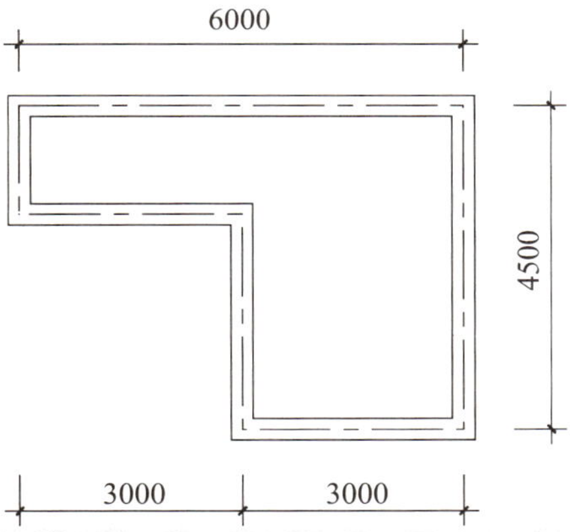

图 2.1.15　绘制多线样式

多线绘制

指定起点或［对正（J）/比例（S）/样式（ST）］：j↵

输入对正类型［上（T）/无（Z）/下（B）］<无>：z↵

当前设置：对正＝无，比例＝1.0000，样式＝300

指定起点或［对正（J）/比例（S）/样式（ST）］：s↵

输入多线比例<1.0000>：1↵

当前设置：对正＝无，比例＝1.0000，样式＝300

指定起点或［对正（J）/比例（S）/样式（ST）］：↵

指定下一点：3000↵

指定下一点或［撤销（U）］：3000↵

指定下一点或［闭合（C）/撤销（U）］：4500↵

指定下一点或［闭合（C）/撤销（U）］：3000↵

指定下一点或［闭合（C）/撤销（U）］：3000↵

指定下一点或［闭合（C）/撤销（U）］：3000↵

指定下一点或［闭合（C）/撤销（U）］：c↵

3. Mledit 编辑多线

编辑多线专门为多线绘制的图形使用，它可以对多线的交点和顶点进行编辑。

（1）启动 Mledit 命令的方法：

① 菜单项："修改"→"对象"→"多线"；如图 2.1.16 所示。

② 命令行：mledit↵。

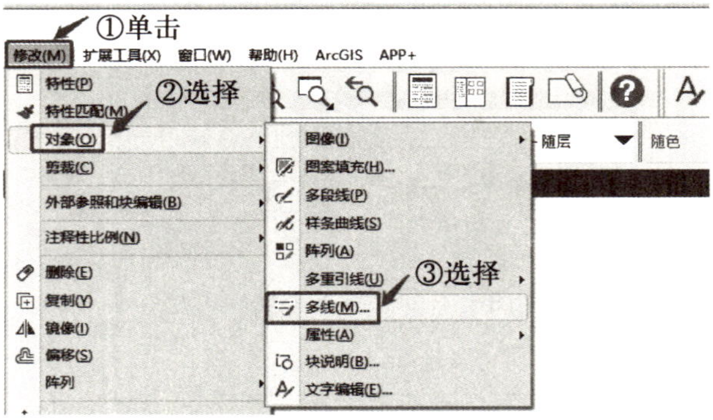

图 2.1.16　设置多线样式

（2）启动命令后，将弹出"多线编辑工具"对话框，里面提供 12 种工具来编辑多线：如图 2.1.17 所示；每一种工具都是针对多线相交的一种情况，体会+练习，可以掌握，应用比较方便。

命令行：mledit↵

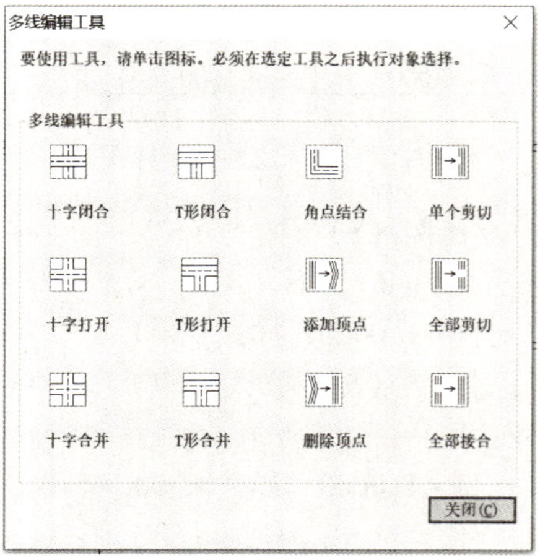

图 2.1.17　"多线编辑工具"对话框

2.1.6 绘制曲线

平面图中除了直线外还有曲线，例如鸟巢、国家大剧院等建筑大量采用了曲线。本节主要介绍圆、圆弧、椭圆、样条曲线、圆环命令的使用。

1. Circle 绘制圆

ZWCAD 软件中提供了 6 种绘制圆的方法，如图 2.1.18 所示。

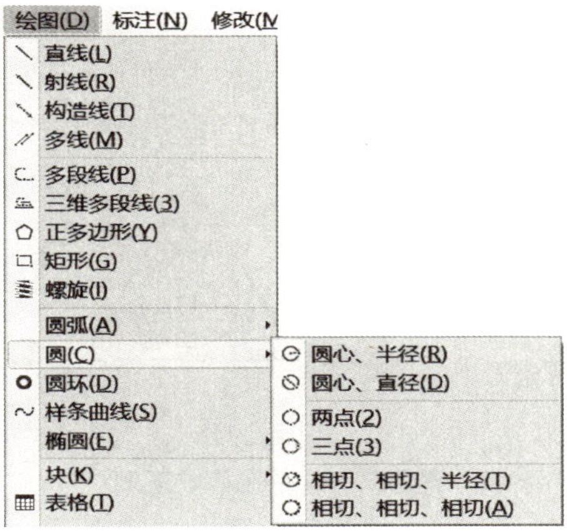

图 2.1.18 绘制圆的方法

（1）启动 Circle 命令的方法：

① 功能区：“常用”→“绘制”→“圆”。

② 工具栏：“绘图”→“圆”。

③ 菜单项：“绘图”→“圆”。

④ 命令行：C（circle）↵。

（2）6 种绘制圆的方式：

① 圆心、半径［R］：指定圆心和半径绘圆。

② 圆心、直径［D］：指定圆心和直径绘圆。

③ 两点（2）：通过指定圆的直径的两个端点来绘制圆。

④ 三点（3）：通过指定圆上的三点来绘制圆。

⑤ 相切、相切、半径（T）：通过指定与圆相切的两个对象和圆的半径绘制圆。

⑥ 相切、相切、相切（A）：与三个对象都相切。

（3）典型应用操作：如图 2.1.19 所示。

2. Arc 绘制圆弧

ZWCAD 软件提供了 11 种绘制圆弧的方法，如图 2.1.20 所示。

（1）启动 ARC 命令的方法：

① 功能区：“常用”→“绘制”→“圆弧”。

② 工具栏：“绘图”→“圆弧”。

③ 菜单项：“绘图”→“圆弧”。

④ 命令行：A（arc）↵。

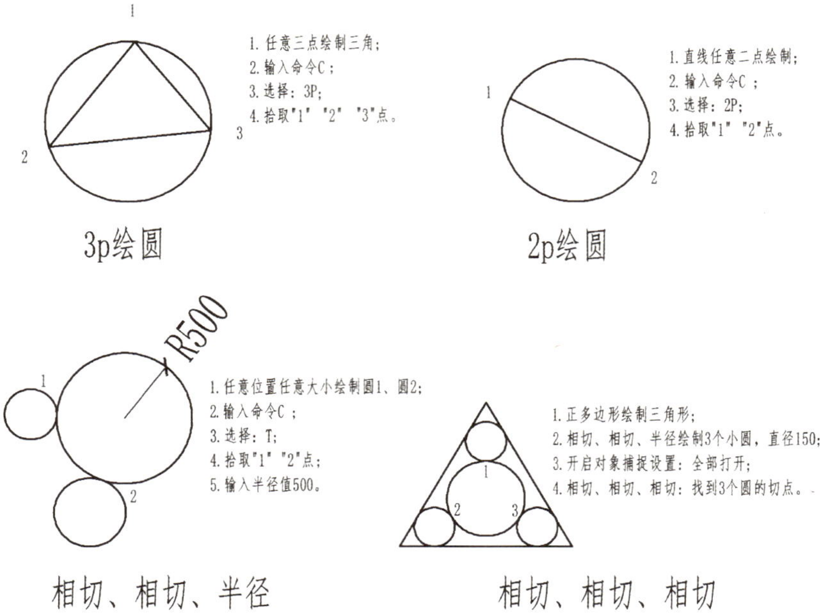

图 2.1.19　绘制圆的案例

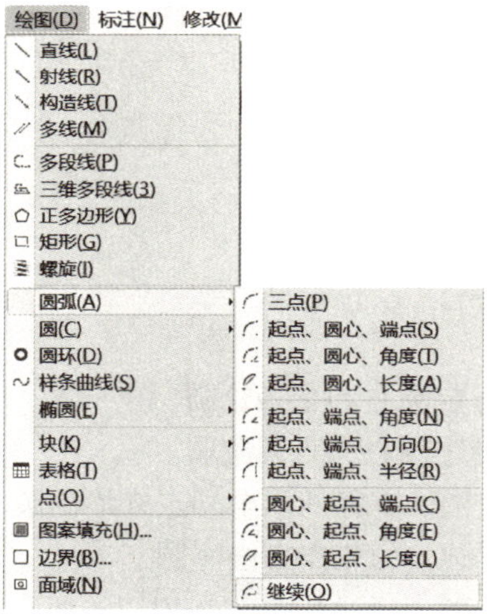

图 2.1.20　绘制圆弧的方法

（2）11 种绘制圆弧的方式：

① 三点：默认已指定的三点依次画出圆弧。

② 起点、圆心、端点：圆心与起点之距为半径，逆时针画到端点的径向线上，但不要求一定过端点。

③ 起点、圆心、角度：圆心与起点之距为半径，用角度选项结束画弧。2、3 两点的连线与坐标系 X 轴的夹角为圆弧的圆心角的大小，也可键入数值响应圆心角，正值为逆时针画弧，反之为顺时针画弧。

④ 起点、圆心、长度：由起点开始逆时针画弧，使其弦长等于给定值，也可键入数值响应弦长，正值为逆时针画小弧，负值也为逆时针画大弧。

⑤ 起点、端点、角度：由起点到端点按给定的角度绘制一段圆弧。

若圆心角为正，则由起点到端点按逆时针方向绘制一段圆弧；若圆心角为负，则由起点到端点按顺时针方向绘制一段圆弧。

⑥ 起点、端点、方向：由起点到端点按给定的起始方向绘制一段圆弧。当圆弧的起点和端点一定时，圆弧的起始方向不同，绘制出的圆弧也不同。

⑦ 起点、端点、半径：由起点到端点以按给定的半径按逆时针方向绘制一段圆弧。当半径为正，则绘制小圆弧；当半径为负，则绘制大圆弧。

⑧ 圆心、起点、端点：先给圆心，以圆心到起点的距离为半径，由起点到端点按时针方向绘制一段圆弧。

⑨ 圆心、起点、角度：先给圆心，以圆心到起点的距离为半径，按给定角度画圆弧，关于角度的正负与前述相同。

⑩ 圆心、起点、长度：先给圆心，以圆心到起点的距离为半径，按给定弦长画圆弧，关于弦长的正负与前述相同。

⑪ 连续：以最后一次绘制的直线或圆弧的端点作为新圆弧的起点，并以直线方向或圆弧终止点处的切线方向为新圆弧的起点的切线方向开始绘制圆弧。

（3）典型应用操作：如图 2. 1. 21 所示。

① 直线和圆弧的绘制。

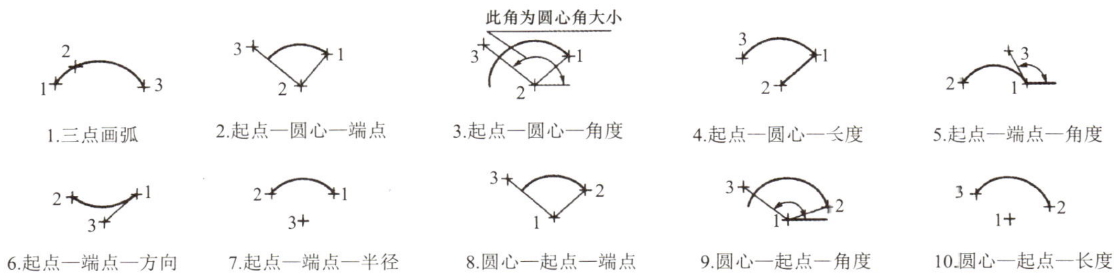

图 2. 1. 21　绘制圆弧的 10 种方式

② 圆弧在建筑绘图中的应用：如图 2. 1. 22 所示。

命令：L（line）

指定第一个点：选择“1”点

指定下一点或［角度（A）/长度（L）/放弃（U）］：900（到达第“2”点）

指定下一点或［角度（A）/长度（L）/放弃（U）］：＊取消＊

命令：A（arc）

指定圆弧的起点或［圆心（C）］：c

指定圆弧的圆心：选择“1”点

指定圆弧的起点：选择“2”点

指定圆弧的端点或［角度（A）/弦长（L）］：选择“3”点

命令：＊取消＊

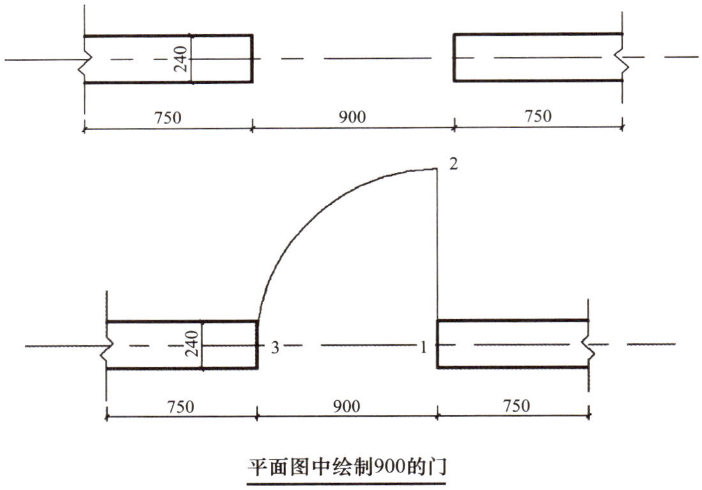

图 2.1.22　圆弧绘制 900 的门

3. Ellipse 绘制椭圆

（1）启动 Ellipse 命令的方法：如图 2.1.23 所示。

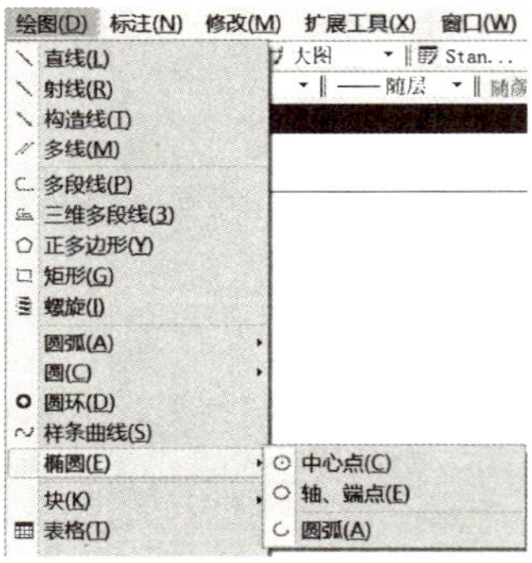

图 2.1.23　绘制椭圆的方式

① 功能区："常用" → "绘制" → "椭圆"。

② 工具栏："绘图" → "椭圆" 和 "椭圆弧" 。

③ 菜单项："绘图" → "椭圆"。

④ 命令行：ELL（ellipse）↵。

（2）绘制椭圆的两种方式：

① 中心点：以指定椭圆中心和两半轴长度方式绘制椭圆，需要给出三个点。

② 轴、端点：以指定椭圆某一轴上的两个端点，再指定另一条半轴长度（椭圆心与第三点之距）绘制椭圆。其中系统提示的"指定另一条半轴长度或［旋转（R）］："两个选项的含义如下：

a. 指定另一条半轴长度：指使用从第一条轴的中点到第二条轴的端点的距离来定义第二条轴。

b. 旋转（R）：该选项后的"指定绕长轴旋转的角度："是指定点或输入一个小于 90°

的正角度值，意义为椭圆的离心率。值越大，椭圆的离心率越大，输入“0”将定义圆。

4. Apline 样条曲线

样条曲线即非均匀有理 B 样条曲线，使用拟合点或控制点进行定义。它是创建经过或接近一组拟合点的平滑曲线，样条曲线可以用来绘制二维和三维的样条曲线。

（1）启动 Apline 命令的方法。

① 功能区：“常用”→“绘制”→“样条曲线”。

② 工具栏：“绘图”→“样条曲线” 。

③ 菜单项：“绘图”→“样条曲线”。

④ 命令行：apline ↵。

（2）启动命令后，执行下面命令提示：

命令：spline ↵

指定第一个点或［对象（O）］：

指定下一点：

指定下一点或［闭合（C）/拟合公差（F）/放弃（U）］<起点切向>：

（3）选项说明。

① 对象：将二维或三维样条拟合多段线转换为样条曲线。

a. 第一个点：指定样条曲线的起点。

b. 下一点：指定样条曲线段的下一个点。

c. 放弃：删除上一个指定的点。

② 闭合：绘制闭合的样条曲线。

③ 拟合公差：指定样条曲线可以偏离拟合点的距离。公差为 0 时要求样条曲线必须通过拟合点。

a. 起点切向：选取一点来指定起点上的样条曲线的切点。

b. 端点切向：选取一点来指定端点上的样条曲线的切点。

（4）典型操作：绘制建筑图木材例，如图 2.1.24 所示。

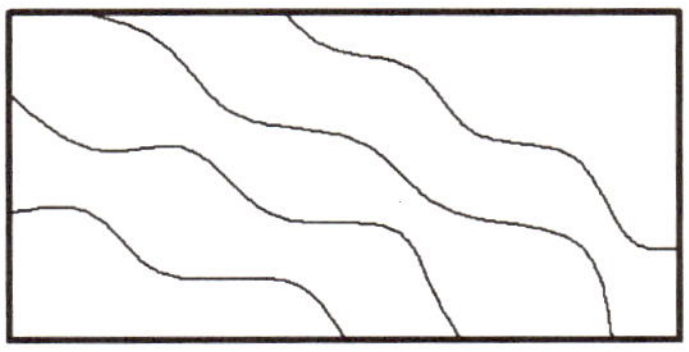

图 2.1.24　绘制“木纹图例”

5. Donut 绘制圆环

圆环是由宽弧线段组成的闭合多段线构成的，在建筑施工图绘制时多用于“钢筋”断面的绘制。

（1）启动 Point 命令的方法：

① 功能区：“常用”→“绘制”→“圆环”。

② 菜单项：“绘图”→“圆环”。

③ 命令行：DO（dount）↵。

（2）启动命令和典型操作：

命令：DO（donut）↵

① 圆环：内径 10，外径 22，如图 2. 1. 25 所示。

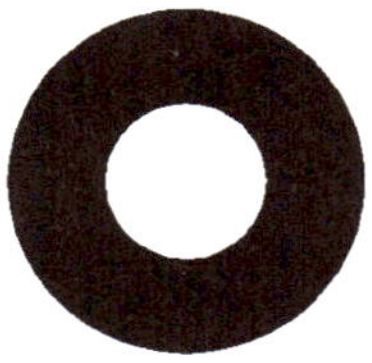

圆环：内径10，外径22

图 2. 1. 25　绘制圆环

② 直径 22 的钢筋断面：如图 2. 1. 26 所示。

圆环：内径0，外径22

图 2. 1. 26　绘制钢筋断面

指定圆环的内径<0. 5>：0

指定圆环的外径<1. 0>：22

指定圆环的中心点或<退出>：

指定圆环的中心点或<退出>：＊取消＊

2. 1. 7　徒手绘制

1. Sketch 徒手绘制

以光标的移动来绘制一系列连续的直线线段。

（1）启动 Point 命令的方法：

① 功能区："常用"→"绘制"→"草图"；

② 命令行：sketch ↵。

（2）启动命令和典型操作：

命令：sketch ↵，如图 2. 1. 27 所示。

指定分段长度<1. 0>：输入需要的长度数值，也可以直接↵；

请指定第二点获取距离：单击，给出距离；

按 Enter 键结束/落笔（P）移动鼠标，留下痕迹

按 Enter 键结束/停止（Q）/抬笔（P）/擦除（E）/写入图中（W）/：（素描（S）…）绘制中

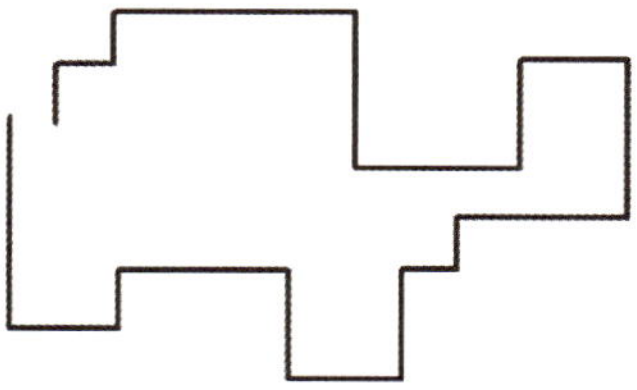

图 2.1.27　徒手绘制任意图形

写入手画线素描到图中……记录绘制路径

已记录 41 条直线。

2. Revcloud 修订云线

（1）启动 Point 命令的方法：

① 功能区：“常用” → “绘制” → “云线”。

② 工具栏：“绘图” → “修订云线”  。

③ 菜单项：“绘图” → “修订云线”。

④ 命令行：revcloud ↵。

（2）启动命令后，执行下面命令提示：

命令：revcloud ↵

最小弧长：15；最大弧长：15；样式：普通；类型：自由绘制。

指定起点或［弧长（A）/对象（O）/矩形（R）/多边形（P）/自由绘制（F）/样式（S）］<对象>：

（3）选项说明

① 起点：指定云线的起点。

② 弧长：指定组成云线的圆弧的弧长。设置的最大和最小弧长将保存在系统注册表中，下一次使用 Revcloud 时，此值就是当前值。最大弧长不能超过最小弧长的 3 倍。

③ 对象：将选取的闭合对象（例如圆、椭圆、多段线或样条曲线）转化为云线。

选取对象后，系统会提示用户是否反转方向。

④ 是：反转组成云线的圆弧的方向。

⑤ 否：使圆弧保持当前方向。

⑥ 样式：设置云线的样式。

⑦ 普通：绘制起始线段宽度与终止线段宽度相同的云线。

⑧ 手绘：绘制起始线段宽度不同于终止线段宽度的云线，类似于手绘效果。

（4）典型案例操作。

命令：revcloud，如图 2.1.28 所示。

最小弧长：15　最大弧长：15　样式：普通　类型：自由绘制

指定起点或［弧长（A）/对象（O）/矩形（R）/多边形（P）/自由绘制（F）/样式（S）］<对象>：o ↵

选择对象：选择矩形

反转方向？［是（Y）／否（N）］<否>：Y 或者 N

修订云线完成

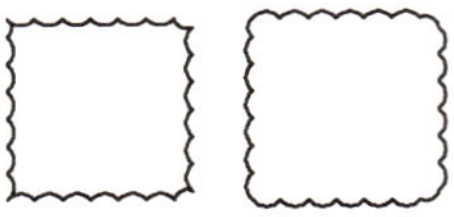

100×100矩形

图 2. 1. 28　修订云线效果

2. 1. 8　Block 创建块和插入块

建筑图纸中有很多反复使用的图样，例如：指北针、标高符号等，在 ZWCAD 软件中一般都是用户自己创建成图块，保存起来，达到重复使用的目的。所以，制作块和插入块我们一起使用。需注意的是，制作块保存有两种方式：“定义块”为当前文件使用；“图块存盘”，俗称“写块”，它与其他图形没有任何关系，可以应用于其他 CAD 绘制的文件中。

创建块和插入块方法如下：

（1）启动 Block 命令的方法：

① 功能区：“插入”→“块”→“创建”／“插入”。

② 工具栏：“绘图”→“创建块”／“插入”。

③ 菜单项：“绘图”→“块”→“创建块”／插入块。

④ 命令行：block 制作块↵；insert 插入块↵。

（2）制作定义图块

命令行：B↵；启动命令后，如图 2. 1. 29 所示。

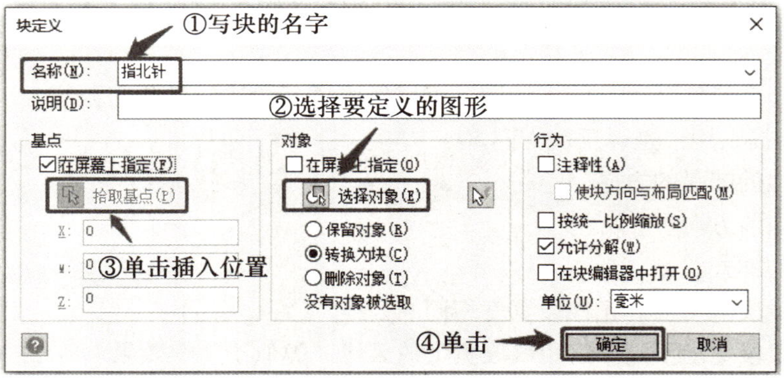

图 2. 1. 29　制作块对话框

定义块、写块、插入块

（3）图块存盘。

命令行：WB（写块），如图 2. 1. 30 所示。

（4）插入块启动命令后，如图 2. 1. 31 所示。

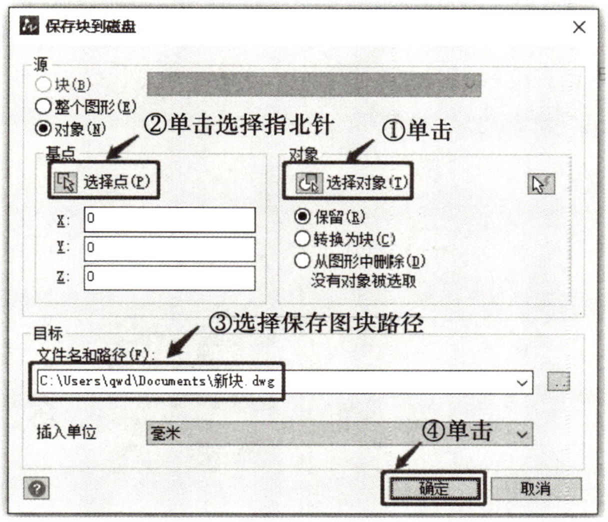

图 2.1.30　写块步骤

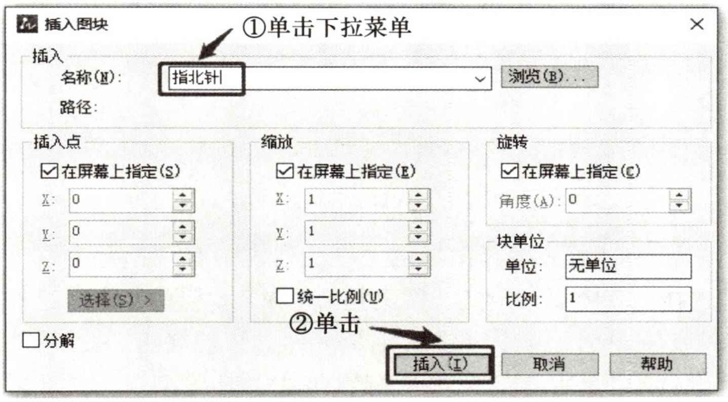

图 2.1.31　插入块的方法

2.1.9　图案填充和面域

图案填充是选择图案样式来填充选定的对象或一个封闭区域。值得注意的是，填充区域应闭合。Hatch 命令可以通过选择对象和填充边界来实现。

面域是具有边界的平面图形，是一个具有物理特性的二维封闭区域。可以转换为面域的闭环对象是封闭某个区域的多段线、直线段、圆弧、椭圆、椭圆弧及样条曲线的组合，但不包括交叉交点和自交曲线。每个闭合环都将转换为独立的面域对象。通过并集、交集及差集操作可以将多个面域合并为单一复杂面域对象。

Bhatch 图案填充方法如下。

（1）启动 Bhatch 命令的方法：

① 功能区："常用" → "绘制" → "填充"。

② 工具栏："绘图" → "图案填充"。

③ 菜单项："绘图" → "图案填充"。

④ 命令行：H、BH（bhatch）↵。

（2）启动命令后，如图 2.1.32 所示。

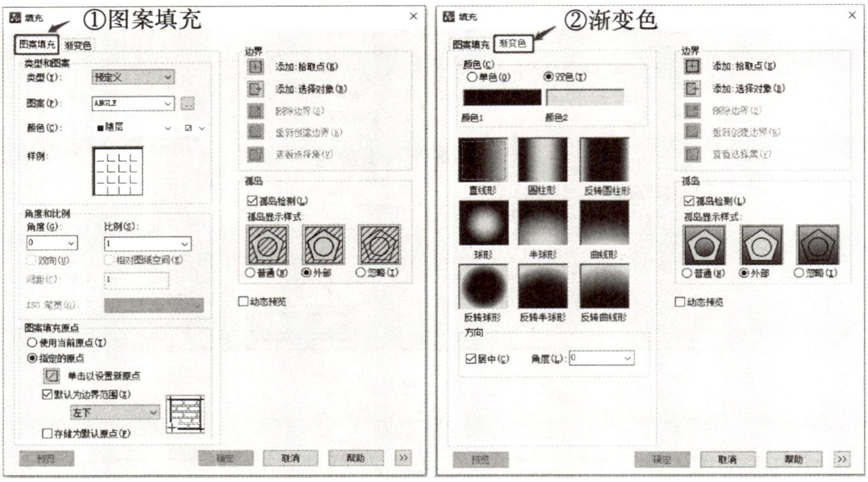

图 2.1.32　图案填充对话框

（3）选项说明。

① 类型和图案区。

此选项组用于指定填充图案的类型和具体图案，各选项功能如下：

a. "类型"下拉列表框：设置图案的类型。列表中有"预定义""用户定义"和"自定义"三种选择。其中"预定义"图案是 ZWCAD 提供的图案，这些图案存储在图案文件 acad. pat 或 acadiso. pat 中（图案定义文件的扩展名为 . pat）。"用户定义"图案是由一组平行线或相互垂直的两组平行线组成，其线型采用图形中当前的线型。"自定义"图案表示将使用在自定义图案文件（用户可以单独定义图案文件）中定义的图案。

b. "图案"下拉列表框：列出了有效的预定义图案，供用户选择。只有在"类型"下拉列表中选择"预定义"选项，该下拉列表才可用。用户可以从该下拉列表框中根据图案名来选择图案，也可以单击其后的按钮，在打开的"填充图案选项板"对话框中（图 2.1.32）进行选择要填充的图案，预览图标的图像就是图案的形状，同时也显示了该图案的名称。

c. "样例"预览窗口：显示所选定图案的预览图像。单击该框，也会弹出如图 2.1.33 所示的"填充图案选项板"对话框。

d. "自定义图案"下拉列表框：列表中列出可用的自定义图案，供用户选择。列表顶部将显示 6 个最近使用 的自定义图案。只有在"类型"下拉列表框中选择了"自定义"选项，"自定义图案"下拉列表框才有效。

此选项组用于设置用户定义类型的图案填充的角度和比例等参数，各选项功能如下：

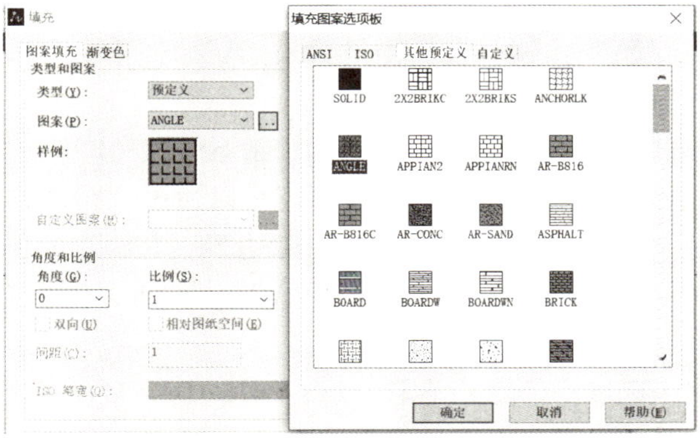

图 2.1.33 填充图案选项板

② 角度和比例。

a. “角度”下拉列表框：设置图案填充时的图案旋转角度。

b. “比例”下拉列表框：设置图案填充时的图案比例值，即放大或缩小填充的图案。

c. “双向”复选框：当在“类型”下拉列表框中选择“用户定义”选项时，选中该复选框，可以使用相互垂直的两组平行线填充图形区域；否则为一组平行线。

d. “相对图纸空间”复选框：设置比例因子是否为相对于图纸空间的比例。

e. “间距”文本框：设置填充平行线之间的距离，只有在“类型”下拉列表框中选择“用户自定义”选项时，该选项才有效。

f. “ISO 笔宽”下拉列表框：设置笔的宽度，当填充图案采用 ISO 图案时，该选项才有效。

③ 图案填充原点。

此选项组用于确定生成填充图案时的起始位置。

a. “使用当前原点”单选按钮：是默认情况，即使用存储在系统变量 HPORIGIN 中的图案原点，与用当前 UCS 有关。

b. “指定的原点”单选按钮：选中该按钮，可以通过指定点作为图案填充原点。

④ 边界。

此选项组用于设置填充边界，各选项功能如下：

a. “添加：拾取点”按钮：根据围绕指定点所构成封闭区域的现有对象来确定边界单击该按钮，ZWCAD 临时切换到绘图屏幕，并提示：

拾取内部点或［选择对象（S）/删除边界（B）］：

此时在希望填充的封闭区域内任意处拾取一点，AutoCAD 会自动确定出包围该点的封闭边界，同时以虚线形式显示这些边界（如果设置了允许间隙，实际的填充边界则可以不封闭）。指定了填充边界后，按【~】键，ZWCAD 返回到“图案填充和渐变色”对话框。

在“拾取内部点或［选择对象（S）/删除边界（B）］：”提示时，还可以通过“选择对象（S）”选项来选择作为填充边界的对象；通过“删除边界（B）”选项可以取消选择的填充边界。

b. “添加：选择对象”按钮：根据构成封闭区域的选定对象来确定边界。单击该按钮，ZWCAD 临时切换到绘图屏幕，并提示：

选择对象拾取内部点或［拾取内部点（K）/删除边界（B）］：

此时可以直接选择作为填充边界的对象，还可以通过“拾取内部点（K）”选项以拾取点的方式确定填充边界对象；通过“删除边界（B）”选项可以取消选择的填充边界。确定了填充边界后按【-】键，ZWCAD 返回到“图案填充和渐变色”对话框。

在希望填充的封闭区域内任意处拾取一点，ZWCAD 会自动确定出包围该点的封闭边界，同时以虚线形式显示这些边界（如果设置了允许间隙，实际的填充边界则可以不封闭）。指定了填充边界后，按【~】键。

c. “删除边界”按钮：从已确定的填充边界中取消系统自动计算或由用户指定的边界。单击该按钮，ZWCAD 临时切换到绘图屏幕，并提示：

选择对象或［添加边界（A）］：

此时可以删除要删除的边界对象，也可以通过“添加边界（A）”选项确定新边界。删除或添加填充边界后按空格键，ZWCAD 返回到“图案填充和渐变色”对话框。

d. “重新创建边界”按钮：重新创建图案填充边界。

e. “查看选择集”按钮：查看已定义的填充边界。单击该按钮，ZWCAD 临时切换到绘图屏幕，将已定义的填充边界亮显。

④ 孤岛。

当存在“孤岛”时确定图案填充方式：填充图案时，将位于填充区域内的封闭区域称为“孤岛”。当以拾取点的方式确定填充边界后，会自动确定出包围该点的封闭填充边界，同时还会自动确定出对应的孤岛边界，如图 2. 1. 34 所示。

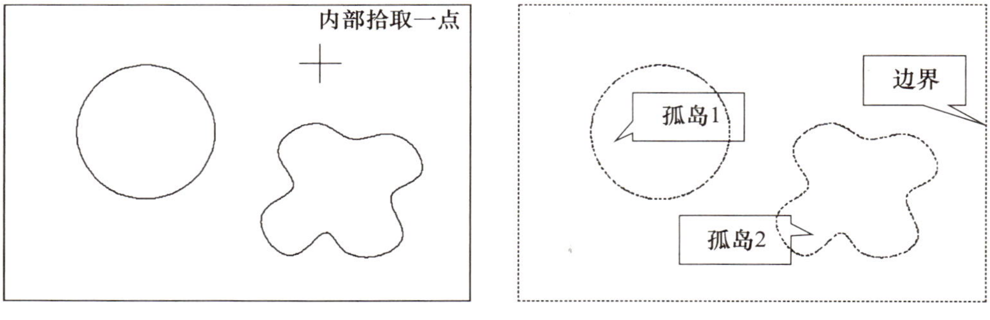

图 2. 1. 34　边界与孤岛

“孤岛检测”复选框用于确定是否进行孤岛检测以及孤岛检测的方式，选中复选框表示要进行孤岛检测。

“普通”填充方式：是默认方式，从外部边界向内填充。此方式不填充孤岛，但是孤岛中的孤岛将被跳序填充，如图 2. 1. 35 所示。

“外部”填充方式：此方式也是从外部边界向内填充并在下一个边界处停止。

“忽略”填充方式将忽略内部边界，填充整个闭合区域。

“普通”“外部”和“忽略”三种填充方式效果如图 2. 1. 36 所示。

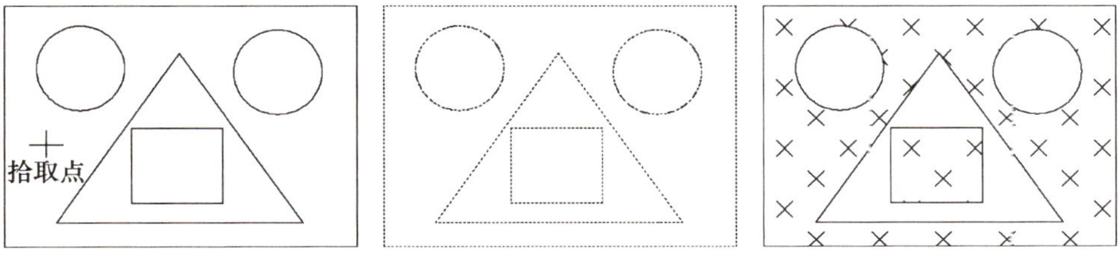

图 2. 1. 35　普通填充方式效果

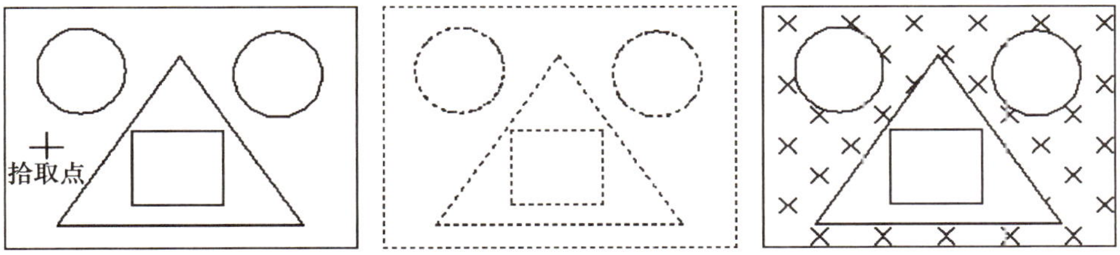

图 2. 1. 36　三种填充方式效果

（4）图案填充编辑器。

① 功能区：“常用”→“修改”→“编辑图案填充”。

② 工具栏：“修改 Ⅱ”→“编辑图案填充”。

③ 菜单项：“修改”→“对象”→“图案填充”。

④ 命令行：hatchedit ←┘。

⑤ 直接双击填充的图案。

（5）典型案例操作。

钢筋混凝土墙体填充

钢筋混凝土墙体填充如图 2. 1. 37 所示。

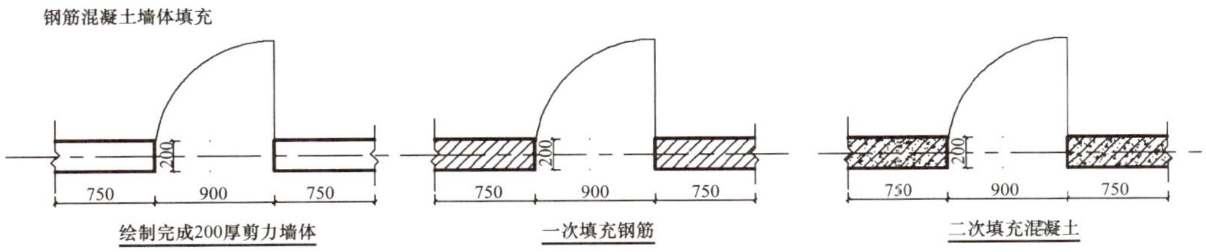

图 2. 1. 37　钢筋混凝土墙体填充

第 1 步：绘制完成 200 厚的剪力墙体。

第 2 步：一次填充钢筋→“BH”填充→边界→添加拾取点（墙体）→孤岛检测“普通”模式→选择图案（ANSI ）调整好比例→完成。

第 3 步：二次填充混凝土→“BH”填充→边界→添加拾取点（墙体）→孤岛检测“普通”模式→选择图案（其他预定义 ）调整好比例→完成。

◆6m×3m 房间地面填充 500mm×500mm 瓷砖，如图 2. 1. 38 和图 2. 1. 39 所示。

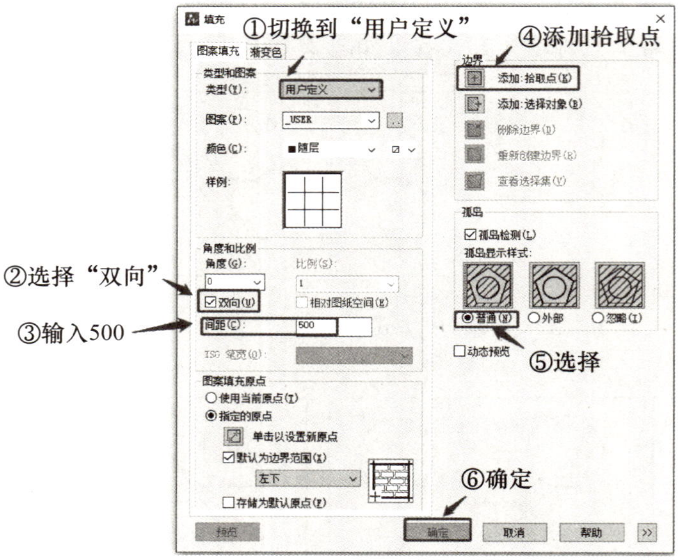

图 2.1.38　500mm×500mm 地砖填充设置

500×500 瓷砖绘制

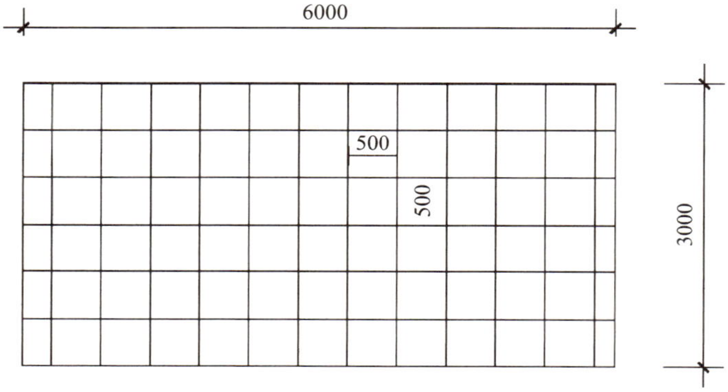

图 2.1.39　500mm×500mm 地砖填充效果

（6）“渐变色”选项卡中包含“单色”和“双色”，填充方式 ZWCAD 提供了 9 种，可以根据需求进行选择。

2.1.10　文字标注和表格

文字是施工图中必不可少的一部分，图样信息无法表达的，需要由“文字”来描述。ZWCAD 具有完善的文本标注和编辑功能。另外，还具备创建表格功能。

1. 设置与修改文字样式

（1）创建文字样式

① 功能区：“工具”→“样式管理器”→“文字样式”。

② 工具栏：“文字”→“文字样式”。

③ 菜单项：“格式”→“文字样式”。

④ 命令行：style ↵。

（2）启动命令后，如图 2. 1. 40 所示。

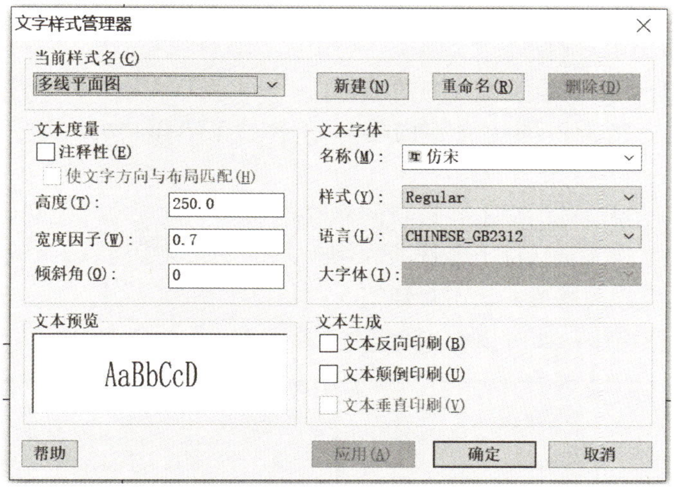

图 2. 1. 40　“文字样式管理器”对话框

（3）选项说明：

① 当前样式名：显示当前的字体样式名称，单击下拉按钮，以列表形式显示所有字体样式名称。

a. 新建：开启“新文字样式”对话框，新建字体样式。在“新文字样式”对话框中，为新建文字样式指定名称。

b. 重命名：开启“重命名文字样式”对话框，修改当前字体样式名称。不可修改默认的字体样式名“Standard”。

c. 删除：删除当前字体样式。不可删除默认的字体样式名“Standard”。

② 文本度量：修改高度、宽度因子及倾斜角。

a. 注释性：使文字具有注释性特性。控制文字对象在模型空间或布局空间中的显示的比例和尺寸。

b. 使文字方向与布局匹配：该选项仅在文字具有注释性特性时可用。指定图纸空间视口中的注释性文字对象的方向和布局方向一致。

c. 高度：设置文字的固定高度。在标注文字中，如果文字样式的固定文本高度不为 0，则始终使用文本样式固定高度而忽略标注样式中文字高度设置。

d. 宽度因子：设置字符的间距。宽度因子大于 1 扩大文字，小于 1 压缩文字。

e. 倾斜角：设置文字的倾斜角度，此角度的取值范围为-85~85 。

③ 文本字体：修改或编辑文本的字体样式。

a. 名称：在下拉列表中选择文本的字体名。

b. 样式：选择文字的字型。

c. 语言：指定字体对应的语言。

d. 大字体：指定亚洲语言的大字体文件。

④ 文本生成：设置文本的印刷方式。

a. 文本反向印刷：反向显示文字。

b. 文本颠倒印刷：颠倒显示文字。

c. 文本垂直印刷：显示垂直对齐的字符。

⑤ 文本预览：指定不同的文字内容显示不同文字样式的效果。

文字样式设置

⑥ 应用：保存当前对话框上各选项的修改。

⑦ 确定：保存当前对话框上各选项的修改，并关闭对话框。

⑧ 取消：放弃当前修改并退出对话框。

（4）典型案例操作：如图 2.1.41 所示。

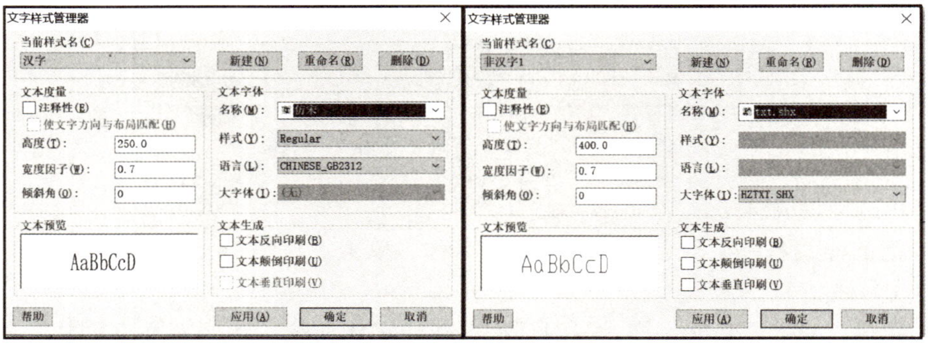

图 2.1.41　“汉字”和“非汉字”设置

① 完成新建样式名：样式名为“汉字”；高度 250，宽度因子：0.7；文本字体：仿宋；语言：CHINESE_ GB2312；

② 完成新建样式名：样式名为“非汉字 1”；高度 400，宽度比例因子：0.7；文本字体：txt.shx；大字体：HZTXT.SHX。

2. 单行文字

（1）启动 DT 命令的方法：

① 功能区：“常用注释”→“注释”→“单行文字”。

② 工具栏：“文字”→“单行文字”。

③ 菜单项：“绘图”→“文字”→“单行文字”。

④ 命令行：DT ↵。

（2）启动命令后，执行下面命令提示：

命令行：DT（text）↵

当前文字样式：“汉字”文字高度：250 注释性：否

指定文字的起点或［对正（J）/样式（S）］：J

输入选项［对齐（A）/布满（F）/居中（C）/中间（M）/右对齐（R）/左上（TL）/中上（TC）/右上（TR）/左中（ML）/正中（MC）/右中（MR）/左下（BL）/中下（BC）/右下（BR）］：

（3）选项说明。

① 起点：指定文字对象的起点。

② 高度：指定文字对象的高度。此提示仅在当前文字样式没有固定高度时显示。

③ 旋转角度：指定文字对象的旋转角度。

④ 对正：调整单行文字的对齐方式。用户也可以在“指定文字的起点”提示下直接输入这些选项。

⑤ 对齐：指定文字对象的起点和终点后，文字对象在两点之间进行布满排列，字高随着键入的文字多少进行调整，文字越多字高越矮。

⑥ 布满：指定文字对象的起点和终点后，输入文字的字高，文字对象在两点之间进行布满排列，但字高不会自动调整，文字越多字宽越窄。

⑦ 居中：指定文字的中心点，输入的文字以中心点为基准向两边排列。

⑧ 中间：指定文字的中间点，输入的文字以中间点为基准向四周排列。

“中间”和“正中”不一样，“中间”使用所有文字的中点，而“正中”使用大写字母高度的中点。

⑨ 右对齐：指定文字的右边点，输入的文字以此点为基准靠右对齐。

⑩ 左上：指定文字的左上点，输入的文字以此点为基准向上靠左对齐。

⑪ 中上：指定文字的上部中心点，使文字对象与之对齐。

⑫ 右上：指定文字的右上点，输入的文字在此点之下延伸并靠右对齐。

⑬ 左中：指定文字的左边中间点，在此点靠左对齐文字。

⑭ 正中：指定文字字符的中心点，使文字对象与之对齐。

⑮ 右中：指定文字的右边中间点，在此点靠右对齐文字。

⑯ 左下：指定文字的底左点，输入的文字以此点为基准靠左对齐。

⑰ 中下：指定文字的底部中心点，输入的文字以此点为基准居中对齐。

⑱ 右下：指定文字的右下点，输入的文字以此点为基准靠右对齐。

3. 多行文字

（1）启动 MT 命令的方法：

① 功能区：“常用注释”→“注释”→“多行文字”。

② 工具栏：“文字”→“多行文字”。

③ 菜单项：“绘图”→“文字”→“多行文字”。

④ 命令行：MT ↵。

（2）启动命令后，执行下面命令提示：

命令：MT（mtext）↵

当前文字样式：“汉字” 文字高度：250 注释性：否

指定第一个角点：

指定对角点或［对齐方式（J）/行距（L）/旋转（R）/样式（S）/字高（H）/方向（D）/字宽（W）/列（C）］：

（3）选项说明。

① 对角点：指定“字块对角点”，以一矩形区域来显示多行文字对象的尺寸和位置。

② 对齐方式：为文字对象设置以文本边界为基准的对齐方式。系统默认的对齐方式为“左上”。

③ 行距：指定多行文字对象的行距。行距是一行文字的底部（或基线）与下一行文字底部之间的垂直距离。

④ 旋转：指定多行文字对象的旋转角度。

⑤ 样式：为多行文字对象设置字型样式。

⑥ 字高：指定多行文字对象文字字符的高度。

⑦ 方向：设置多行文字的方向。

⑧ 字宽：设置多行文本框的宽度。

⑨ 列：指定列的类型，包括静态、动态。

（4）典型案例操作。

① 用单行文字完成国标标题栏的书写，如图 2.1.42 所示。

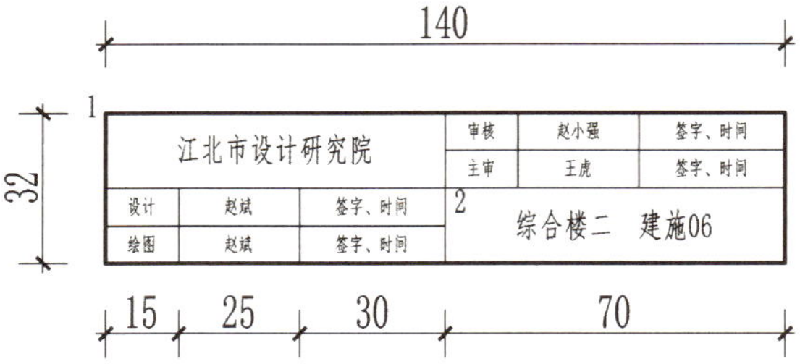

图 2.1.42　单行文字填写图框

单行文字填写图框

命令：L ↵。

指定第一个点：选取“1”点。

指定下一点或［角度（A）/长度（L）/放弃（U）］：选取 2 点

指定下一点或［角度（A）/长度（L）/放弃（U）］：Esc

命令：DT（text）↵

当前文字样式：“图框字体 1”文字高度：5 注释性：否

指定文字的起点或［对正（J）/样式（S）］：J ↵

输入选项［对齐（A）/布满（F）/居中（C）/中间（M）/右对齐（R）/左上（TL）/中上（TC）/右上（TR）/左中（ML）/正中（MC）/右中（MR）/左下（BL）/中下（BC）/右下（BR）］：MC ↵

指定文字中心点：<对象捕捉 开> 捕捉图框“1”点和“2”点

指定文字的旋转角度<0>：↵

用相同方法完成其他内容的书写。

② 用多行文字完成标题栏书写。

多行文字填写图框

命令：MT（mtext）↵

当前文字样式：“图框字体 2”文字高度：3 注释性：否

指定第一个角点：选择“1”点，拖动鼠标；

指定对角点或［对齐方式（J）/行距（L）/旋转（R）/样式（S）/字高（H）/

方向（D）/字宽（W）/列（C）]：J↵

输入对正选项［左上（TL）/中上（TC）/右上（TR）/左中（ML）/正中（MC）/右中（MR）/左下（BL）/中下（BC）/右下（BR）］<左上>：MC↵

指定对角点或［对齐方式（J）/行距（L）/旋转（R）/样式（S）/字高（H）/方向（D）/字宽（W）/列（C）]：H↵（可以在这里进行自高设定）

指定文字高度<3>：5↵

指定对角点或［对齐方式（J）/行距（L）/旋转（R）/样式（S）/字高（H）/方向（D）/字宽（W）/列（C）]：选择“2”点，松开鼠标，于始书写

同理完成其他操作。

（5）编辑修改文字。

单行文字和多行文字修改。如图 2.1.43 和图 2.1.44 所示。

相同：动作一样：双击要修改的文字。

不同：单行文字双击后在“原位置修改”；多行文字双击后进入“文本格式”，可以选中文字，直接调整大小、字体等，单行文字不可以。

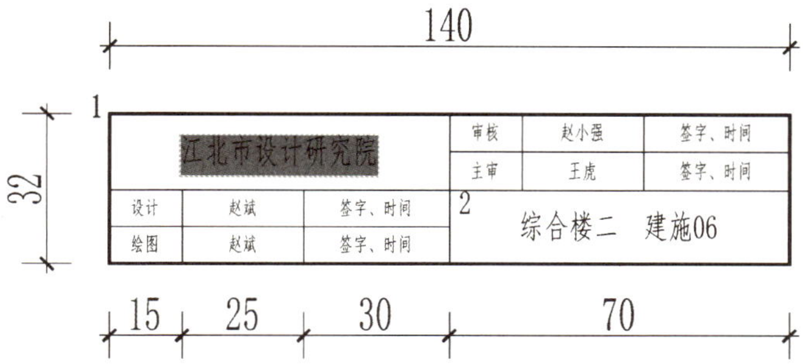

图 2.1.43　单行文字原位修改

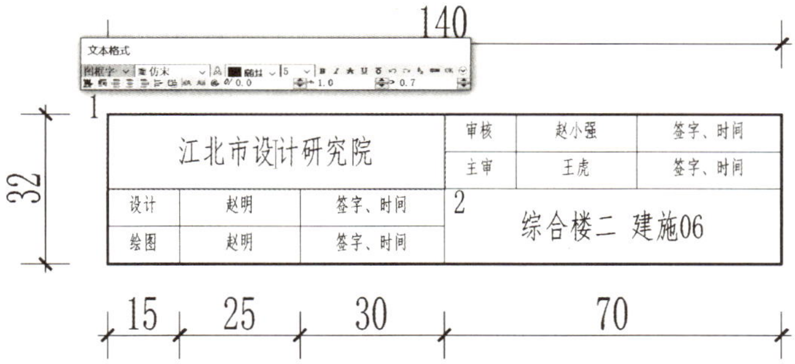

图 2.1.44　多行文字文本格式里修改

单行、多行文字修改不同

4. Table 表格

表格在绘制图形中应用比较频繁，如建筑说明中的“门窗汇总表”“材料做法表”等。在图形中插入表格对象。表格是由行和列组成，用于包含数据的复合对象。

在命令行输入 Table 后按【Enter】键，弹出“插入表格”对话框，用户可在对话框中插入新的表格或者导入一个 Excel 内容作为表格对象。

（1）启动 Table 命令的方法：

① 功能区："注释" → "表格" → "表格"。

② 工具栏："绘图" → "表格"。

③ 菜单项："绘图" → "表格"。

④ 命令行：table ↵。

（2）启动命令后，对话框如图 2.1.45 所示。

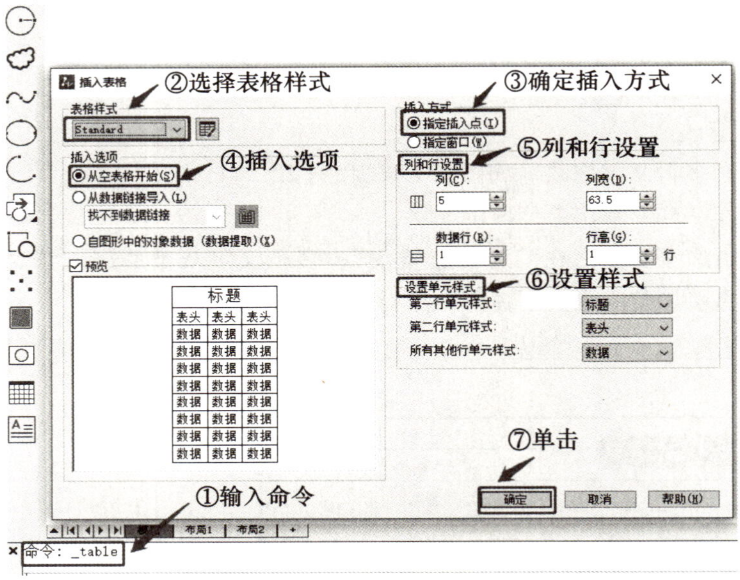

图 2.1.45 "插入表格"对话框

（3）选项说明：

① 表格样式：从下拉列表中选择创建表格所采用的表格样式。

用户也可以通过单击下拉列表旁边的按钮，启动"表格样式"对话框，创建新的表格样式。

② 插入选项：指定插入表格的方式。

从空表格开始：在图形中插入一个空白表格，用户可手动填充表格数据。

从 Excel 导入：根据外部 Excel 表格中的数据来创建表格。选择该项，然后单击下拉列表旁边的按钮，弹出"从 Excel 导入"对话框。

③ 插入方式：指定在图形中插入表格的方式。

指定插入点：指定表格插入点的位置。默认情况下，插入点位于表格的左上角。当表格样式将表格的方向设置为由下而上读取时，插入点位于表格的左下角。

指定窗口：指定一个窗口作为表格的大小和位置。窗口的大小及列和行设置将决定行数、列数、列宽和行高。

④ 列和行设置：设置表格列和行的数目及大小。如果使用窗口插入方式，用户只需指定"列"和"列宽"与"数据行"和"行高"两者中的一个即可，没有指定的选项将根据指定窗口大小自动计算。

列：指定列数。

列宽：指定列的宽度。

数据行：指定行数。

行高：根据行数指定行的高度。

⑤ 设置单元样式：若用户选择的表格样式不包含起始表格，则需要指定新表格中行的单元格式。

第一行单元样式：指定新表格中第一行的单元样式 。默认使用标题单元样式。

第二行单元样式：指定新表格中第二行的单元样式 。默认使用表头单元样式。

所有其他行单元样式：指定新表格中除第一行和第二行之外的其他行的单元样式。默认使用数据单元样式。

⑥ 预览：根据表格样式及单元格样式生成表格样例，如不满足需求，可继续调整。

（4） 表格编辑：表格的编辑和 Excel 的操作相似。

（5） 典型案例操作：如图 2. 1. 46 所示。

导入 Excel 表格　　　　绘制空表格

创建空表格的步骤：

① 依次单击“注释”选项卡→“表格”面板→“表格”。

② 在“插入表格”对话框中，从“表格样式”选项下的列表中选择一个表格样式。

③ 在“插入选项”中，选择“从空表格开始”。

④ 在“插入方式”组合框中选择插入方式。

⑤ 设置表格的列数和列宽。如果使用窗口插入方式，用户只需指定列数和列宽两者中的一个即可。

⑥ 设置表格的行数和行高。如果使用窗口插入方式，用户只需指定行数和行高两者中的一个即可。单击“确定”按钮，完成空表格的创建。

门窗表（6 列 5 行）

类型	设计编号	洞口尺寸（mm）	数量	选用型号	备注
普通门	M1	1200×2200	2	双扇平开门	玻璃外开门
	M2	1500×2200	12	双扇平开门	木夹板门
	M3	900×2200	16	单扇平开门	木夹板门
	M4	700×2000	8	单扇平开门	木夹板门

图 2. 1. 46　表格的编辑

绘图部分练习题

1.

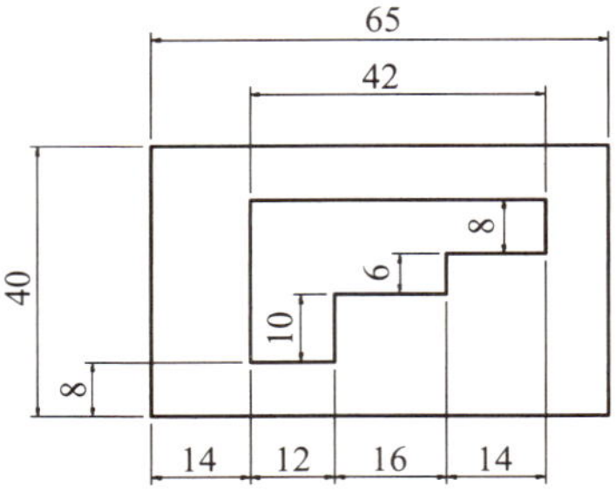

2.

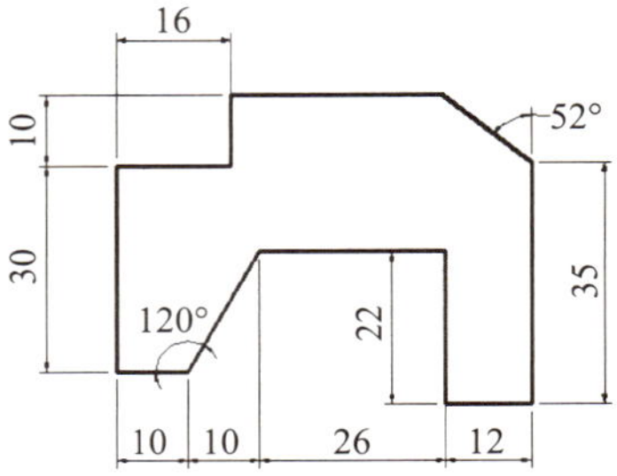

3.

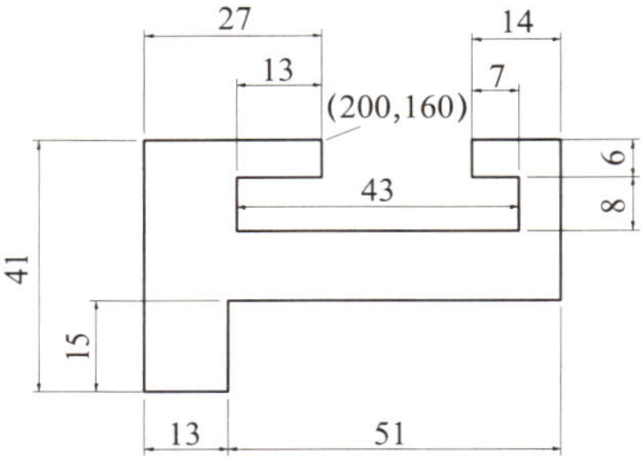

4.

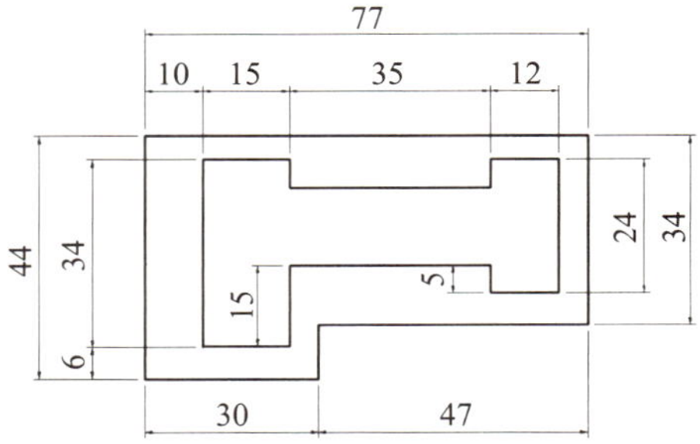

5.

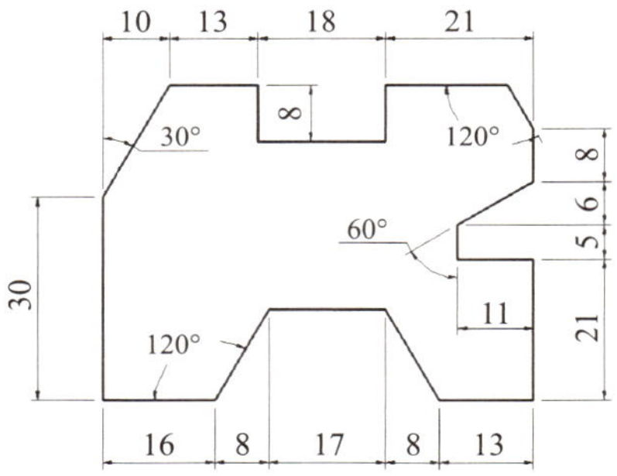

6.

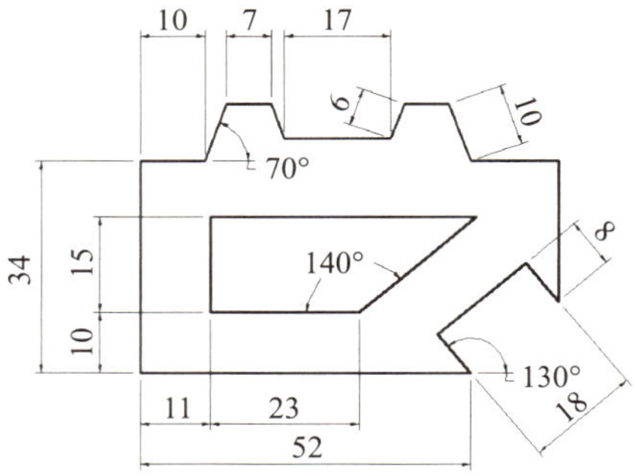

7.

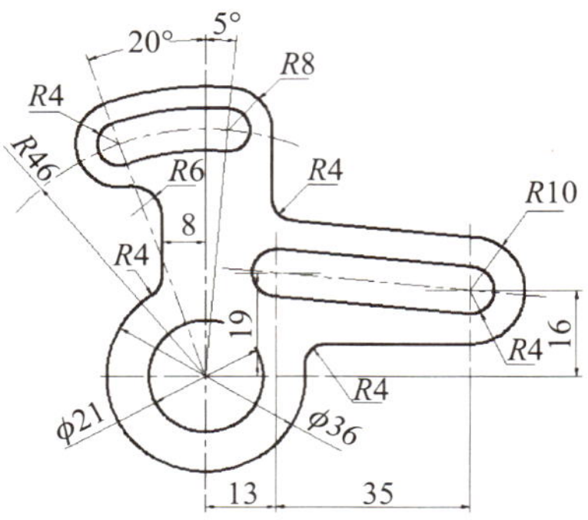

8.

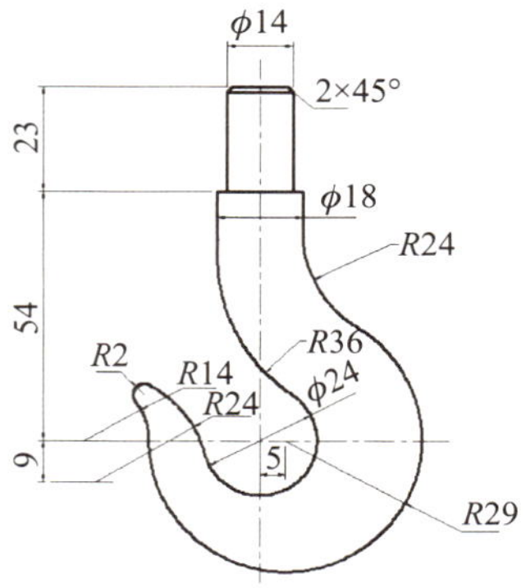

9.

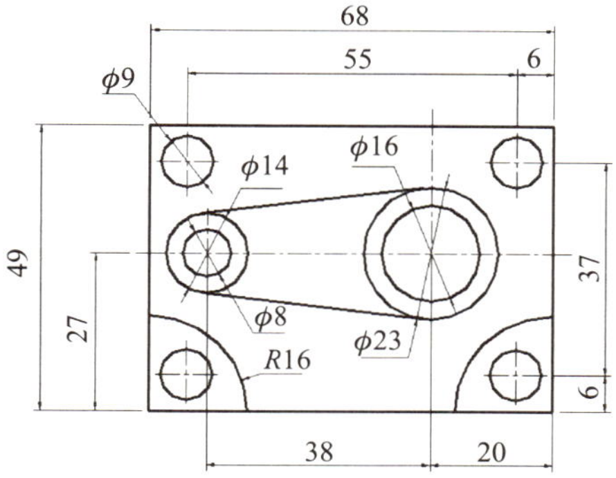

10.

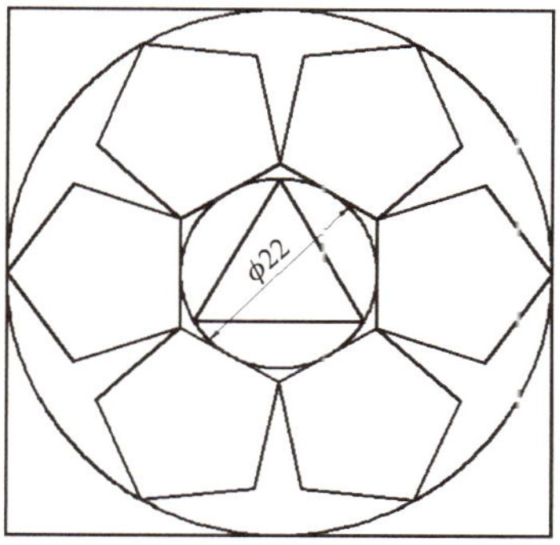

11.

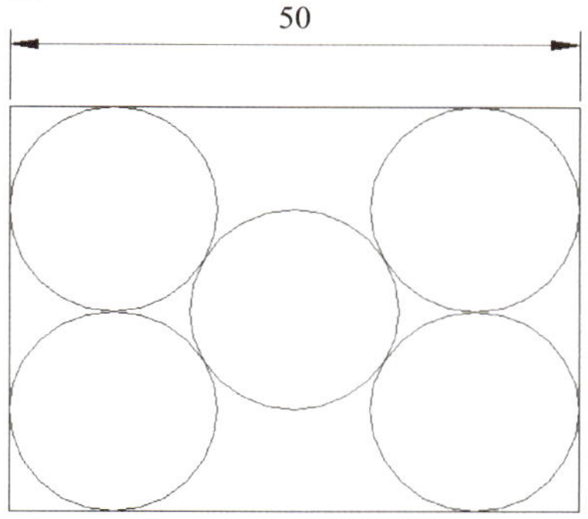

12.

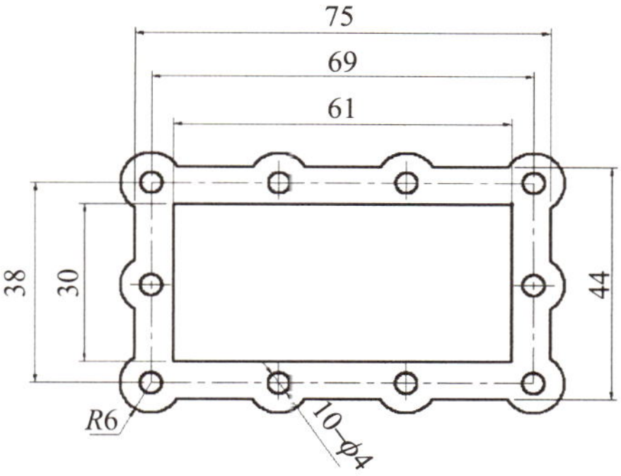

13.

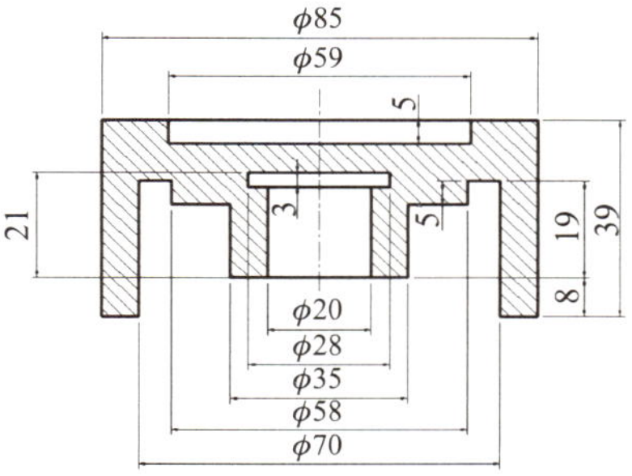

14.

钢筋混凝土墙体填充

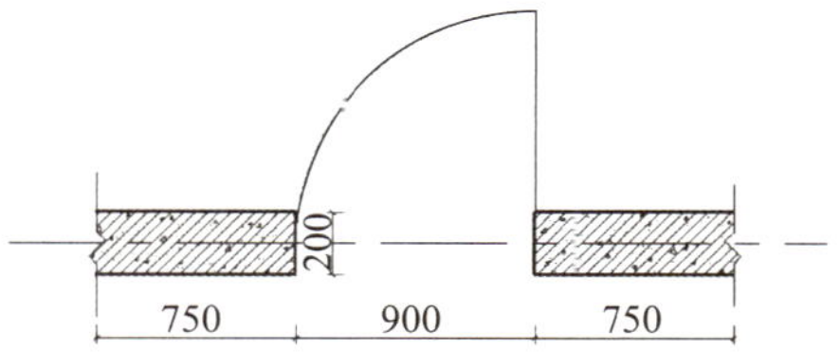

绘制完成200厚剪力墙体

15.

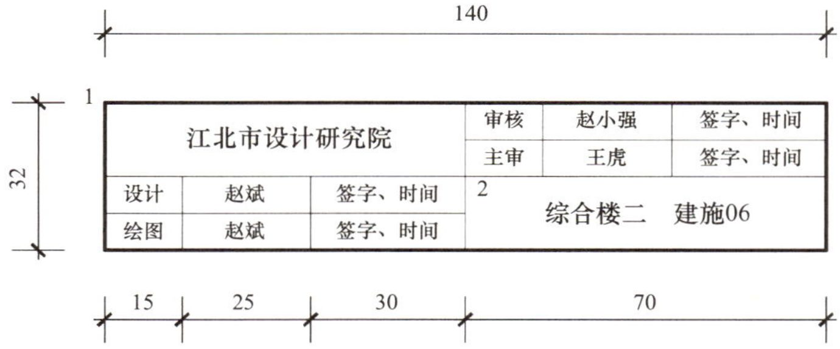

单行文字填写图框

16.

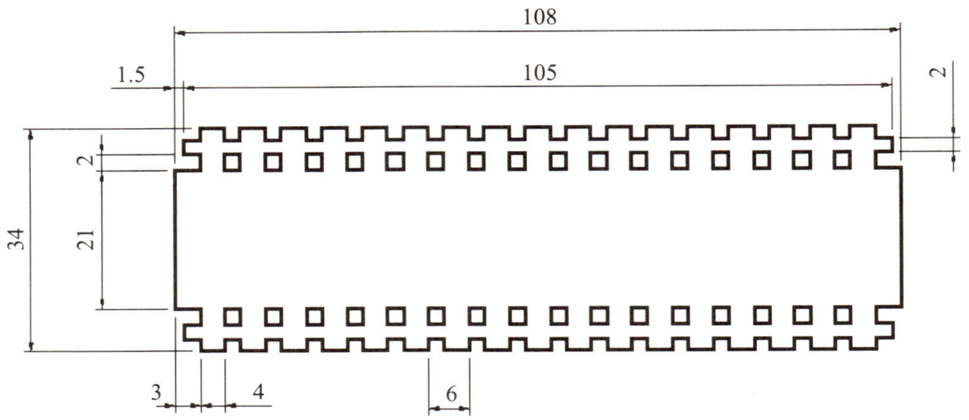

2.2 编辑修改图形命令

ZWCAD 绘制图形，不一定一次可以成功绘制，需要通过编辑来最终完成。ZWCAD 提供了多种编辑工具，编辑要有针对的对象，因此需要掌握如何进行对象的选择。

2.2.1 对象选择方法和技巧

在教学单元 1 已做介绍，本节不再赘述。

2.2.2 使用夹点编辑图形

夹点编辑是一种编辑模式，不同类型的夹点模式可以进行移动、旋转等操作。

1. 夹点的概念

不同类型的图形具有的夹点数量不同，如一条直线段由 3 个点组成、圆由 5 个点组成（4 个端点 1 个圆心）等，如图 2. 2. 1 所示。

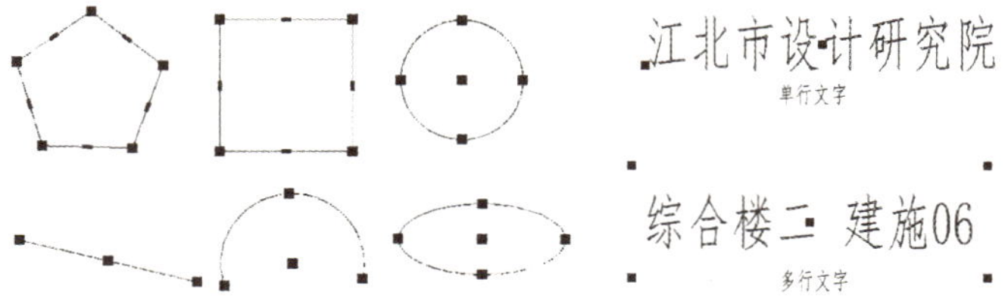

图 2. 2. 1　各类图形夹点样式

2. 显示与操作

如图 2.2.2 所示。

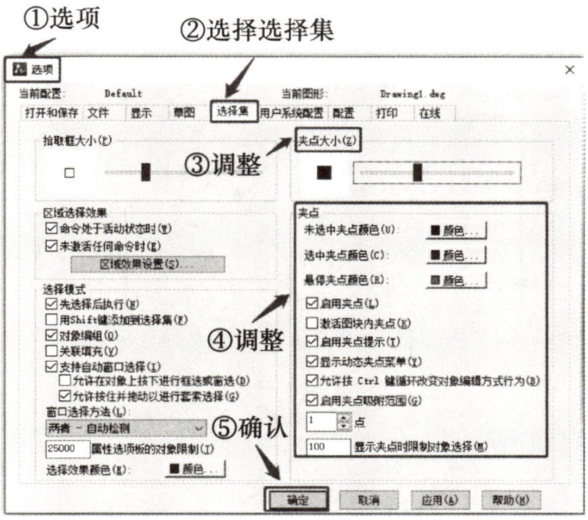

图 2.2.2　夹点设置

3. 夹点编辑操作

执行夹点编辑的操作有拉伸、移动、缩放、旋转、镜像等。操作方法：将需要编辑的图形的夹点位置选中，即可操作。

（1）热夹点：当鼠标移动到夹点方块附近时，可以感觉到夹点对光标具有“吸引”作用，使光标吸附到该夹点上，方块夹点变色（默认为绿色），单击后，该夹点呈选中状态，显示“选中夹点颜色”（默认变为深红），这个选中夹点就称为热夹点。热夹点就作为夹点模式编辑操作基点。

当光标悬停在多功能夹点上时，在光标的右下角将会出现快捷菜单，不同的对象其快捷菜单的具体项目不同，方便了用户编辑对象。如图 2.2.3 所示。

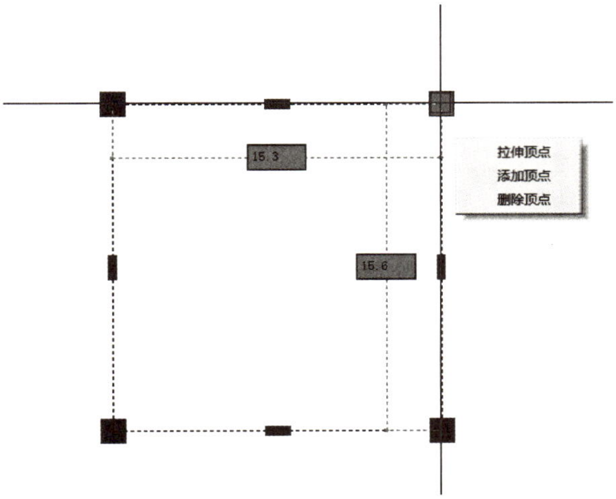

图 2.2.3　热夹点显示

（2）多个热夹点的选择与修改：可以选择多个夹点作为操作的基点。要选择多个夹点，先按住【Shift】键，再单击选择夹点。若取消选中的夹点，则再次单击该夹点。如图 2. 2. 4 所示。

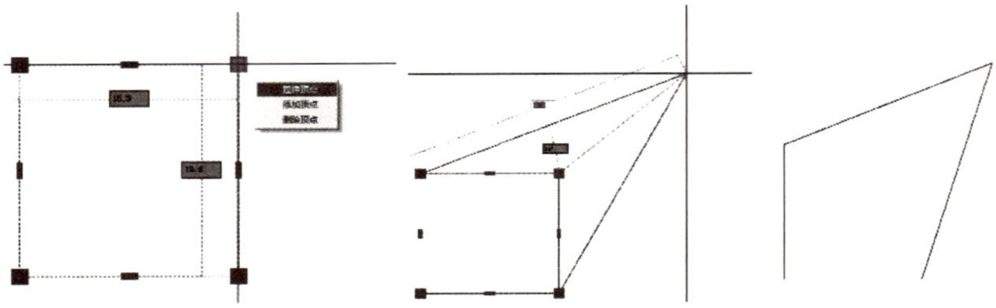

图 2. 2. 4　夹点编辑操作

2. 2. 3　特性和特性匹配

ZWCAD 中，任何图元都有属性，包括图层、线型、线宽、比例、打印样式、透明度等，用户可直接在选项板中修改对象的某些特征。

1. 特性

启动 Properties 命令的方法，如图 2. 2. 5 所示。

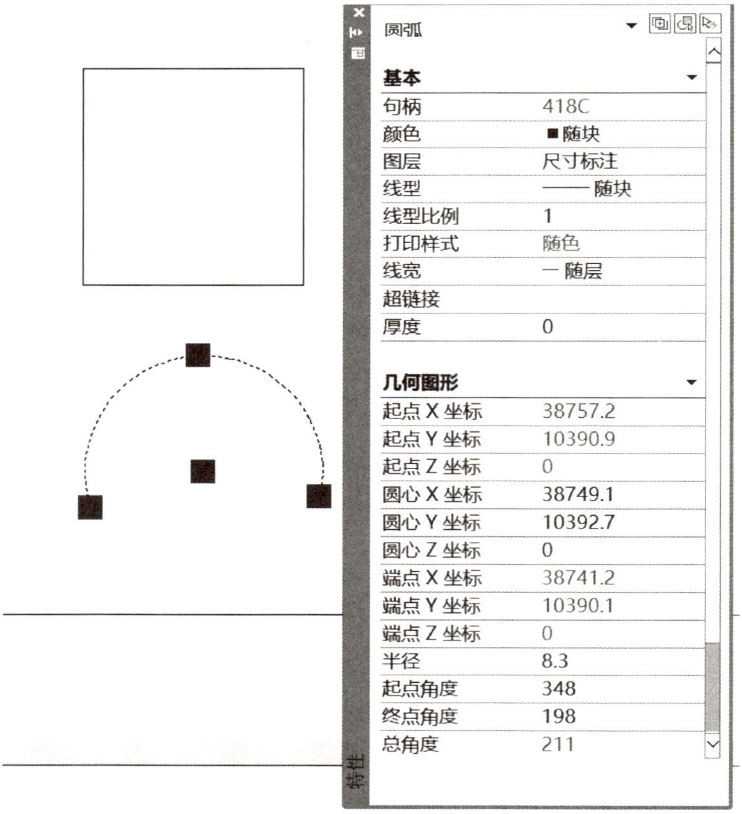

图 2. 2. 5　圆弧特性

（1）功能区：“工具”→“选项板”→“属性”。

（2）工具栏：“标准”→“特性”。

（3）菜单项：“工具”→“对象特性管理器或修改”→“特性管理器”。

（4）命令行：properties ↵。

（5）鼠标直接双击对象（适用于部分图形）。

（6）组合键：【Ctrl】+【1】。

2. 特性匹配 Matchprop

将其他对象匹配成需要的对象的属性。

（1）启动 Matchprop 命令的方法：

① 标准工具栏：“特性匹配”按钮。

② 菜单项：“修改”→“特性匹配”。

③ 命令行：MA（matchprop）↵。

（2）应用：输入命令 MA（matchprop）↵→选择源对象↵→选择被匹配对象。

2.2.4 对象的删除和恢复

1. 对象的删除

选择一个或多个对象，然后按【Enter】键确认删除。访问命令的方法：

（1）功能区：“常用”→“修改”→“擦除”。

（2）工具栏：“修改”→“删除”。

（3）菜单项：“修改”→“删除”。

（4）命令行：E（erase）↵。

2. 对象的恢复

使用 OOPS 命令可以恢复由 Block 或 Wblock 命令删除的对象。通过 Purge 命令删除的对象不能通过 OOPS 命令来恢复。访问命令的方法：

（1）菜单项：“编辑”→“恢复删除对象”。

（2）命令行：OO（OOPS）↵。

2.2.5 图形变换

图形可以通过图形变换的命令实现平移、缩放、旋转、延伸等效果。

1. Move 平移

将选择的对象从原来的位置移动到新的位置。

（1）启动 Move 命令的方法：

① 功能区：“常用”→“修改”→“移动”。

② 工具栏：“修改”→“移动”。

③ 菜单项：“修改”→“移动”。

④ 命令行：M（move）↵。

（2）启动命令后，执行下面命令提示：

命令：move ↵

选择对象：找到 1 个（选择对象）↵

选择对象：↵

指定基点或［位移（D）］<位移>：单击选中对象第 1 点

指定第二点的位移或者<使用第一点当做位移>：移动到第 2 点↵

（3）命令应用如图 2.2.6 所示。

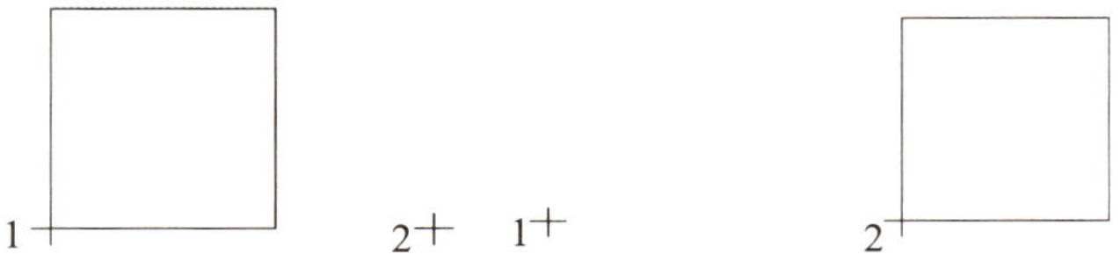

图 2.2.6　移动

2. Rotate 旋转

以指定的基点和角度对选取对象进行旋转。用户可以选择旋转对象或者旋转对象的副本。

（1）启动 Rotate 命令的方法：

① 功能区：“常用” → “修改” → “旋转”。

② 工具栏：“修改” → “旋转” 。

③ 菜单项：“修改” → “旋转”。

④ 命令行：Ro（rotate）↵。

（2）启动命令后，执行下面命令提示：

命令：RO（rotate）↵

选择对象：找到 1 个（单击需要旋转的对象）

选择对象：↵

指定基点：选定需要旋转的轴

指定旋转角度或［复制（C）/参照（R）］<0>：37°↵

（3）选项说明

指定旋转角度或［复制（C）/参照（R）］：选取对象绕基点旋转的角度。指定旋转角度时，可以直接输入旋转的角度值，也可以通过在绘图区域拖动光标来指定旋转角度，如图 2.2.7 所示。

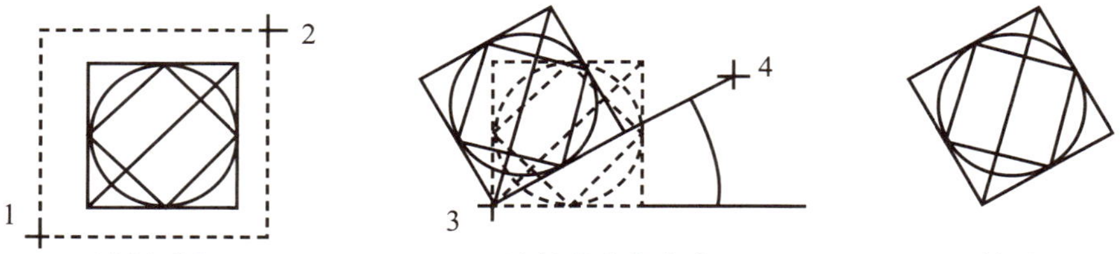

选择对象　　选择基点和角度　　结果

图 2.2.7　旋转

① 复制（C）：保留源对象，创建源对象的副本并旋转。

② 参照（R）：将对象从指定的角度旋转到新的绝对角度。如图 2.2.8 所示，将由点 4 和点 5 定义的参照边旋转至水平，则在选定对象后，指定基点 3，并选择点 4 和点 5 以指定参照并将参照边旋转至绝对角度 180°。

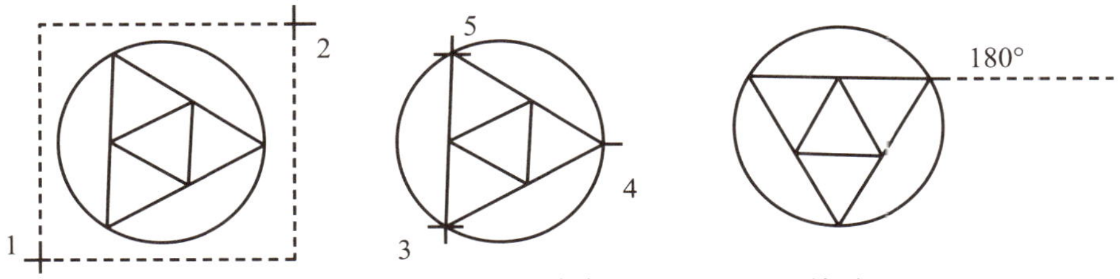

图 2.2.8　旋转参照

3. Scale 比例缩放

以一定比例对选取对象进行放大或缩小。

（1）启动 Scale 命令的方法：

① 功能区：“常用” → “修改” → “缩放”。

② 工具栏：“修改” → “缩放” 。

③ 菜单项：“修改” → “缩放”。

④ 命令行：SC（scale）↵。

（2）启动命令后，执行下面命令提示：

命令：SC（scale）↵

选择对象：找到 1 个（选择要缩放的对象）

选择对象：↵

指定基点：选择缩放点

指定缩放比例或［复制（C）/参照（R）］<1.0>：2（可直接输入需要放大的数值，也可选择复制或参照），如图 2.2.9 所示。

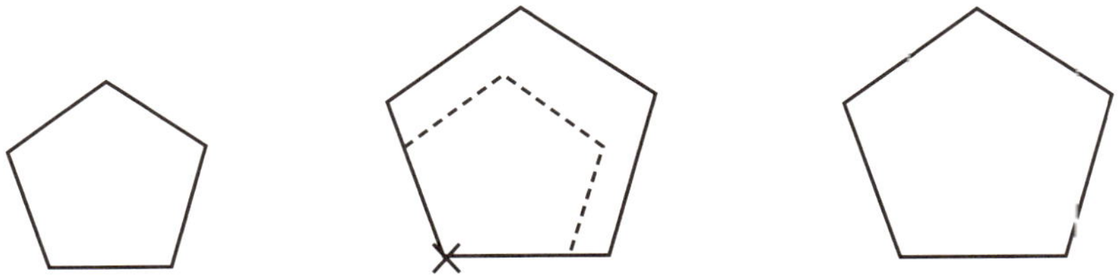

图 2.2.9　缩放

（3）选项说明。

指定缩放比例或［复制（C）/参照（R）］：

① 复制（C）：保留源对象，创建源对象缩放后的副本。

② 参照（R）：按参照长度和指定的新长度缩放所选对象。以新长度/参照长度的

值作为缩放比例。

a. 参照长度：输入参照长度值或在绘图区域指定两点来确定参照长度。

b. 新的长度：若指定的新长度大于参照长度，则放大选取的对象，否则缩小。

（4）典型应用：如图 2. 2. 10 和图 2. 2. 11 所示。

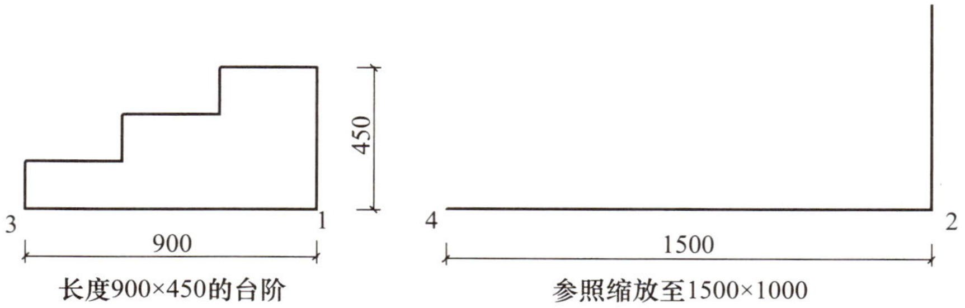

图 2. 2. 10　绘制图形

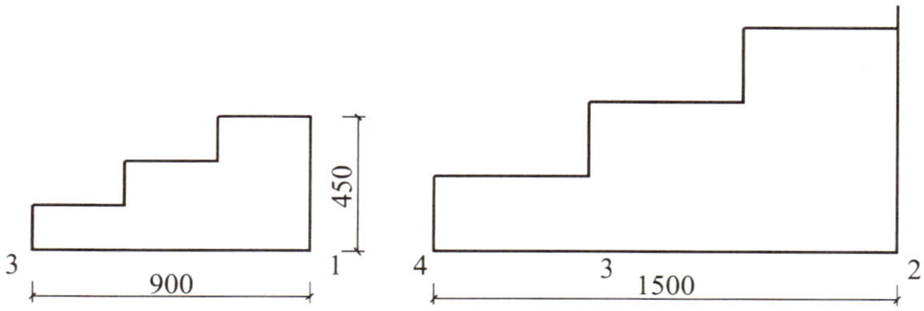

图 2. 2. 11　缩放参照

参照缩放

命令：M（move）←

选择对象：窗口框选台阶，单击选取框左上角位置

指定对角点：单击选取框右下角包围图形的位置

找到 9 个

选择对象：←

指定基点或［位移（D）］<位移>：选取第 1 点←

指定第二点的位移或者<使用第一点当作位移>：移动到第 2 点，选择

命令：SC（scale）←

选择对象：单击选取框左上角位置

指定对角点：单击选取框右下角包围图形的位置

找到 8 个

选择对象：←

指定基点：选取第 2 点

指定缩放比例或［复制（C）/参照（R）］<1. 7>：r←

指定参照长度<750. 0>：选取第 2 点

指定第二点获取距离：选取第 3 点

指定新长度或［点（P）］<1500. 0>：选取第 4 点

4. Lengthen 线段伸缩

（1）启动 Lengthen 命令的方法：

① 功能区："常用" → "修改" → "拉长"。

② 菜单项："修改" → "拉长"。

③ 命令行：LEN（lengthen）↵。

（2）启动命令后，执行下面命令提示：

命令：LEN（lengthen）↵

列出选取对象长度或［动态（DY）/递增（DE）/百分比（P）/全部（T）］：

（3）选项说明。

动态：开启"动态拖动"模式，通过拖动选取对象的一个端点来改变其长度。其他端点保持不变。

递增：以指定的长度为增量修改对象的长度，该增量从距离选择点最近的端点处开始测量。若选取的对象为弧，增量就为角度。若输入的值为正，则拉长扩展对象；若为负值，则修剪缩短对象的长度或角度。

百分比：指定对象总长度或总角度的百分比来设置对象的长度或弧包含的角度。

全部：指定从固定端点开始测量的总长度或总角度的绝对值来设置对象长度或弧包含的角度。

列出选取对象长度：在命令行提示下选取对象，将在命令栏显示选取对象的长度。若选取的对象为圆弧，则显示选取对象的长度和包含角。

（4）典型应用：如图 2.2.12 所示。

命令：LEN（lengthen）↵

列出选取对象长度或［动态（DY）/递增（DE）/百分比（P）/全部（T）］：DE

输入长度递增量或［角度（A）］<1000>：1000 ↵

选取变化对象或［方式（M）/撤销（U）］：选取对象

选取变化对象或［方式（M）/撤销（U）］：＊取消＊

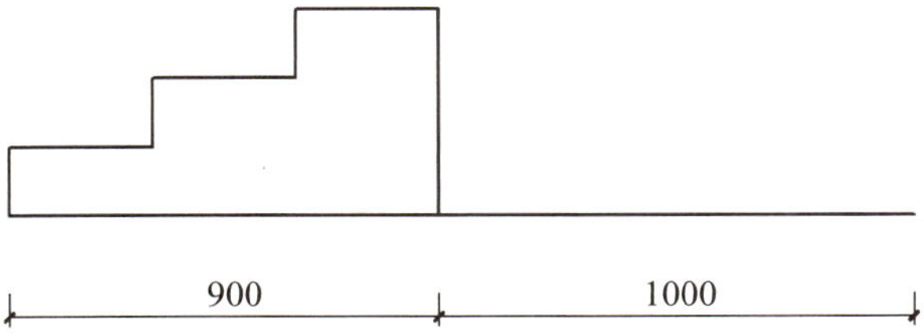

图 2.2.12　线段伸缩

5. Stretch 拉伸

拉伸选取的图形对象，使其中一部分移动，同时维持与图形其他部分的连接，操作要点是：选择对象从右向左。

（1）启动 Stretch 命令的方法：

① 功能区："常用" → "修改" → "拉伸"。

② 菜单项："修改" → "拉伸"。

③ 命令行：S（stretch）↵。

（2）典型应用：如图 2.2.13 所示。

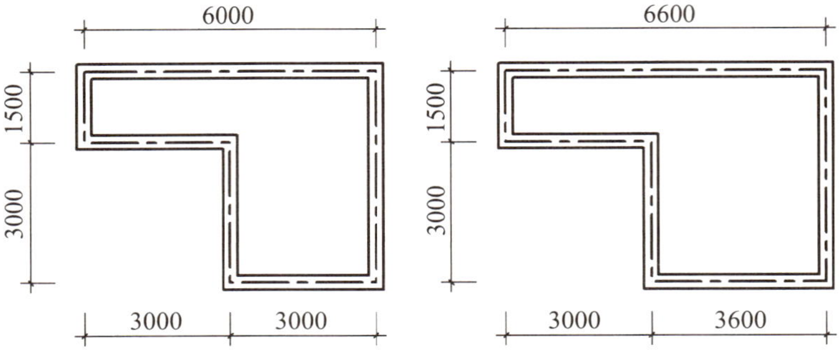

图 2.2.13　拉伸

拉伸

命令：S（stretch）↵

选择对象：从右向左选择需要编辑的对象

指定对角点：确定选择窗口的下一点

找到 3 个

选择对象：↵

指定基点或［位移（D）］<位移>：选择需要拉伸对象的基点

指定第二个点或<使用第一个点作为位移>：600 ↵

6. Align 对齐

在二维和三维空间内将选定对象与其他对象对齐。可选择一个或多个对象作为源对象，选择完成后，按【Enter】键结束选择。向选定对象（源对象）添加源点，向要与之对齐的对象（目标对象）添加目标点，使源对象与目标对象对齐。最多可添加三对源点和目标点。

（1）启动 Align 命令的方法：

① 功能区："常用" → "修改" → "对齐"。

② 菜单项："修改" → "三维操作" → "对齐"。

③ 命令行：AL（align）↵。

（2）典型应用：如图 2.2.14 和图 2.2.15 所示，将正多边形与矩形沿 43°方向放置。

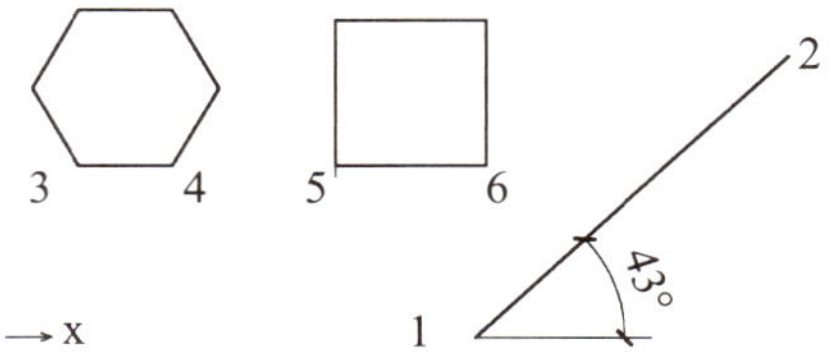

图 2.2.14　同一条线上绘制正六边形、矩形和 43°斜线

对齐

步骤：命令行输入 AL ↵ →窗口选择正六边形和矩形↵ →选择源点第 3 点，选择目标点第 1 点→选择源点第 4 点，选择目标点第 2 点→↵。

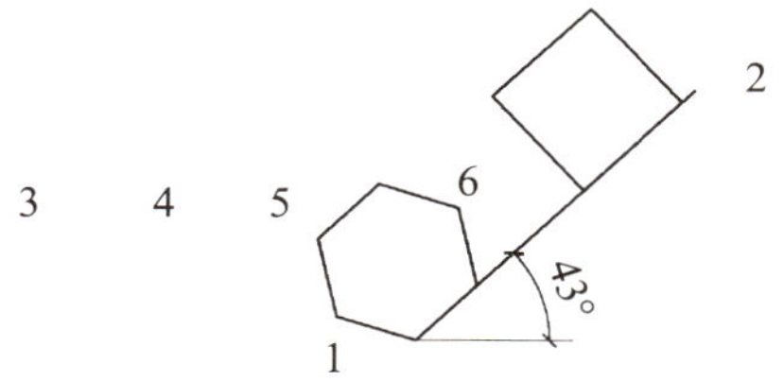

图 2.2.15　多边形与 43°斜线对齐

2.2.6　图形复增

基本图形由少变多，一般通过重复、整列、复制等方法达到目的，在 ZWCAD 软件中提供了以下几种。

1. Offset 偏移

以指定的点或指定的距离将选取的对象偏移并复制，使对象副本与原对象平行。

若选取的对象为圆或圆弧，则创建同心圆或圆弧，新创建对象的大小，根据指定的偏移方向来确定。若选取的对象为直线，则创建平行线。

（1）启动 Offset 命令的方法：

① 功能区："常用"→"修改"→"偏移"。

② 工具栏："修改"→"偏移" 。

③ 菜单项："修改"→"偏移"。

④ 命令行：OFF（offset）↵。

（2）启动命令后，执行下面命令提示：

命令：O（offset）↵

指定偏移距离或［通过（T）/擦除（E）/图层（L）］<120.0>：

选择要偏移的对象或［放弃（U）/退出（E）］<退出>：

指定目标点或［退出（E）/多个（M）/放弃（U）］<退出>：

（3）选项说明

① 指定偏移距离：指定将要偏移生成的对象与源对象之间的距离，如图 2.2.16 所示。

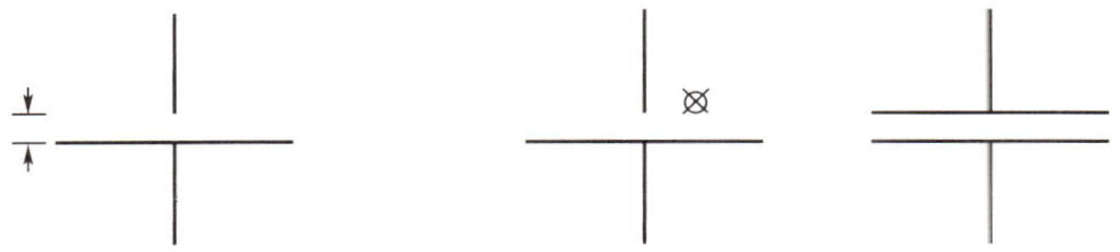

图 2.2.16　指定偏移距离

② 选择偏移对象：选择要偏移的对象。

③ 指定目标点：在要偏移的那一侧指定一点。

a. 退出：退出 Offset 命令。

b. 多个：使用当前偏移距离重复进行偏移操作。

c. 放弃：放弃当前操作，恢复上一个偏移。

(4) 典型应用

步骤：L (line) ↵ →连接内部矩形对角线→绘制圆（相切、相切、相切），如图 2.2.17 所示。

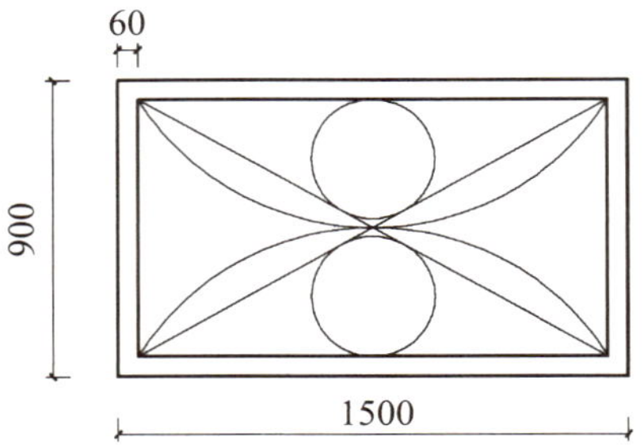

图 2.2.17 偏移对象绘图

命令行：rectang ↵

指定第一个角点或［倒角（C）/标高（E）/圆角（F）/正方形（S）/厚度（T）/宽度（W）］：

指定其他的角点或［面积（A）/尺寸（D）/旋转（R）］：d ↵

输入矩形长度<500.0>：1500 ↵

输入矩形宽度<300.0>：900 ↵

指定其他的角点或［面积（A）/尺寸（D）/旋转（R）］：

命令：O (offset) ↵

指定偏移距离或［通过（T）/擦除（E）/图层（L）］<50.0>：60 ↵

选择要偏移的对象或［放弃（U）/退出（E）］<退出>：矩形外轮廓

指定目标点或［退出（E）/多个（M）/放弃（U）］<退出>：向内侧偏移

选择要偏移的对象或［放弃（U）/退出（E）］<退出>：【Esc】

指定第一个点：内侧矩形对角线（左上角）

指定下一点或［角度（A）/长度（L）/放弃（U）］：内侧矩形对角线（右下角）

指定下一点或［角度（A）/长度（L）/放弃（U）］：↵

绘制部分省略。

2. Copy 复制

复制对象，在命令行输入 copy 后按【Enter】键，按提示选择对象后，进入命令行模式。

(1) 启动 Copy 命令的方法：

① 功能区："常用"→"修改"→"复制"。

② 工具栏："修改"→"复制对象"。

③ 菜单项："修改"→"复制"。

④ 命令行：CO、CP (copy) ↵。

（2）启动命令后，执行下面命令提示。

命令行：copy ↵

选择对象：选择要复制的对象

指定对角点：多个物体建议窗口选或交叉选

找到 8 个

选择对象：↵

指定基点或［位移（D）/模式（O）］<位移>：复制到新的位置

指定第二点的位移或者<使用第一点当做位移>：可以继续复制多个

指定第二个点或［退出（E）/放弃（U）］<退出>：＊取消＊

（3）选项说明。

位移：指定复制对象相对于原对象的距离和方向的矢量。使用位移进行复制的方式为单个模式。

模式：设置对象复制的模式。复制模式为单个或多个。当设置为多个模式时，可复制多个副本，按【Enter】键结束复制。

注意：即使复制模式设为多个模式，若采用位移方式进行复制，系统将采用单个模式进行复制。

3. Mirror 镜像

以一条线段为基准，创建对象的镜像副本。

（1）启动 Mirror 命令的方法：

① 功能区："常用"→"修改"→"镜像"。

② 工具栏："修改"→"镜像"。

③ 菜单项："修改"→"镜像"。

④ 命令行：MI（mirror）↵。

（2）启动命令后，执行下面命令提示：

命令：MI（mirror）↵

选择对象：

指定对角点：

选择对象：↵

指定镜像线的第一点：

指定镜像线的第二点：

是否删除源对象？［是（Y）/否（N）］<否>：

命令：＊取消＊

（3）典型应用：如图 2.2.18 所示。

操作步骤：REC 绘制 500×500 大小矩形→各边通过中点用直线绘制辅助线→圆弧（中心、起点、端点）绘制圆弧→OFF 偏移 50→绘制圆（相切、相切、相切）→MI 镜像（通过第 1、2 点）→MI 再次镜像（通过第 3、4 点）→删除辅助线。

4. Array 阵列

按指定的方式复制并排列选定对象，创建矩形或环形阵列。

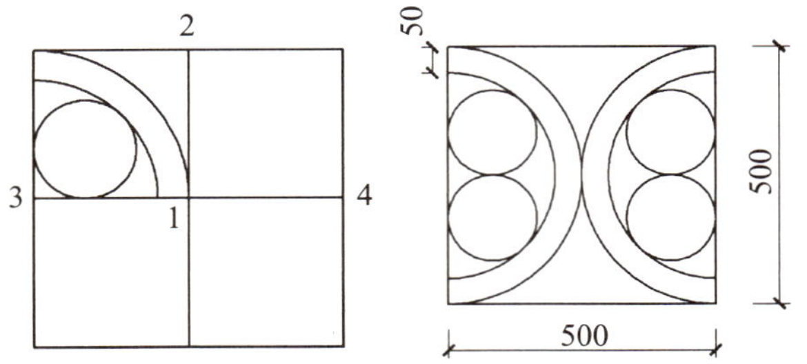

图 2.2.18　镜像命令完成图像

镜像对象

在命令行输入 array 后按【Enter】键，显示“阵列”对话框。

在命令行输入 array 后按【Enter】键，显示命令行提示。

（1）启动 Array 命令的方法：

① 功能区：“常用”→“修改”→“阵列”。

② 工具栏：“修改”→“阵列”。

③ 菜单项：“修改”→“阵列”。

④ 命令行：AR（array）↵。

（2）启动命令后，对话框内容如图 2.2.19 和图 2.2.20 所示。

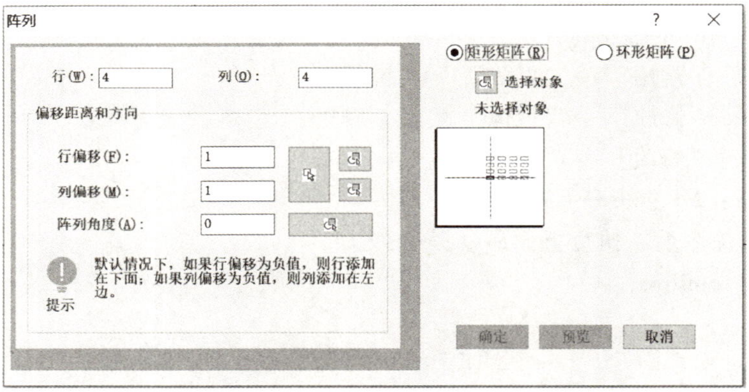

图 2.2.19　“矩形矩阵”对话框

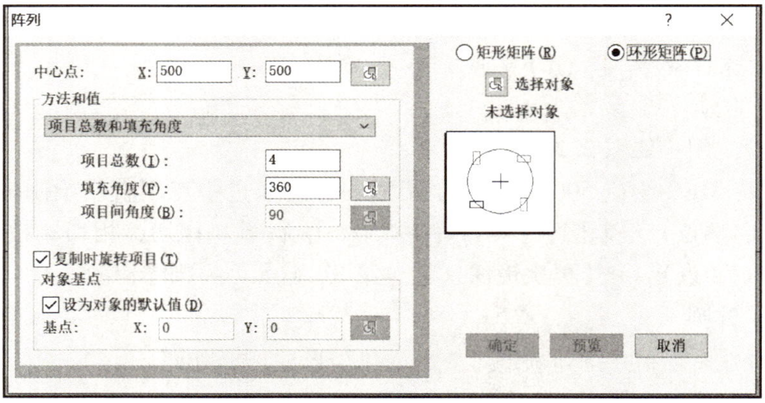

图 2.2.20　“环形矩阵”对话框

（3）矩形阵列的选项说明：

① 通过指定矩阵的行数、列数来复制并排列选定对象，创建矩形阵列。

在指定行数和列数时，若指定一行，则必须指定多列，若指定一列，则必须指定多行。一般情况下，矩形阵列的行和列与当前图形的 X 和 Y 轴正交，即旋转角度为零。可在“阵列”对话框中指定矩形阵列的旋转角度，如图 2. 2. 21 所示。

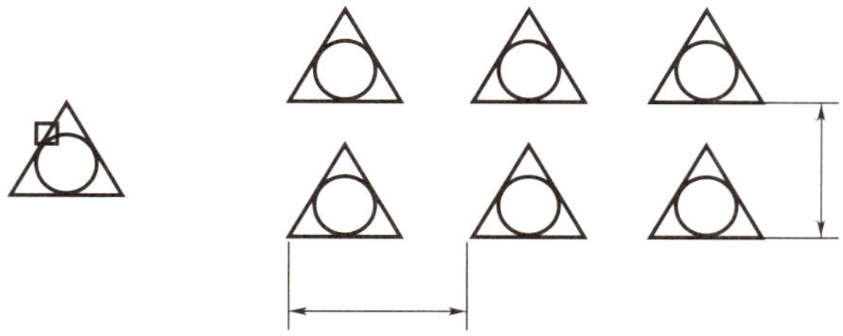

图 2. 2. 21　矩形阵列示意

a. 行数：指定矩形阵列的行数。输入的行数值须是非零整数。

b. 列数：指定矩形阵列的列数。输入的列数值须是非零整数。

c. 行间距：指定阵列中项目的行间距。若输入正值，则向上创建阵列；若输入负值，则向下创建阵列。

d. 列间距：指定阵列中项目的列间距。若输入正值，则向右创建阵列；若输入负值，则向左创建阵列。

② 环形阵列的选项说明：

选取阵列对象：选择需要阵列的对象。若选择多个对象，将把所有选择对象视为一个整体。通过指定的阵列的圆心来复制并排列选定对象，创建环形阵列，如图 2. 2. 22 所示。

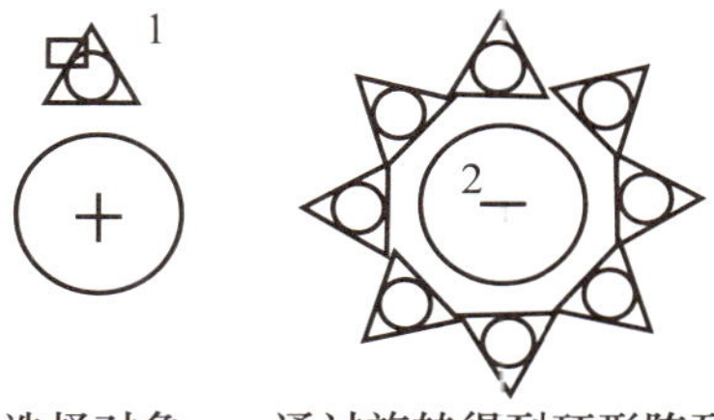

图 2. 2. 22　环形阵列示意图

a. 中心：指定环形阵列的圆心。

b. 基点：为选择的对象指定新的基点。形成阵列后，阵列中每个项目与阵列中心点之间的距离将保持一致。

c. 阵列项数目：指定阵列中项目的数目，输入值须为大于 0 的整数。如果不输入值，直接按【Enter】键，基于阵列角度和项目间角度创建阵列。

d. 阵列角度：指定阵列的填充角度，即阵列中第一个项目和最后一个项目基点间的夹角。若输入正值，以逆时针方向旋转；若输入负值，则以顺时针方向旋转。阵列角度值不能为 0，如图 2. 2. 23 所示。

e. 项目间角度：设置阵列中项目间包含的角度，该角度为项目的基点与阵列的中心点所构成的线段之间的夹角。输入的角度值须为正，如图 2. 2. 24 所示。

f. 围绕阵列旋转对象：指定是否围绕阵列旋转对象。若选择“是”，将以中心点为基点，自动旋转阵列中的项目。

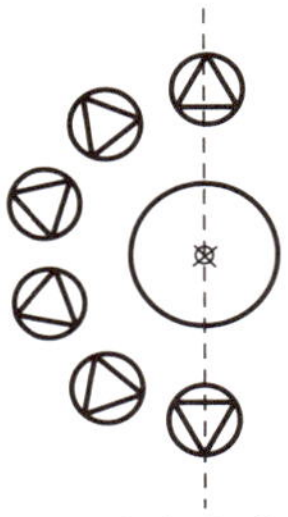

阵列填充角度=180°

图 2. 2. 23　阵列角度

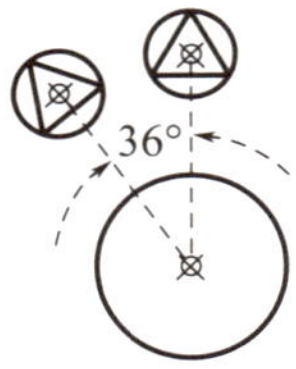

项目间角度=36°

图 2. 2. 24　项目间角度

（4）典型应用：

① 矩形阵列应用：如图 2. 2. 25 所示。

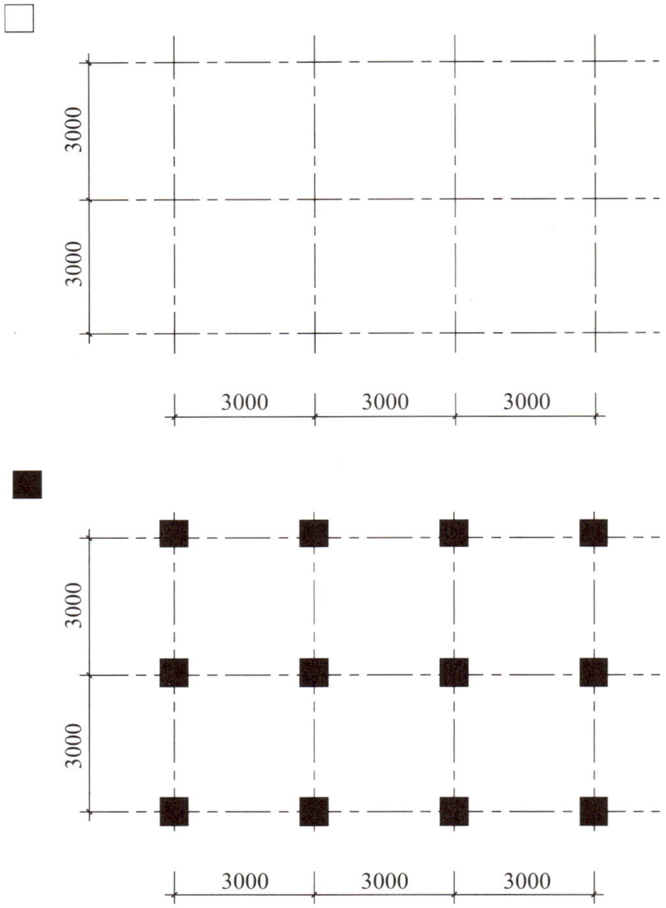

图 2. 2. 25　矩形阵列

矩形阵列

步骤：直线绘制轴线距离行间距、列间距为 3000→绘制矩形钢筋混凝土柱子 500×500 →ar 阵列环形→输入 3 行 4 列→图中拾取行偏移和列偏移距离→选择柱子→预览并确定。

② 环形阵列应用：如图 2. 2. 26 所示。

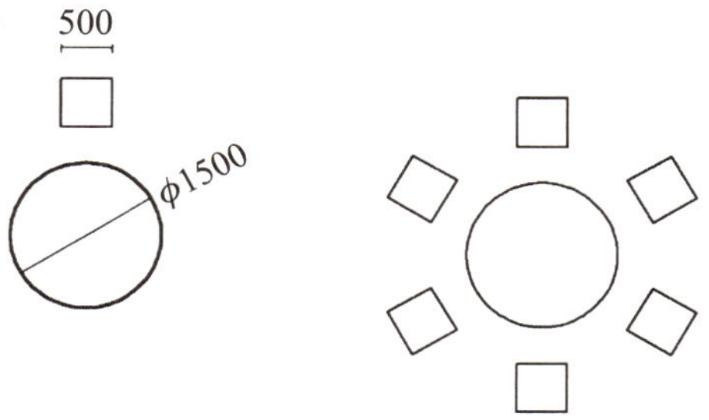

图 2. 2. 26　环形阵列餐桌椅

环形阵列

步骤：绘制圆直径 1500 桌子→绘制矩形 500×500 椅子→ar 阵列环形→选择圆中心→选择椅子→项目总数 6→填充角度 360°→预览并确定。

2. 2. 7　图形修整

绘制图形一般不会一次达到要求，需要经过反复的修改，ZWCAD 提供了“修剪”“延伸”等命令。

1. Trim 修剪

修剪对象超出指定边界的部分。可以修剪的对象包括圆弧、圆、椭圆弧、直线、开放的二维和三维多段线、射线、样条曲线和构造线。

（1）启动 Trim 命令的方法：

① 功能区：“常用”→“修改”→“修剪”。

② 工具栏：“修改”→“修剪”。

③ 菜单项：“修改”→“修剪”。

④ 命令行：TR（trim）↵。

（2）启动命令后，执行下面命令提示：

命令：TR（trim）↵

当前设置：投影模式=UCS，边延伸模式=不延伸（N）

选取对象来剪切边界<全选>：

选择要修剪的实体，或按住 Shift 键选择要延伸的实体，或［边缘模式（E）/围栏（F）/窗交（C）/投影（P）/删除（R）/放弃（U）］：

指定对角点：

（3）选项说明：

① 选取对象来剪切边界：选定对象作为对象修剪的边界或按【Enter】键选择所有对象作为修剪边界。完成修剪边界的选择后，用户可选择要修剪的实体，或按住【Shift】键选择要延伸的实体。有效的修剪边界包括二维和三维多段线、圆弧、圆、椭圆、布局视口、直线、射线、面域、样条曲线、文字和构造线。

② 边缘模式：如果要修剪的对象与修剪边界没有实际交点，可选择“边缘模式”进行修剪。

③ 延伸：沿修剪边界的延长线修剪选择的对象。

④ 不延伸：只修剪在三维空间中与修剪边界相交的对象。

⑤ 围栏：通过栏选方式选择多个要修剪的对象，按【Enter】键确认修剪。

⑥ 窗交：指定一个矩形窗口，修剪与之相交或窗口内部的对象。

⑦ 投影：指定修剪对象时使用的投影模式。

⑧ 无：在修剪对象时，指定无投影。只修剪在三维空间中与修剪边界相交的对象。

⑨ 用户坐标系：修剪在三维空间中不与修剪边界相交的对象，并投影在当前用户坐标系 *XY* 平面上。

⑩ 视图：修剪当前视图中与边界相交的对象，并沿当前视图方向投影。

⑪ 删除：在执行 trim 命令的过程中从图形中删除选定的对象。

⑫ 放弃：撤销上一步修剪操作。

（4）典型应用：修剪圆以外的多余线段，如图 2.2.27 所示。

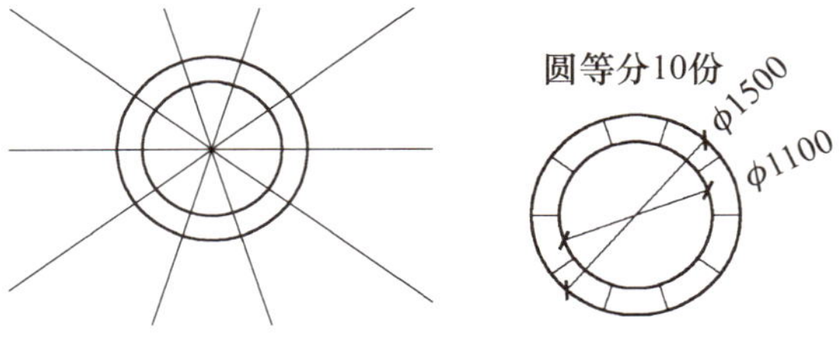

图 2.2.27　修剪命令

修剪的两种方法

步骤：绘制圆直径 1500 →off 向内偏移 200→div 将圆分成 10 份→XL 构造线连接 10 等份→ tr 用两种方法修剪多余线段→完成。

2. Extend 延伸

延伸选定的对象，使之与另一对象相切。

（1）启动 Extend 命令的方法：

① 功能区："常用" → "修改" → "延伸"。

② 工具栏："修改" → "延伸"。

③ 菜单项："修改" → "延伸"。

④ 命令行：EX（extend）↵。

（2）启动命令后，执行下面命令提示：

命令：EX（extend）

选取边界对象作延伸<回车全选>：要延伸的目的地

找到 1 个

选取边界对象作延伸<回车全选>：↵

选择要延伸的实体，或按住【Shift】键选择要修剪的实体，或［边缘模式（E）/围栏（F）/窗交（C）/投影（P）/放弃（U）］：选取被延伸的对象

（3）典型应用：如图 2.2.28 所示轴线长短不一样，为了方便后期尺寸标注和图样的美观，将所有轴线长度统一化。

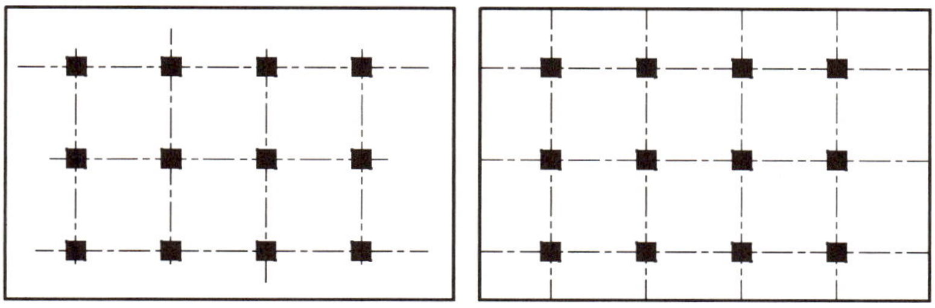

图 2.2.28　延伸图形前后的变化示意图

延伸命令应用

步骤：拾取矩形外轮廓 →off 向内偏移 200→div 将圆分成 10 分→XL 构造线连接 10 等份→ tr 用两种方法修剪多余线段→完成。

2.2.8　倒角和倒圆角

1. Chamfer 倒角

为选定对象创建倒角。

（1）启动 Chamfer 命令的方法：

① 功能区："常用" → "修改" → "倒角"。

② 工具栏："修改" → "倒角"。

③ 菜单项："修改" → "倒角"。

④ 命令行：CHA（chamfer）↵。

（2）启动命令后，执行下面命令提示：

命令：CHA（chamfer）↵（图 2.2.29）

当前设置：模式 = TRIM，距离 1 = 0.0，距离 2 = 0.0

选择第一条直线或 [多段线（P）/距离（D）/角度（A）/方式（E）/修剪（T）/多个（M）/放弃（U）]：

选择第二个对象或按住 Shift 键选择对象以应用角点：

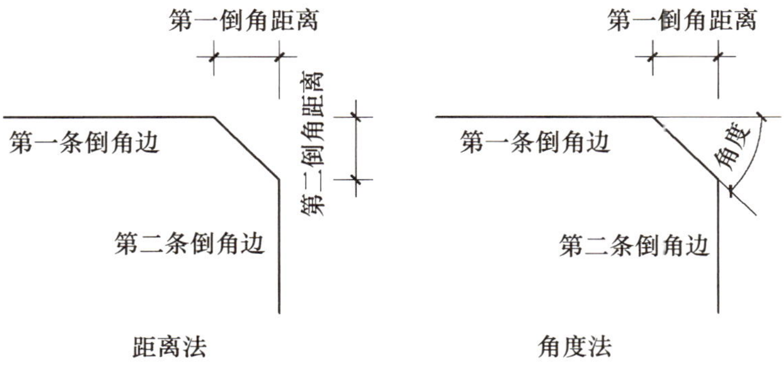

图 2.2.29　倒角方法

（3）选项说明：

① 第一条直线：选择要进行倒角的第一个对象或二维实体的一条边。

② 第二个对象或按住【Shift】键选择对象以应用角点：选择要进行倒角的第二个对象或二维实体的另一条边。可以按住【Shift】键，将当前倒角距离设置为 0。

③ 多段线：在整条多段线的每个顶点处创建倒角，创建的倒角成为多段线的新线段。若设置的倒角距离在多段线的两个线段之间无法创建倒角，对这两条线段将不进行倒角处理。

④ 距离：设置倒角至选定边端点的距离。用户选择此选项，代表用户选择了“距离-距离”的倒角方式。

⑤ 角度：设置第一条选定边的倒角距离和与倒角后形成线段之间的角度值。用户选择此选项，代表用户选择了“距离-角度”的倒角方式。

⑥ 方式：选择倒角方式。有两种倒角处理方式，“距离-距离”和“距离-角度”。

⑦ 修剪：设置创建倒角时是否对选定的边进行修剪，直到倒角线的端点。

若选择“修剪”，系统变量 TRIMMODE 的值将被设置为 1。此时，若选定的是两条相交的直线，将修剪到倒角线的端点；若选定的直线不相交，将自动延伸或修剪使其相交。

若选择“不修剪”，系统变量 TRIMMODE 的值将被设置为 0，直接创建倒角，不做其他修剪。

⑧ 多个：对多组对象进行倒角处理。若选择该选项，创建倒角后，将继续提示用户“选择第一条直线”和“选择第二个对象”，直至按【Enter】键结束命令。

2. Fillet 圆角

为选定对象创建圆角，又称“倒圆角”。

(1) 启动 Fillet 命令的方法：

① 功能区：“常用”→“修改”→“圆角”。

② 工具栏：“修改”→“圆角” ⌓。

③ 菜单项：“修改”→“圆角”。

④ 命令行：F (fillet) ↵。

(2) 启动命令后，执行下面命令提示：

命令：F (fillet) ↵

当前设置：模式=TRIM，半径=0.0

选取第一个对象或［多段线（P）/半径（R）/修剪（T）/多个（M）/放弃（U）］：

选择第二个对象或按住【Shift】键选择对象以应用角点：

(3) 选项说明：

① 创建二维倒角：可创建倒角的对象包括圆弧、圆、椭圆、椭圆弧、直线、多段线、射线、样条曲线和构造线。

② 第一个对象：选择要创建圆角的第一个对象。

③ 第二个对象或按住【Shift】键选择对象以应用角点：选择要创建圆角的第二个对象。可以按住【Shift】键，将当前圆角半径设置为 0。

对于直线、圆弧或多段线，系统将自动调整它们的长度以适应圆角弧。

对于二维多段线的两个直线段，它们必须相邻或被另一条线段断开。如果是被另一条多段线分开，使用 Fillet 将删除分开它们的线段并替代为圆角。

对于圆，使用 Fillet 将不对圆进行修剪，直接创建圆角，圆角弧将与圆平滑地相连。

在圆之间和圆弧之间可能存在多个圆角，系统默认选择靠近期望的圆角端点的对象。

④ 多段线：在整条多段线中每个顶点处建立圆角。

若选取的多段线中一条弧线段隔开两条相交的直线段，选择创建圆角后将删除该弧线段并替代为一个圆角弧。

⑤ 半径：设置圆角弧的半径。

在此修改圆角弧半径后，此值将成为创建圆角的当前半径值。此设置只对新创建的对象有影响。

⑥ 修剪：设置是否修剪选定边使其延伸到圆角弧的端点。

若选择“修剪”，系统变量 TRIMMODE 的值将被设置为 1。此时，如果选定的是两条相交的直线，将修剪到圆角弧的端点；如果选定的直线不相交，将自动延伸或修剪使其相交。

若选择“不修剪”，系统变量 TRIMMODE 的值将被设置为 0，直接创建圆角，不做其他修剪。

⑦ 多个：对多组对象进行圆角处理。执行该分支后，程序将重复提示用户“选取第一个对象”和“选取第二个对象”，直至按【Enter】键结束命令。

⑧ 放弃：恢复使用 Fillet 命令执行的上一个操作。

（4）典型应用：圆角命令修剪墙体，如图 2.2.30 所示。

要求：将平面图中纵横墙交接的地方正确绘制。

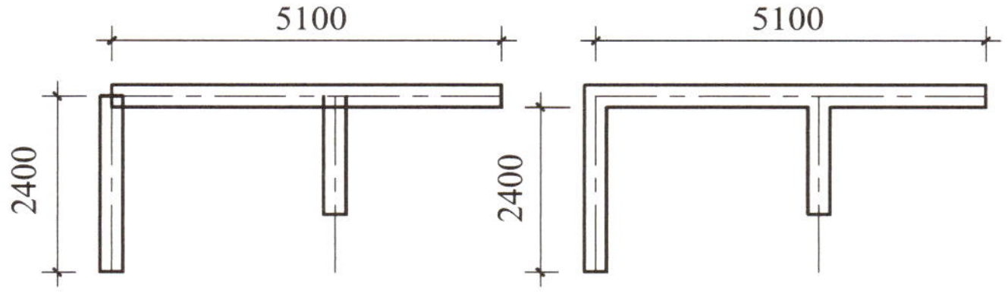

图 2.2.30　圆角应用

圆角应用

2.2.9　图形打断、合并和分解

图形是由多个对象组成的整体。有时需要将整体分成两部分，也经常将多个部分合并成整体。

1. Break 打断于点

将选取的对象在两点之间打断。Break 命令能打断直线、构造线、射线、多段线、圆弧、椭圆。

（1）启动 Break 命令的方法：

① 功能区：“常用”→“修改”→“圆角”。

② 工具栏：“修改”→“圆角” ⌓。

③ 菜单项：“修改”→“圆角”。

④ 命令行：F（fillet）←┘。

（2）启动命令后，执行下面命令提示：

命令：break ←┘

选取切断对象：

指定第二切断点或［第一切断点（F）］：f

指定第一切断点：选取需要被断开的位置

指定第二切断点：@

2. Join 合并

将所选对象合并，形成一个新的对象。

（1）启动 Join 命令的方法：

① 功能区："常用"→"修改"→"合并"。

② 工具栏："修改"→"合并"。

③ 菜单项："修改"→"合并"。

④ 命令行：J（join）←┘。

（2）启动命令后，执行下面命令提示，如图 2.2.31 所示，选择中点"1 点"和"2 点"观察变化：

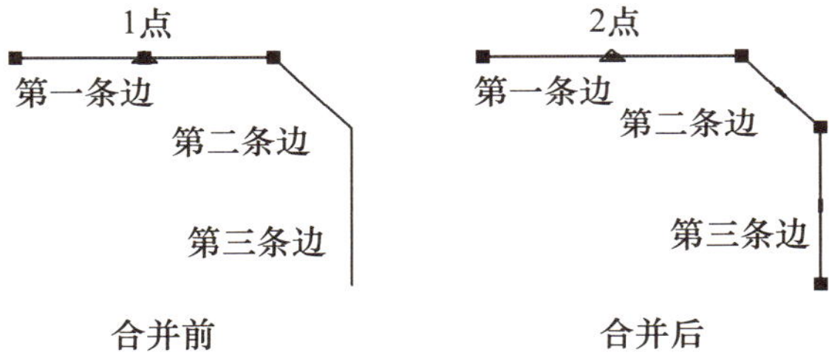

图 2.2.31　合并应用

命令：J（join）←┘

选择源对象或要一次合并的多个对象：

选择要合并的对象：

选择要合并的对象：←┘

3. Explode 分解

将由多个对象组合而成的合成对象分解为独立对象。

系统可同时分解多个合成对象，并将合成对象中的多个部件全部分解为独立对象。分解后，除了颜色、线型和线宽可能会发生改变，其他结果将取决于所分解的合成对象的类型。

（1）启动 Explode 命令的方法：

① 功能区："常用"→"修改"→"分解"。

② 工具栏："修改"→"分解"。

③ 菜单项："修改"→"分解"。

④ 命令行：X（explode）←┘。

（2）启动命令后，执行下面命令提示（图 2. 2. 32）：

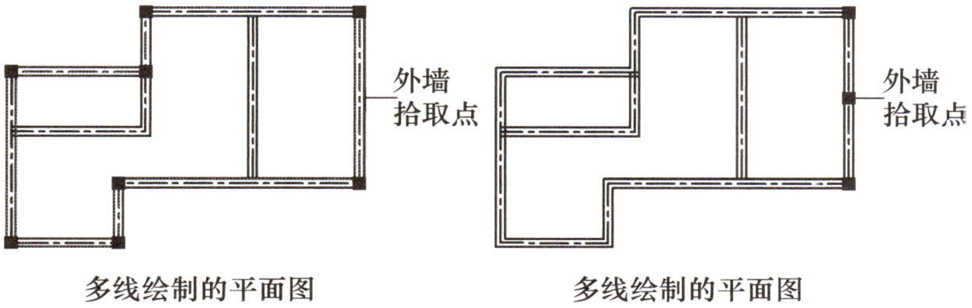

图 2. 2. 32　分解

命令：X（explode）↵
选择对象：
选择对象：↵

2. 3　尺寸标注

2. 3. 1　尺寸标注的基本知识

绘制二点图形需要有尺寸，无论加工构件还是施工都要“按图施工”，尺寸标注是必不可少的内容。

1. 尺寸标注的组成

尺寸标注由尺寸线、尺寸界线、尺寸数字和起止符号组成，如图 2. 3. 1 所示。

2. 尺寸标注的调用

“标注”工具栏和菜单栏下拉“标注”。尺寸标注大致分为 3 类：线型尺寸、角度尺寸、径向尺寸，如图 2. 3. 2 所示。

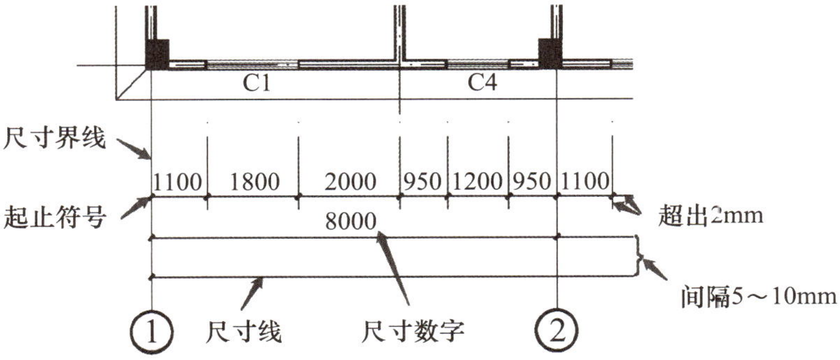

图 2. 3. 1　尺寸标注的组成

3. 尺寸标注的步骤

一般情况下，尺寸按下面步骤标注：

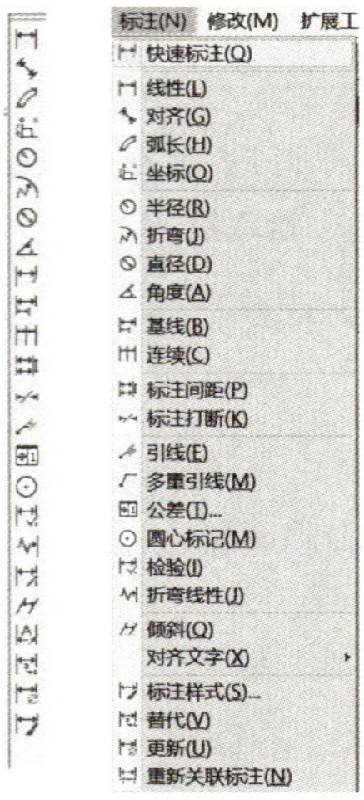

图 2.3.2　尺寸标注的调用

(1) 建立标注图层。

(2) 创建文字样式。

(3) 创建并设置尺寸标注样式。

(4) 标注尺寸。

(5) 修改调整尺寸。

2.3.2　标注样式管理器

标注样式管理器的主要功能："新建标注样式" 和 "修改标注样式"。在此控制面板里，新建标注样式主要控制尺寸界线、尺寸线、尺寸数字、尺寸起止符号 4 个分项。

1. 启动 Dimstyle 命令的方法

(1) 功能区："工具" → "样式管理器" → "标注样式"。

(2) 工具栏："标注" → "标注样式" 。

(3) 菜单项："标注" → "标注样式"。

(4) 命令行：D (dimstyle) ←。

2. 标注样式管理器

启动命令后，"标注样式管理器" 对话框如图 2.3.3 所示。

3. 选项说明

(1) 当前标注样式：对话框名称显示的即当前标注样式名称。

(2) 样式：列出已有标注样式名称。

(3) 样式显示选项：包含两个内容：列出所有标注样式和正在使用的样式。

(4) 预览：当前标注样式的设置形成标注效果的 "预览缩略图"。

(5) 说明：当前尺寸标注样式说明。

(6) 置为当前(U) 按钮：选择该按钮，把设置好的标注样式置为当前。

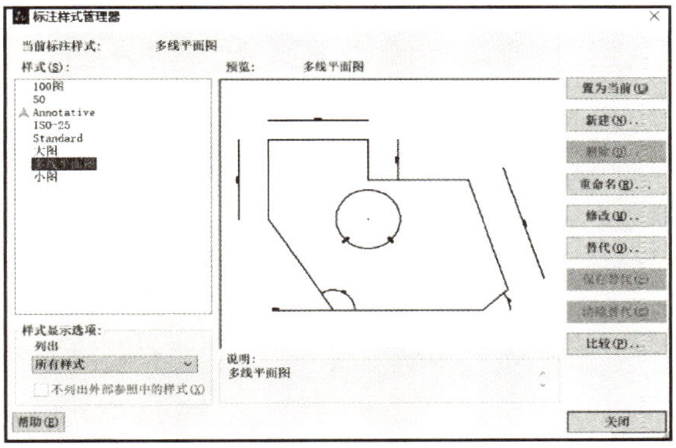

图 2.3.3 “标注样式管理器”对话框

（7）新建(N)... 和 重命名(R)... 按钮：如图 2.3.4 所示。

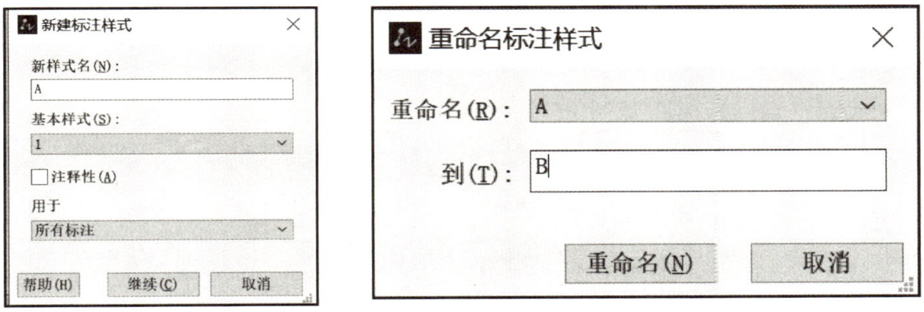

图 2.3.4 新建标注样式和重命名

（8）修改(M)...、替代(O)...、比较(P)... 按钮：

“修改”按钮主要针对标注样式当中的尺寸数字、箭头、大小、字体等内容进行调整，如图 2.3.5 所示。

“替代”按钮是指设置临时尺寸样式代替当前尺寸标注样式，但并不改变当前尺寸样式的设置。

“比较”按钮是指比较两种尺寸的特性。

4. 典型应用

与 2.3.3 节尺寸标注内容相同，讲授实操。

2.3.3 标注尺寸的内容和方法

标注尺寸的内容和方法如图 2.3.6 所示，这些标注使用方法相近，用户可以进行逐个试用，也可以根据绘图需要进行使用，本书主要从绘制施工图的角度进行选择性的介绍，包括：基线标注、对齐标注、连续标注、快速标注、半径标注和直径标注。

1. 基线标注

两点间的水平或垂直距离，也可以是旋转指定角度的直线尺寸。

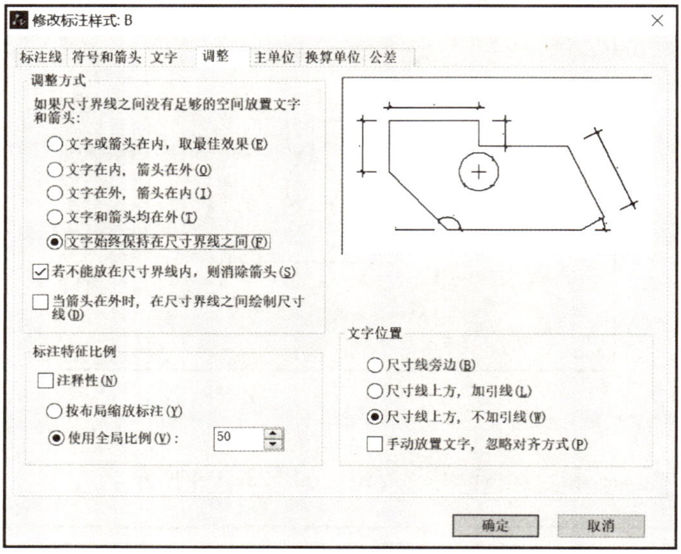

图 2.3.5　“修改标注样式”对话框

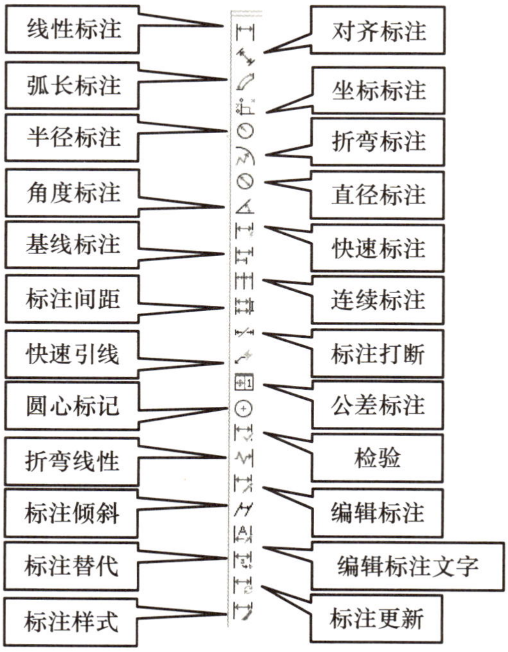

图 2.3.6　标注尺寸的内容

（1）启动 Dimlinear 命令的方法：

① 功能区：“注释”→“标注”→“线性”。

② 工具栏：“标注”→“线性标注”![]。

③ 菜单项：“标注”→“线性”。

④ 命令行：DLI（dimstyle）↵。

（2）启动命令后，执行下面命令提示：

命令：DLI（dimlinear）↵

指定第一条尺寸界线原点或<选择对象>：

指定第二条尺寸界线原点：

创建了无关联标注。

指定尺寸线位置或［多行文字（M）/文字（T）/角度（A）/水平（H）/垂直（V）/旋转（R）］：

（3）选项说明

① 第一条尺寸界线原点：依次指定第一条尺寸界线和第二条尺寸界线的原点，通过指定两条尺寸界线的原点来创建线性标注。

② 选择对象。

按【Enter】键后可自己选择要创建线性标注的对象。对象选定后，系统会自动确定两条尺寸界线的原点位置。

对多段线和其他可分解对象，仅可对其中的直线段和圆弧段进行独立标注。

对于直线和圆弧对象，尺寸界线的原点由所选择对象的端点来决定。尺寸界线原点偏离对象端点的距离，可以通过标注样式对话框中“标注线”选项卡的“尺寸界线偏移”→“原点”选项进行设置，该值储存在 DIMEXO 系统变量中。

对于圆对象，尺寸界线的原点为直径的端点。当指定尺寸线位置的点位于圆左右象限点附近时，将绘制水平标注；当指定尺寸线位置的点位于上下象限点附近时，将绘制垂直标注。

③ 尺寸线位置：指定一个点来确定尺寸线的位置和绘制方向。

④ 多行文字：显示“多行文字”编辑器窗口，可通过该编辑器来编辑标注文字内容以及文字的字体、大小、颜色等。如果要在标注文字中包含测量值，可以输入一对尖括号（<>）来表示。如果要为测量值添加前缀和后缀，可以在尖括号的前后附加文字。如果要使用输入值替代测量值，只需要删除尖括号并输入新值后单击“OK”即可。

⑤ 文字：在命令行中直接输入标注文字内容，或按【Enter】键接受测量值。如果要在标注文字中包含测量值，可以输入一对尖括号（<>）来表示。

⑥ 角度：设置标注文字的显示角度。A：输入角度之前；B：输入角度之后。

⑦ 水平：创建水平方向的线性标注。

⑧ 垂直：创建垂直方向的线性标注。

⑨ 旋转：创建具有一定角度的旋转线性标注。

（4）典型应用：基线标注如图 2.3.7 所示。

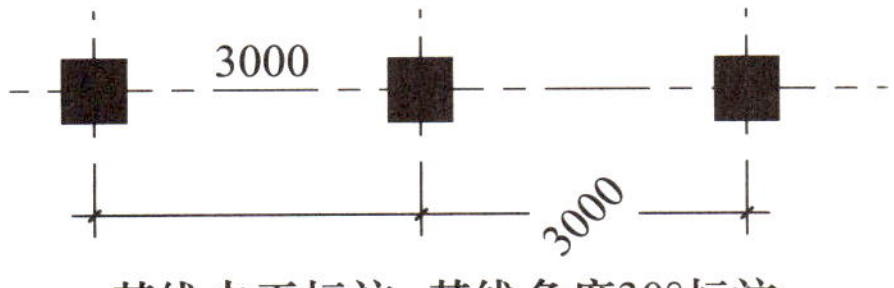

图 2.3.7　基线标注

操作步骤：

命令：DLI（dimlinear）↵

指定第一条尺寸界线原点或<选择对象>：选取左边第一个柱子中心

指定第二条尺寸界线原点：选取第二个柱子中心，移动鼠标至标注位置

指定尺寸线位置或［多行文字（M）/文字（T）/角度（A）/水平（H）/垂直（V）/旋转（R）］：

标注注释文字=3000

命令：DLI（dimlinear）↵

指定第一条尺寸界线原点或<选择对象>：选取第二个柱子中心

指定第二条尺寸界线原点：选取第三个柱子中心，移动鼠标至标注位置

指定尺寸线位置或［多行文字（M）/文字（T）/角度（A）/水平（H）/垂直（V）/旋转（R）］：a↵

指定标注文字的角度：30↵

指定尺寸线位置或［多行文字（M）/文字（T）/角度（A）/水平（H）/垂直（V）/旋转（R）］：捕捉对齐前面标注

标注注释文字=3000

2. 对齐标注

（1）启动 Dimaligned 命令的方法：

① 功能区："注释"→"标注"→"对齐"。

② 工具栏："标注"→"对齐标注"。

③ 菜单项："标注"→"对齐"。

④ 命令行：DAL（dimaligned）↵。

（2）启动命令后，执行操作如图 2.3.8 所示。

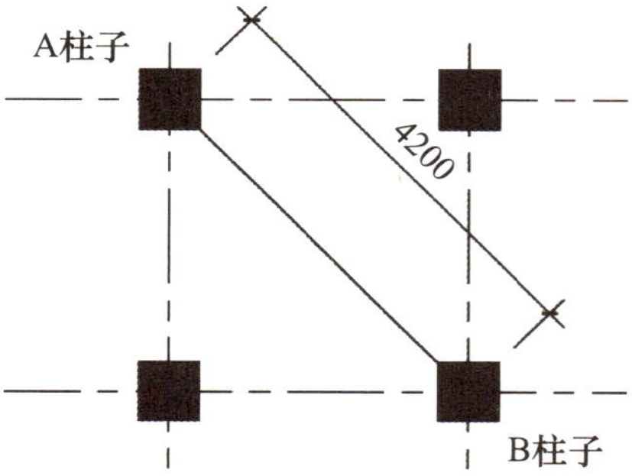

图 2.3.8　对齐标注

命令：DAL（dimaligned）↵

指定第一条尺寸界线原点或<选择对象>：A 柱子中心

指定第二条尺寸界线原点：B 柱子中心，移动鼠标至标注位置

指定尺寸线位置或［角度（A）/多行文字（M）/文字（T）］：t↵

输入标注文字<4242.64>：4200↵

指定尺寸线位置或［角度（A）/多行文字（M）/文字（T）］：确定尺寸标注位置

3. 连续标注

连接上个标注，以继续建立线性、坐标或角度的标注。程序将基准标注的第二条尺寸界线作为下个标注的第一条尺寸界线。

如果先前未创建标注，命令行会提示用户选取线性标注、角度标注或坐标标注作为连续标注的基准；如果先前已创建了标注，系统将跳过指定基准标注的流程，默认以上个标注为基准标注。按两次【Enter】键或者直接按【Esc】键结束此命令。

（1）启动 Dimlinear 命令的方法：

① 功能区："注释"→"标注"→"连续"。

② 工具栏："标注"→"连续标注" ⊢┤。

③ 菜单项："标注"→"连续"。

④ 命令行：DCO（dimcontinue）←┘。

（2）启动命令后，执行操作如图 2.3.9 所示。

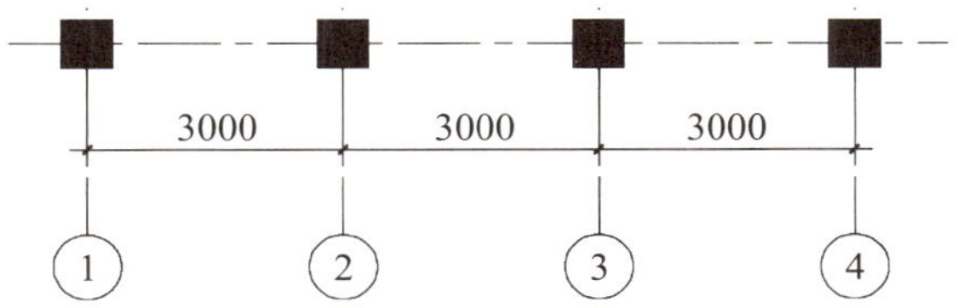

图 2.3.9　连续标注

命令：DLI（dimlinear）←┘

指定第一条尺寸界线原点或<选择对象>：拾取①轴柱子中心

指定第二条尺寸界线原点：拾取②轴柱子中心，移动鼠标至标注位置

指定尺寸线位置或［多行文字（M）/文字（T）/角度（A）/水平（H）/垂直（V）/旋转（R）］：确定尺寸标注位置

标注注释文字=3000

命令：DCO（dimcontinue）←┘

指定下一条延伸线的起始位置或［放弃（U）/选取（S）］<选取>：选②轴柱子中心

标注注释文字=3000

指定下一条延伸线的起始位置或［放弃（U）/选取（S）］<选取>：选③轴柱子中心

标注注释文字=3000

指定下一条延伸线的起始位置或［放弃（U）/选取（S）］<选取>：*取消*

4. 快速标注

为选定对象快速创建一系列标注。

（1）启动 Dimlinear 命令的方法：

① 功能区：“注释”→“标注”→“快速标注”。

② 工具栏：“标注”→“快速标注”。

③ 菜单项：“标注”→“快速标注”。

④ 命令行：QD（qdim）↵。

⑤ QD 选择标注的对象。

（2）启动命令后，执行操作如图 2.3.10 所示。

① QD 选择标注的对象。

② 移动鼠标至标注位置。

5. 半径标注和直径标注

方法同理，不在此赘述。

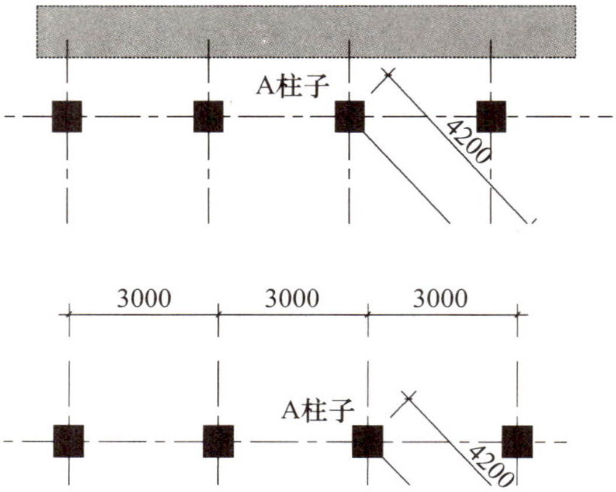

图 2.3.10　快速标注

2.3.4　编辑尺寸标注文本

1. 启动 Ddedit 命令的方法

（1）工具栏：“文字”→“编辑文字”。

（2）菜单项：“修改”→“对象”→“文字编辑”。

（3）命令行：ED（ddedit）↵。

2. 修改方法

双击需要修改的文字或者数字。

2.3.5　尺寸标注实战

要求：

（1）在一个 DWG 文件中新建 3 种不同比例的标注样式，如表 2.3.1、图 2.3.11 和图 2.3.12 所示。

表 2.3.1　标注样式要求

标注样式名称	文字样式名称	字高	宽度因子	字体名称	大字体
平面 A	平面 A 文字	3	0.7	txt. shx	hztxt. exe
中图 B	中图 B 文字	3	0.7	txt. shx	hztxt. exe
小图 C	小图 C 文字	3	0.7	txt. shx	hztxt. exe

（2）尺寸标注设置修改。

（3）完成标注：利用“线性标注”“对齐标注”“连续标注”“快速标注”，如图 2.3.11 所示。

（4）修改部分尺寸。

尺寸标注设置修改　　尺寸标注与修改　　创建标注样式

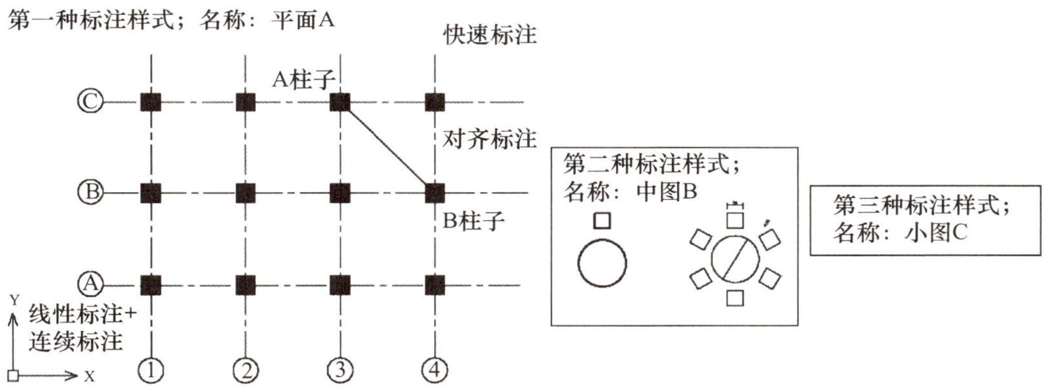

图 2.3.11　新建 3 种标注样式

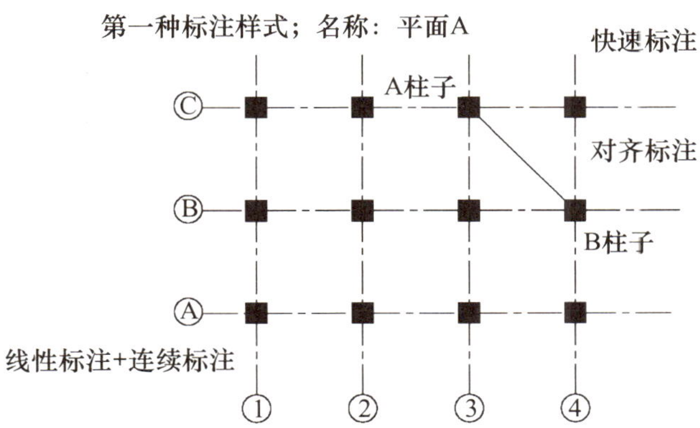

图 2.3.12　完成规定尺寸标注

教学单元 3　建筑平面图绘制

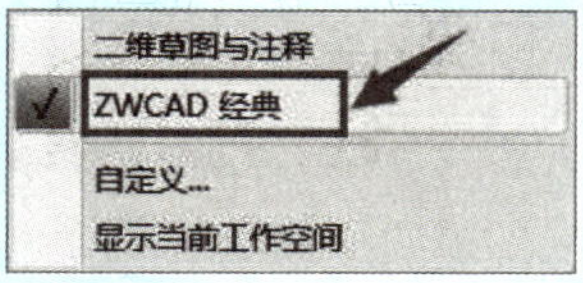

注：本章绘图步骤均在“ZWCAD 经典”工作空间下进行绘制。

3.1　设置图层

3.1.1　图层的调用

（1）启动“图层特性管理器”的三种方法：

① 单击工具栏中“图层”按钮，如图 3.1.1 所示。

② 在命令行中输入“LA”，然后按空格键，如图 3.1.2 所示。

③ 单击菜单栏中的“格式”→“图层”，如图 3.1.3 所示。

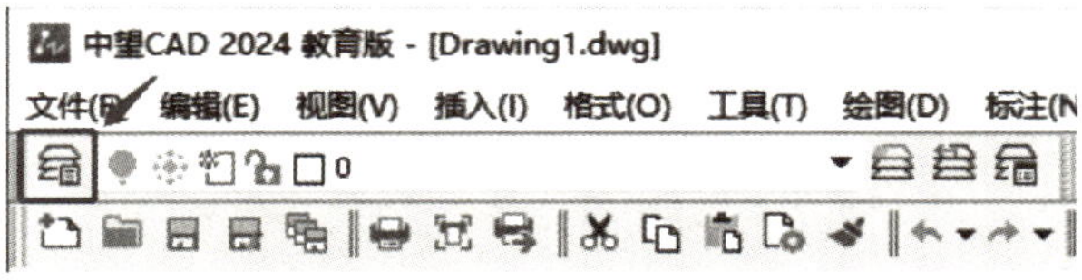

图 3.1.1　“图层”工具栏

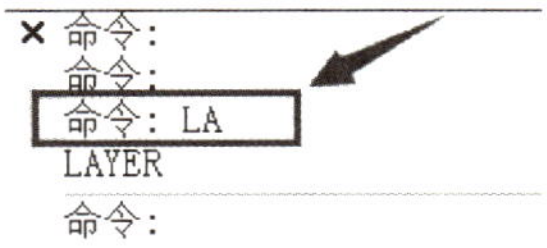

图 3.1.2　命令行输入“LA”

启动图层特性管理器

（2）启动“图层特性管理器”后，软件将弹出如图 3.1.4 所示的对话框。

图层的创建

3.1.2　图层的创建

本工程平面图需要创建的图层设置要求如表 3.1.1 所示。

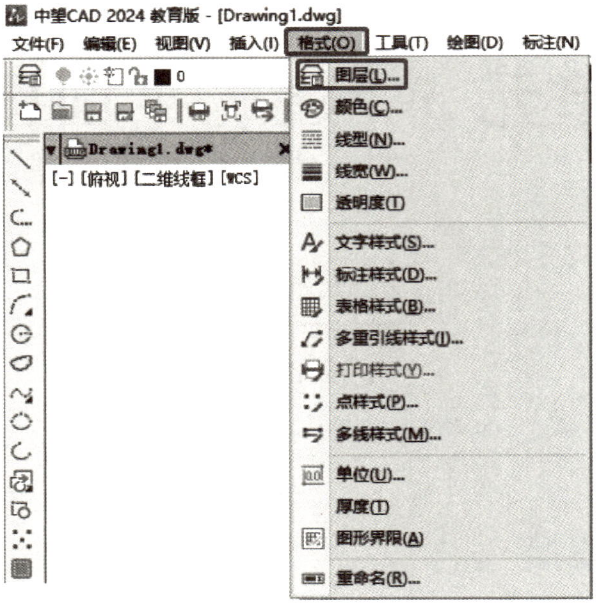

图 3.1.3 菜单栏中的“格式”→“图层”

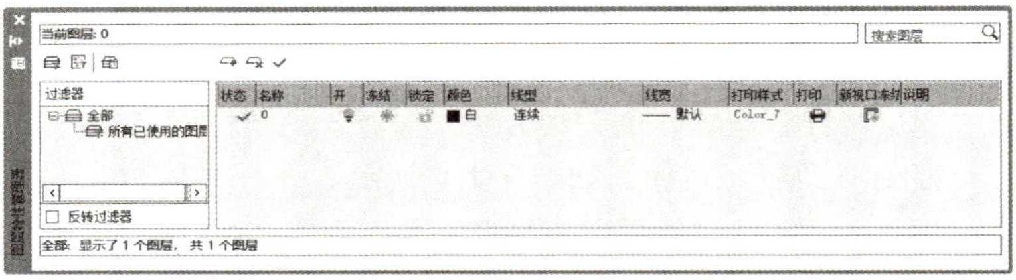

图 3.1.4 “图层特性管理器”对话框

表 3.1.1 图层设置要求

图层名称	颜色	线型	线宽
墙体	白	连续	0.50
柱子	黄	连续	0.50
楼梯	黄	连续	0.25
门窗	青	连续	0.25
标注	绿	连续	0.15
轴线	红	CENTER	0.15
图框	蓝	连续	0.25
其他	洋红	连续	0.25

1. 新建图层

打开“图层特性管理器”后，有一个默认的“0”图层。单击“图层特性管理器”中的“新建图层”按钮，如图 3.1.5 所示，在图层列表中将出现一个新的图层，继续单击“新建图层”按钮，新建 7 个图层，如图 3.1.6 所示。

图 3.1.5 “新建图层”按钮

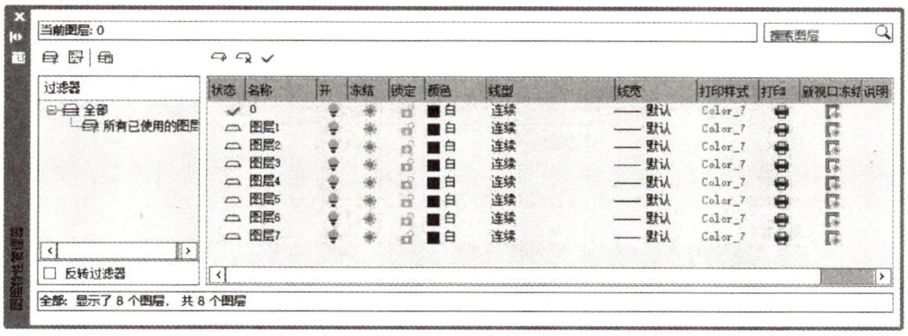

图 3.1.6　新建 7 个图层

2. 图层的设置

根据表 3.1.1 的要求进行图层设置。双击图层名称“图层 1”进入可输入状态，输入图层名称为“轴线”。然后单击图层颜色，将弹出如图 3.1.7 所示“选择颜色”对话框，单击红色，将图层颜色设置为“红”。

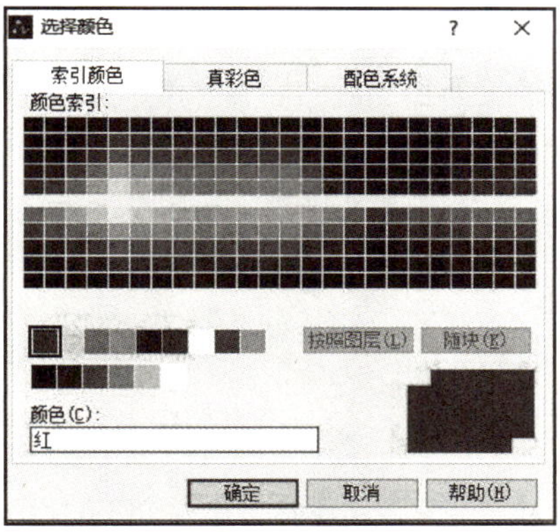

图 3.1.7　“选择颜色”对话框

单击“线型”中的“连续”，将弹出“线型管理器”对话框，如图 3.1.8 所示。此时“线型管理器”中没有“CENTER”，因此需要单击“加载”按钮，将弹出“添加线型”对话框，如图 3.1.9 所示。单击其中的“CENTER”线型，然后单击“确定”按钮。此时线型管理器中将载入“CENTER”线型，如图 3.1.10 所示。将“全局比例因子”更改为“50”，并单击“CENTER”选中后，单击“确定”按钮完成线型设置。

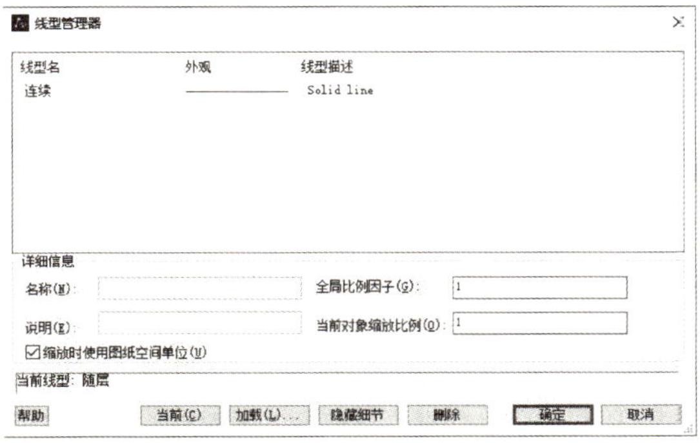

图 3.1.8　“线型管理器”对话框

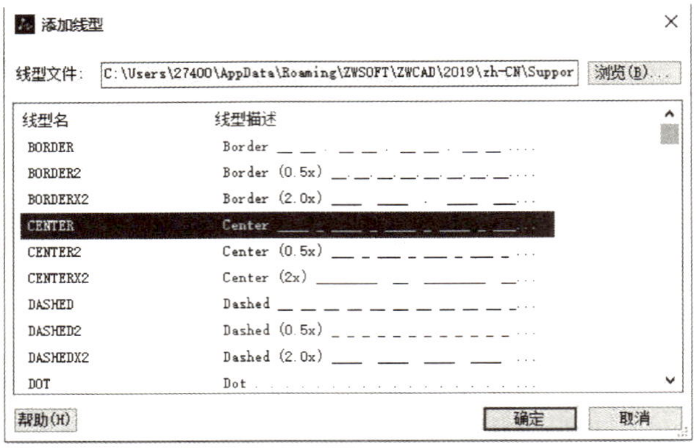

图 3.1.9　“添加线型”对话框

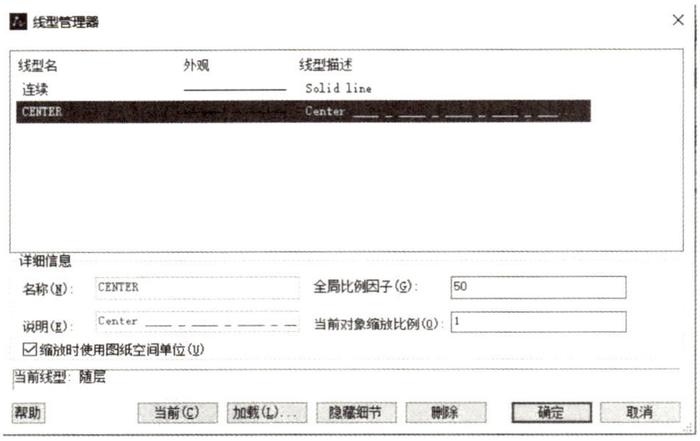

图 3.1.10　“线型管理器”载入“CENTER”线型

单击“线宽”中的“默认”，将弹出“线宽”对话框，如图 3.1.11 所示。单击“0.15mm”选中后，单击“确定”按钮。表 3.1.1 中其他图层设置方法同“轴线”图层，设置完成后如图 3.1.12 所示。

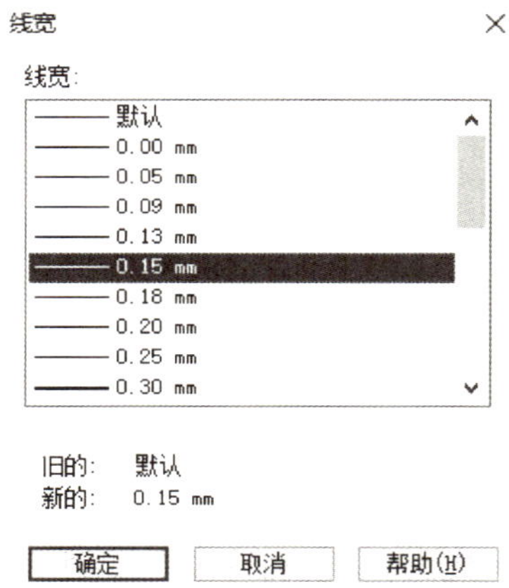

图 3.1.11　“线宽”对话框

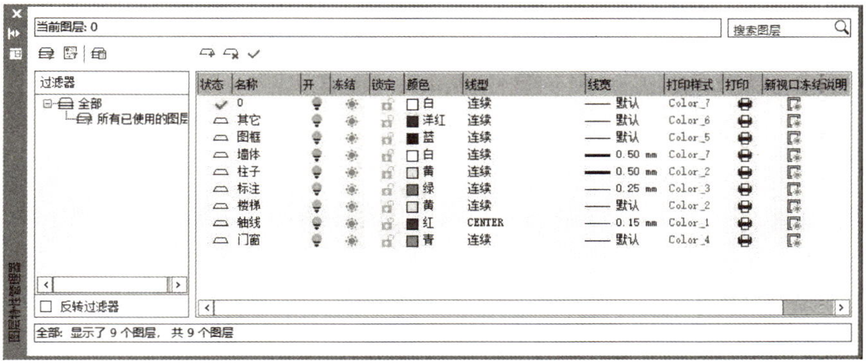

图 3.1.12　完成图层设置

3.2　绘制轴网

3.2.1　绘制轴线

1. 选择图层

将设置好的“轴线”图层置为当前图层，步骤如下：

（1）单击“图层”工具条中的黑色三角形按钮。

（2）选择“轴线”图层，将其置为当前图层，如图 3.2.1 所示。

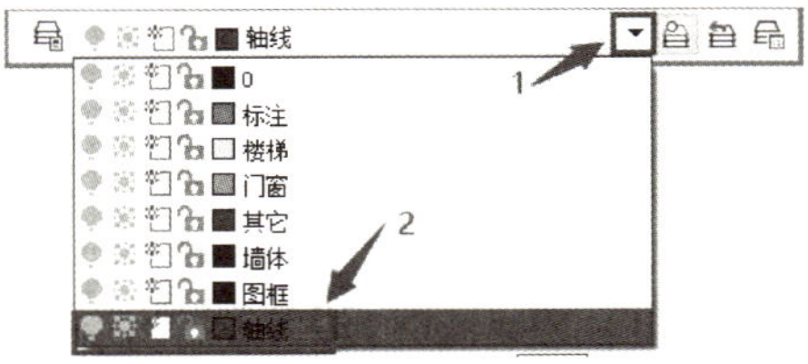

图 3.2.1　“轴线”图层置为当前图层

绘制Ⓐ轴

2. 绘制Ⓐ轴

轴线有横轴和纵轴，这里先绘制Ⓐ轴，从平面图中可看出，本工程平面图①~⑥轴的总尺寸为 36000mm，因此纵轴的长度可比此长度稍长一些，我们取左右两侧各延伸 1500mm 进行绘制，因此纵轴长度取为 39000mm，步骤如下：

（1）按【F8】键，打开正交模式。

此时命令行提示：【<正交 开>】

（2）在命令行中输入“L”，执行直线命令，然后按空格键。

此时命令行提示：【指定第一个点：】

（3）在绘图区域内单击任意位置指定第一点。

此时命令行提示：【指定下一点或［角度（A）/长度（L）/放弃（O）］：】

（4）将鼠标水平往右移动后，输入“16300”，然后按空格键。

此时命令行提示：【指定下一点或［角度（A）/长度（L）/放弃（O）］:】

（5）再次按空格键，结束命令。

这样就把Ⓐ轴绘制好了。

3. 绘制Ⓑ轴、Ⓒ轴、Ⓓ轴

用偏移命令，将绘制好的Ⓐ轴进行偏移，偏移距离即为纵轴间的轴线尺寸，步骤如下：

其余轴线的绘制

（1）在命令行中输入“O”，然后按空格键，执行偏移命令。

此时命令行提示：【指定偏移距离或［通过（T）/擦除（E）/图层（L）］:】

（2）输入“7000”，然后按空格键。

此时命令行提示：【选择要偏移的对象或［放弃（U）/退出（E）］:】

（3）单击绘制好的Ⓐ轴。

此时命令行提示：【指定目标点或［退出（E）/多个（M）/放弃（U）］:】

（4）在Ⓐ轴上方任意位置单击。

此时命令行提示：【选择要偏移的对象或［放弃（U）/退出（E）］:】

（5）按空格键，结束命令。

这样就把Ⓑ轴绘制好了，Ⓒ轴和Ⓓ轴及其余轴线均用同样的方法进行偏移，并用修剪命令对多余的轴线进行修剪。轴网间距如图 3.2.2 所示。

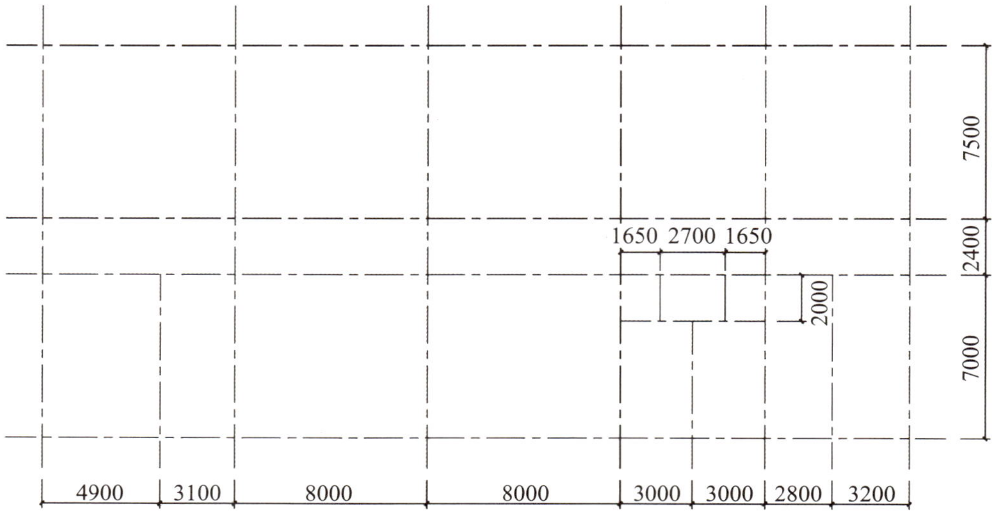

图 3.2.2　完成轴网绘制

3.2.2　标注轴号

1. 绘制轴号引线

在轴线端部绘制一条长度为 4000mm 的直线段，步骤如下：

（1）将“标注”图层设置为当前图层。

（2）按【F3】键，将对象捕捉打开。

此时命令行提示：【<对象捕捉 开>】

（3）右击状态栏中的“对象捕捉”按钮，如图 3.2.3 所示。

（4）选择“设置”，弹出“草图设置”对话框。

（5）在“草图设置”对话框中的“对象捕捉”选项卡中选中“端点”“中点”“中心”“垂足”“交点”，如图 3.2.4 所示，然后单击“确定”按钮。

轴号引线和圆

（6）在命令行中输入“L”，然后按空格键，执行直线命令。

此时命令行提示：【指定第一个点：】

（7）将光标移至 A 轴左端点附近，当捕捉到端点时，单击此端点。

此时命令行提示：【指定下一点或［角度（A）/长度（L）/放弃（O）］：】

（8）将鼠标水平往左移动后，输入“4000”。

（9）按空格键结束“直线”命令。

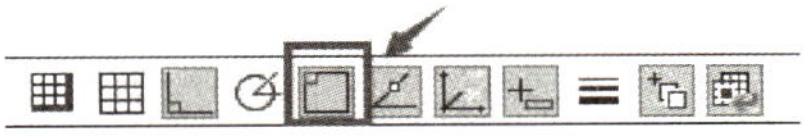

图 3.2.3 状态栏“对象捕捉”按钮

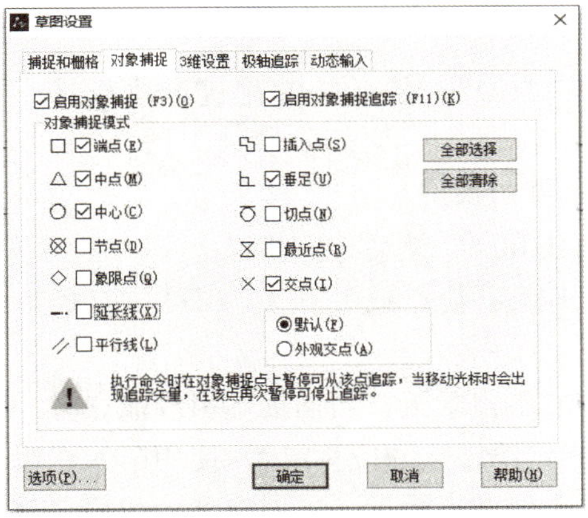

图 3.2.4 “对象捕捉”选项卡

2. 绘制圆

在引线端部绘制一个直径为 800mm 的圆，步骤如下：

（1）在命令行中输入“C”，然后按空格键，执行圆命令。

此时命令行提示：【指定圆的圆心或［三点（3P）/两点（2P）/切点、切点、半径（T）］：】

（2）将光标移至绘制好的引线左端，当捕捉到端点时，单击此端点。

此时命令行提示：【指定圆的半径或［直径（D）］：】

（3）输入“400”，然后按空格键。

（4）在命令行中输入“M”，然后按空格键，执行移动命令。

此时命令行提示：【选择对象：】

（5）单击绘制好的圆，然后按空格键。

此时命令行提示：【指定基点或［位移（D）］<位移>：】

（6）将光标移至圆与引线交点的附近，当捕捉到交点时，单击此交点，如图 3.2.5 所示。

此时命令行提示【指定第二点的位移或者<使用第一点当作位移>：】

（7）将光标移至引线端部，当捕捉到引线端点时，单击此端点，完成移动命令后如图 3.2.6 所示。

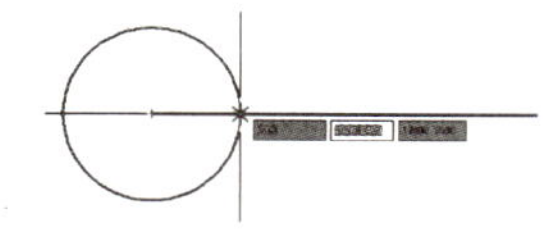

图 3.2.5　对象捕捉“交点”

图 3.2.6　轴号引线与圆

3. 复制引线和圆

（1）在命令行中输入“CO”，然后按空格键，执行复制命令。

复制镜像轴号圆和引线

此时命令行提示：【选择对象：】

（2）框选绘制好的引线和圆，然后按空格键。

此时命令行提示：【指定基点或［位移（D）/模式（O）］<位移>：】

（3）将光标移至引线右端点附近，当捕捉到引线端点时，单击该端点。

此时命令行提示：【指定第二点的位移或者<使用第一点当作位移>：】

（4）将光标移至Ⓑ轴左侧端点附近，当捕捉到轴线端点时，单击该端点。

（5）继续将光标移至Ⓒ轴左侧端点附近，当捕捉到轴线端点时，单击该端点。

（6）继续将光标移至Ⓓ轴左侧端点附近，当捕捉到轴线端点时，单击该端点，然后按空格键结束复制命令，完成左侧引线和圆的绘制，如图 3.2.7 所示。

4. 镜像引线和圆

左侧轴号引线和圆绘制完成后，右侧轴号引线和圆用“镜像”命令完成绘制，步骤如下：

（1）在命令行中输入“MI”，然后按空格键，执行镜像命令。

此时命令行提示：【选择对象：】

（2）框选左侧所有轴号引线和圆，然后按空格键。

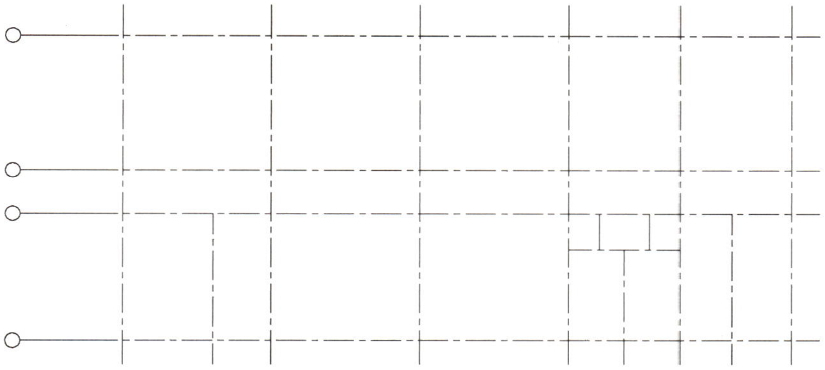

图 3.2.7　完成左侧轴号引线和圆的绘制

此时命令行提示:【指定镜像线第一点:】

(3) 将光标移至Ⓐ轴线中点附近,当捕捉到Ⓐ轴中点时,单击该中点。

此时命令行提示:【指定镜像线第二点:】

(4) 将光标移至Ⓑ轴中点附近,当捕捉到Ⓑ轴中点时,单击该中点。

此时命令行提示:【是否删除源对象?[是(Y)/否(N)]<否>:】

(5) 输入"N",然后按空格键完成"镜像"命令。

完成纵向轴线的轴号引线和圆的绘制后,横向轴线的轴号引线和圆的绘制方法相同,完成绘制后如图 3.2.8 所示。

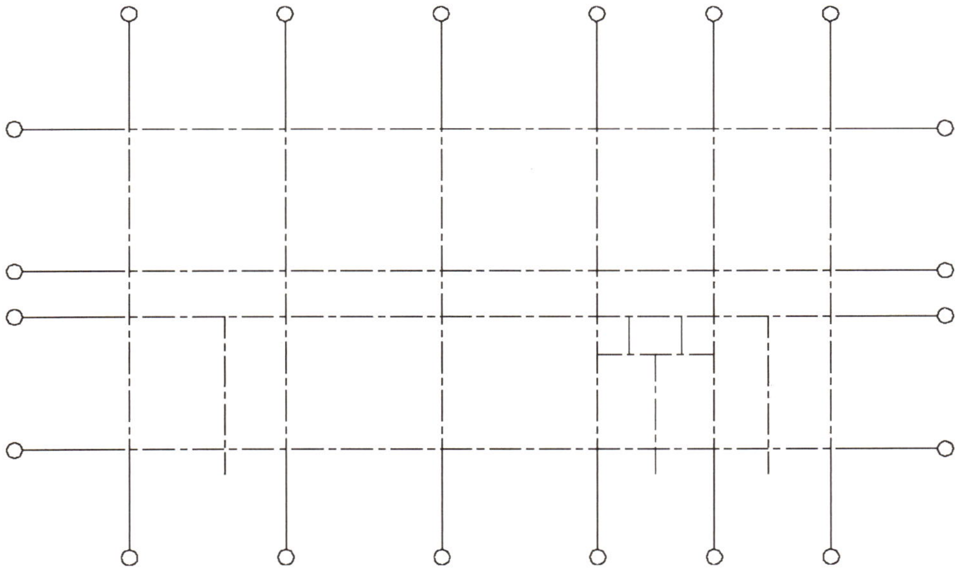

图 3.2.8　完成纵横轴的轴号引线和圆的绘制

5. 设置"轴号"文字样式

(1) 在命令行中输入"ST"或单击菜单栏中的"格式"→"文字样式",弹出"文字样式管理器"对话框,如图 3.2.9 所示。

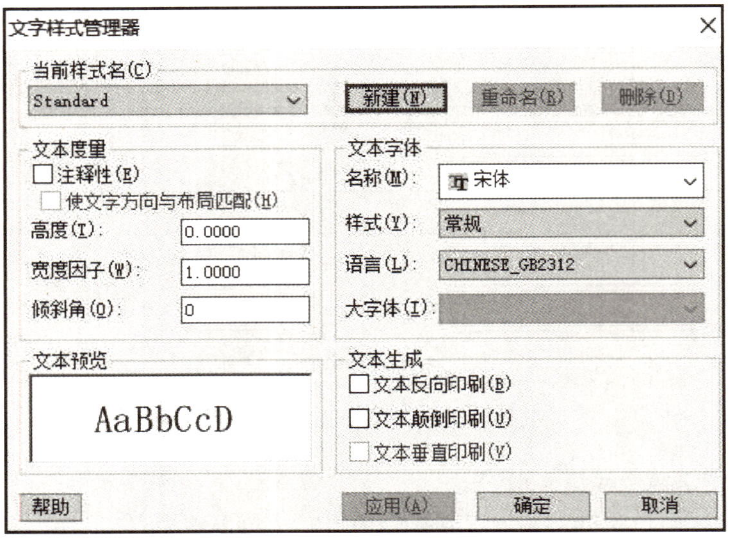

图 3.2.9 “文字样式管理器”对话框

轴号样式设置

（2）单击“新建”按钮，弹出“新文字样式”对话框，如图 3.2.10 所示。

图 3.2.10 “新文字样式”对话框

（3）在“样式名称”中输入“轴号”，然后单击“确定”按钮。

（4）“文本字体”名称选择“complex.shx”字体后单击“确定”按钮，如图 3.2.11 所示，完成文字样式设置。

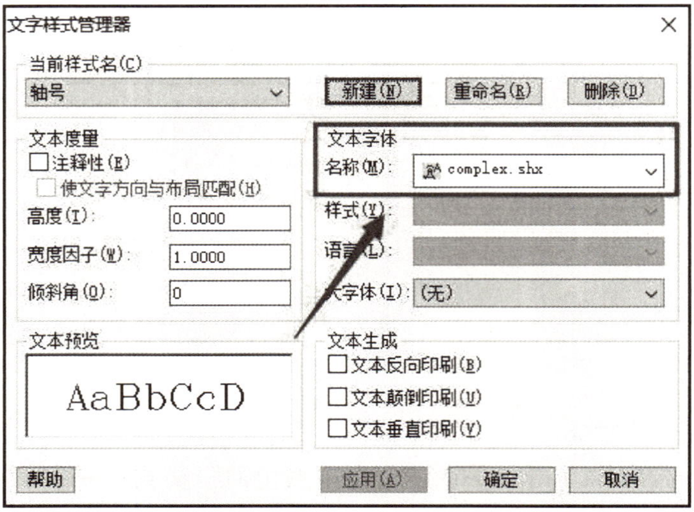

图 3.2.11 “轴号”文字样式字体设置

6. 注写①号轴线

（1）单击“样式”工具条中文字样式右侧的小三角形，如图 3. 2. 12 所示。

（2）单击“轴号”，将“轴号”文字样式置为当前。

（3）在命令行中输入“DT”。

此时命令行提示：【指定文字的起点或［对正（J）/样式（S）］:】

轴号注写

（4）输入“J”，然后按空格键。

此时命令行提示:【输入选项［对齐（A）/布满（F）/居中（C）/中间（M）/右对齐（R）/左上（TL）/中上（TC）/右上（TR）/左中（ML）/正中（MC）/右中（MR）/左下（BL）/中下（BC）/右下（BR）］:】

（5）输入“MC”，然后按空格键。

此时命令行提示:【指定文字中心点:】

（6）将光标移至①轴下方圆的圆心附近，当捕捉到圆心时，单击圆心。

此时命令行提示【指定文字高度<0. 2000>:】

（7）输入“500”，然后按空格键。

此时命令行提示【指定文字的旋转角度<0>:】

（8）输入“0”，然后按空格键。

（9）输入“1”，然后按两次【Enter】键完成①轴注写。

图 3. 2. 12 “样式”工具条

7. 注写②轴~⑥轴

用复制命令将数字“1”复制到②轴~⑥轴的圆内，然后用“自动编号”命令完成②轴~⑥轴的注写，步骤如下:

（1）将数字“1”复制到②轴~⑥轴的圆内。

（2）单击菜单栏中“扩展工具”→“文本工具”→“自动编号”，如图 3. 2. 13 所示。

此时命令行提示【选择对象:】

（3）框选①轴~⑥轴下方所有文字，然后按空格键。

此时命令行提示【排序选定对象的方式［X/Y/选择的顺序（S）］<选择的顺序>:】

（4）输入“X”，然后按【Enter】键。

此时命令行提示:【指定起始编号和增量（起始，增量）<1，1>:】

（5）直接按空格键。

此时命令行提示:【选择在文本中放置编号的方式［覆盖（O）/前置（P）/后置

(S)/查找并替换(F)] <前置>:】

(6)输入“0”,然后按【Enter】键,完成下方轴号注写。

上方轴号直接用镜像命令完成即可,注意Ⓐ轴~Ⓓ轴的注写不可用“自动编号”命令完成,需逐个双击字母,然后输入新的字母进行修改。完成轴号标注后如图 3.2.14 所示。

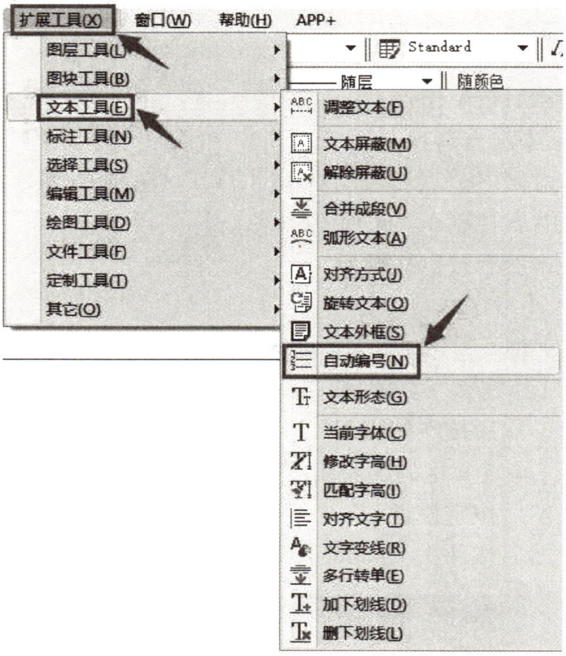

图 3.2.13 “自动编号”菜单

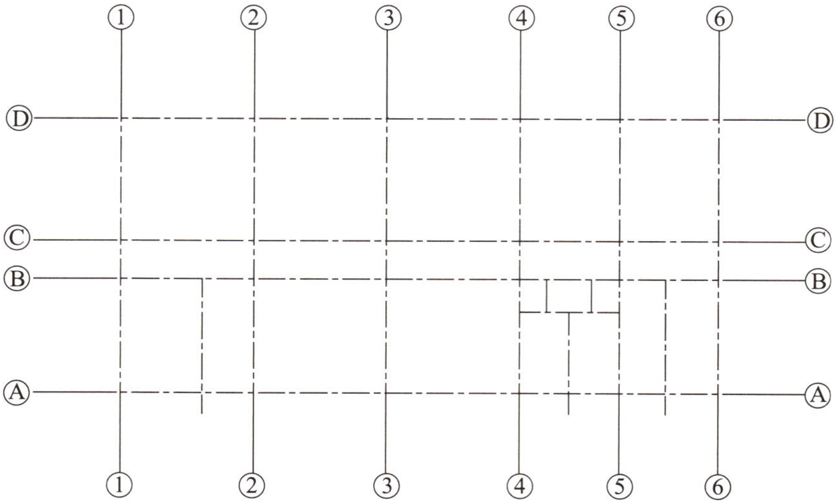

图 3.2.14 完成轴号标注

3.3 绘制墙体

3.3.1 设置“墙体”多线样式

设置墙体多线样式

设置“墙体”多线样式，步骤如下：

（1）单击菜单栏中的“格式”→“多线样式”，弹出“多线样式”对话框，如图 3.3.1 所示。

（2）单击“添加”按钮，弹出“创建新多线样式”对话框，“新样式名称”输入“墙体”，如图 3.3.2 所示，然后单击“继续”按钮。

（3）设置“墙体”多线样式参数，如图 3.3.3 所示，然后单击“确定”按钮，返回“多线样式”对话框。

（4）单击“墙体”样式，然后单击“设为当前”，再单击“关闭”。

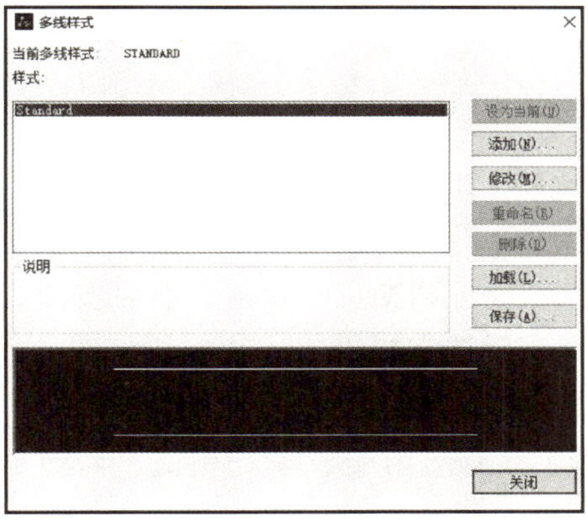

图 3.3.1 “多线样式”对话框

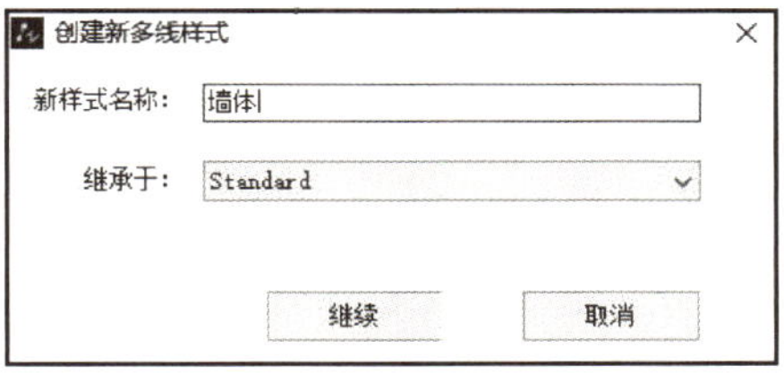

图 3.3.2 “创建新多线样式”对话框

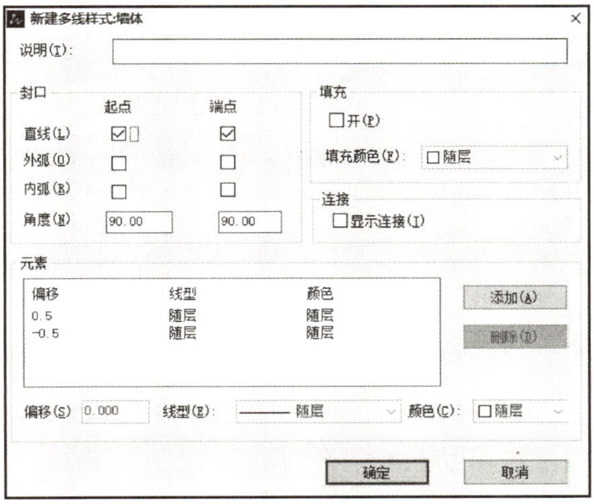

图 3.3.3 设置“墙体”多线样式参数

3.3.2 绘制墙线

用多线命令绘制墙线，步骤如下：

绘制墙线

(1) 将“墙体”图层置为当前。

(2) 在命令行中输入“ML”，然后按空格键，执行多线命令。

此时命令行提示：【当前设置：对正 = 上，比例 = 20.0000，样式 = 墙体

指定起点或［对正（J）/比例（S）/样式（ST）］：】

(3) 输入“S”，然后按空格键。

此时命令行提示：【输入多线比例<20.0000>：】

(4) 输入“200”，然后按空格键。

此时命令行提示：【当前设置：对正 = 上，比例 = 200.0000，样式 = 墙体

指定起点或［对正（J）/比例（S）/样式（ST）］：】

(5) 输入“J”，然后按空格键。

此时命令行提示：【输入对正类型［上（T）/无（Z）/下（B）］<上>：】

(6) 输入“Z”，然后按空格键。

此时命令行提示：【当前设置：对正 = 无，比例 = 200.0000，样式 = 墙体

指定起点或［对正（J）/比例（S）/样式（ST）］：】

(7) 将光标移至①轴与Ⓐ轴的交点处，当光标捕捉到交点时单击，然后按图 3.3.4 中所示顺序依次捕捉轴线交点，捕捉到第 6 个交点后按空格键完成第一段多线的绘制，如图 3.3.5 所示。其余多线均按此方法绘制完成后如图 3.3.6 所示。

提示：本工程绘制多线时，多线相交方式应为 T 形相交或角点相交，如图 3.3.7 所示。

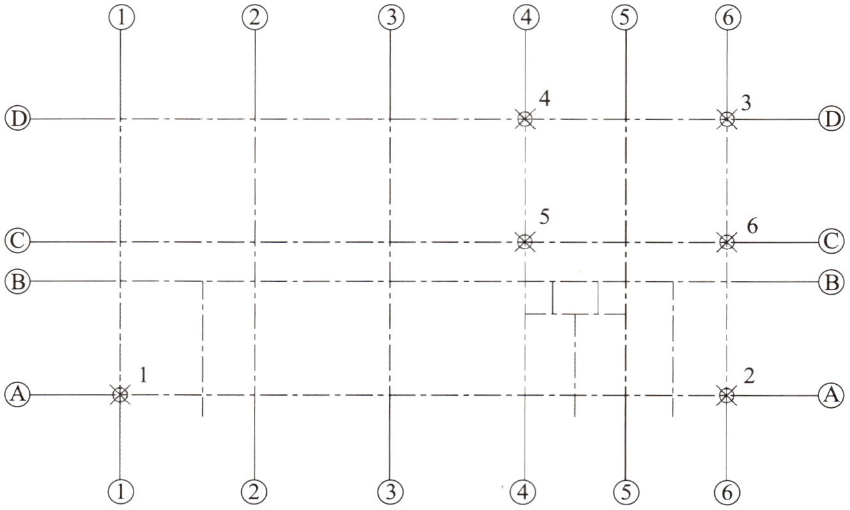

图 3.3.4 第一段多线绘制顺序

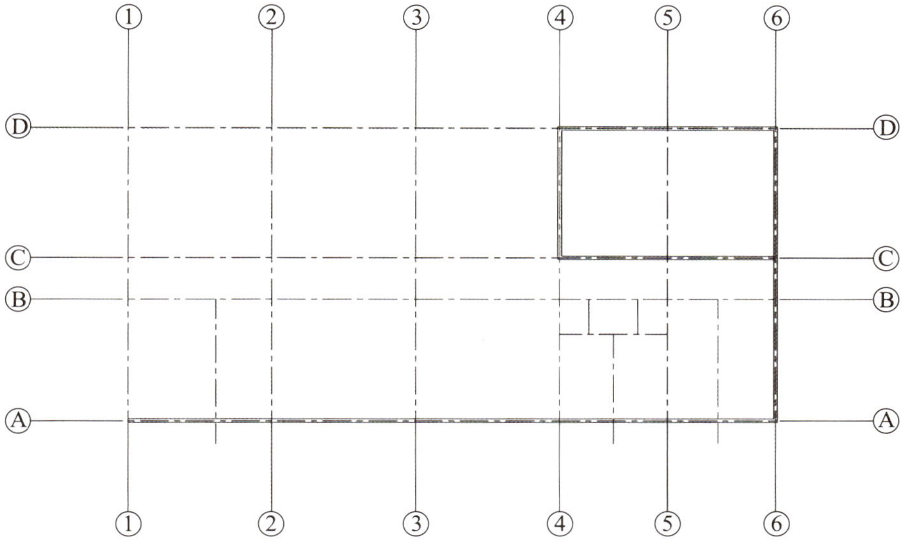

图 3.3.5　第一段多线绘制完成

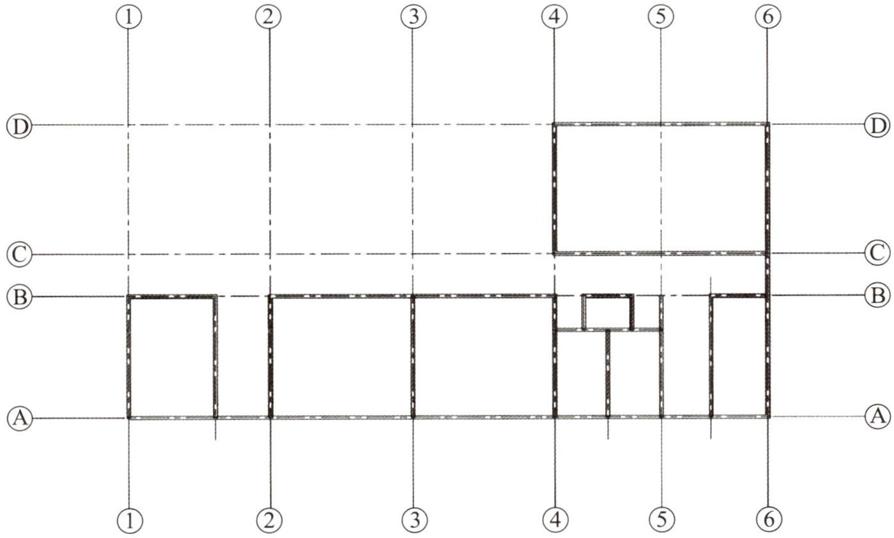

图 3.3.6　完成多线绘制

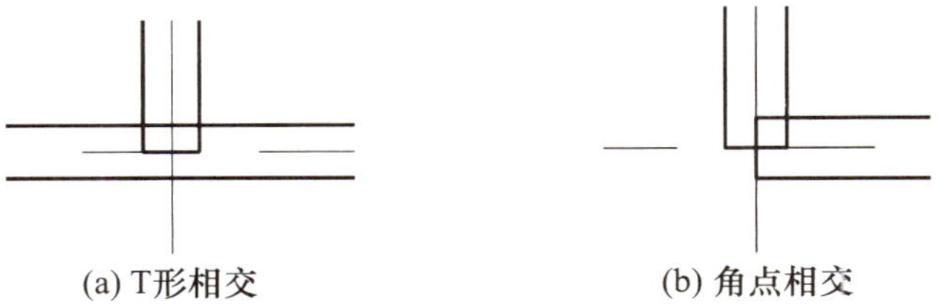

图 3.3.7　多线相交方式

3.3.3　编辑多线

用多线编辑工具编辑多线，步骤如下：

编辑多线

（1）双击绘制好的墙线，弹出“多线编辑工具”对话框，单击“T 形打开”图标，如图 3.3.8 所示。

此时命令行提示：【选择第一条多线：】

（2）单击绘制好的墙线 T 形相交处如图 3.3.9 中 1 所指的多线。

此时命令行提示：【选择第二条多线：】

（3）单击图 3.3.9 中 2 所指的多线，其余多线 T 形相交处重复步骤（2）和步骤（3）。

（4）当所有的多线 T 形相交都打开后，按空格键结束“T 形打开”命令。

（5）双击绘制好的墙线，弹出“多线编辑工具”对话框，单击“角点结合”图标。

此时命令行提示：【选择第一条多线：】

（6）单击绘制好的墙线角点相交处任一多线。

此时命令行提示：【选择第二条多线：】

（7）单击角点相交处另一多线，其余多线角点相交处重复步骤（6）和步骤（7）。

多线编辑完成后如图 3.3.10 所示。

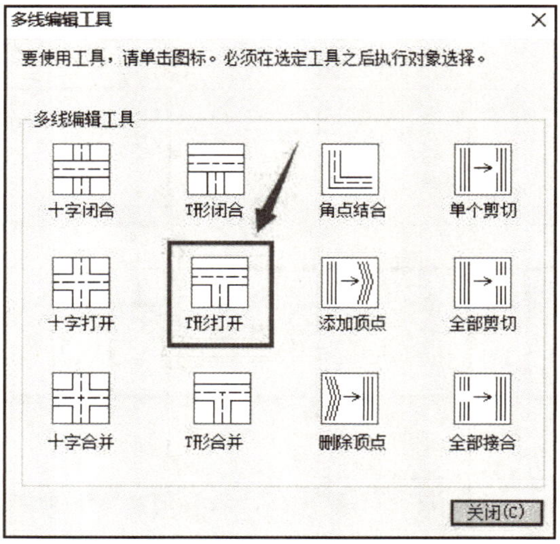

图 3.3.8　“多线编辑工具”对话框

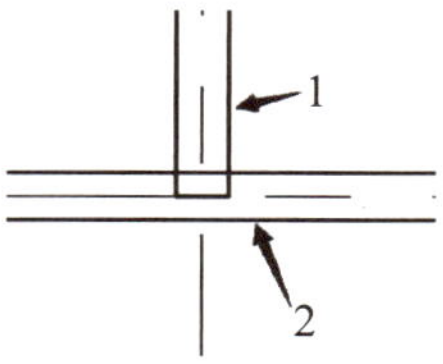

图 3.3.9　“T 形打开”选择多线顺序

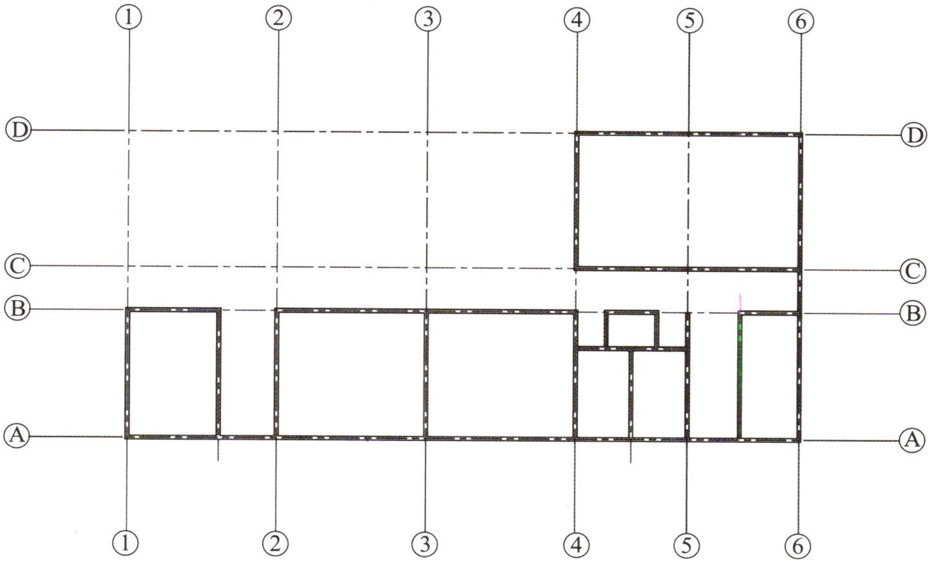

图 3.3.10　多线编辑完成

3.4　绘制柱子

3.4.1　绘制柱子轮廓线

绘制柱子

本工程框架柱均按 450×600 进行绘制，用矩形命令绘制柱子轮廓线，步骤如下：

（1）将“柱子”图层置为当前。

（2）在命令行中输入“REC”，然后按空格键，执行矩形命令。

此时命令行提示：【指定第一个角点或［倒角（C）/标高（E））/圆角（F）/正方形（S）/厚度（T）/宽度（W）］:】

（3）光标移至①轴交Ⓐ轴处，当捕捉到墙体左下角点时单击。

此时命令行提示：【指定其他的角点或［面积（A）/尺寸（D）/旋转（R）］:】

（4）输入“@ 450，600”，然后按空格键，完成第一根柱子轮廓线的绘制，如图 3.4.1 所示。

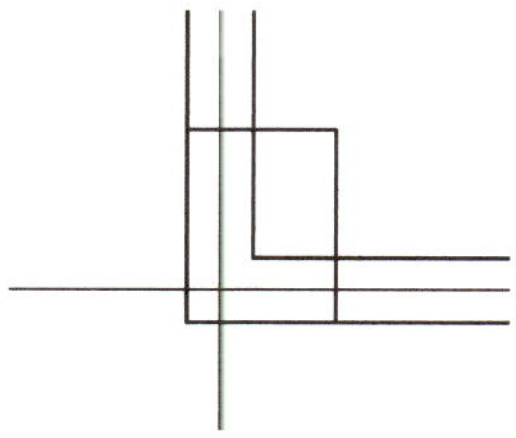

图 3.4.1　绘制柱子轮廓线

3.4.2 填充图例

本层平面图比例为 1∶100，因此柱子填充图例直接涂黑，步骤如下：

（1）在命令行输入“H”，然后按空格键弹出“填充”对话框，如图 3.4.2 所示。

（2）单击图 3.4.2 中①所指图标，弹出“填充图案选项板”，单击“SOLID”图案，如图 3.4.3 所示。

（3）单击图 3.4.2 中②所指图标。

此时命令行显示：【选择对象或［拾取内部点（K）/删除边界（B）］<选择对象>:】

（4）单击图 3.4.1 中绘制的柱子轮廓线，然后按空格键返回“填充”对话框。

（5）单击图 3.4.2 中③所示“确定”按钮，完成图例填充，如图 3.4.4 所示。

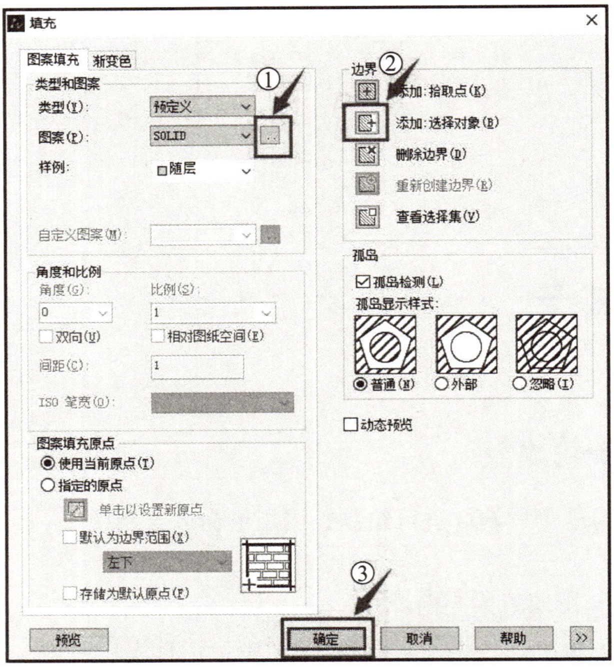

图 3.4.2 “填充”对话框

3.4.3 复制柱子

第一根柱子绘制完成后，其余柱子可用复制命令完成，步骤如下：

（1）在命令行输入“CO”，然后按空格键，执行复制命令。

此时命令行显示：【选择对象:】

（2）框选绘制好的第一根柱子的轮廓和图例，然后按空格键。

此时命令行显示：【指定基点或［位移（D）/模式（O）］<位移>:】

（3）对象捕捉柱子的左上角点，然后单击。

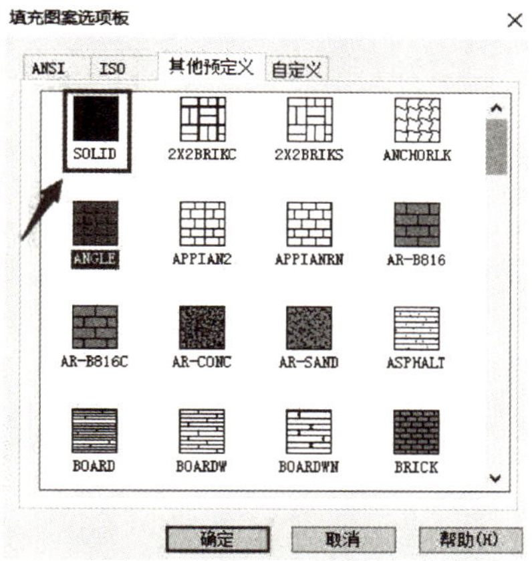

图 3.4.3 “填充图案选项板”对话框

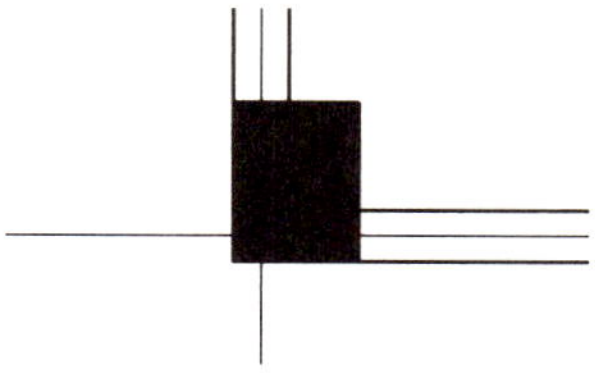

图 3.4.4 填充后的柱子

此时命令行提示：【指定第二点的位移或者<使用第一点当作位移>：】

（4）光标移至①轴交Ⓑ轴处，当捕捉到墙体左上角点时单击，然后按空格键完成第二个柱子的复制，其余柱子均可采用复制命令完成，完成后如图 3.4.5 所示。

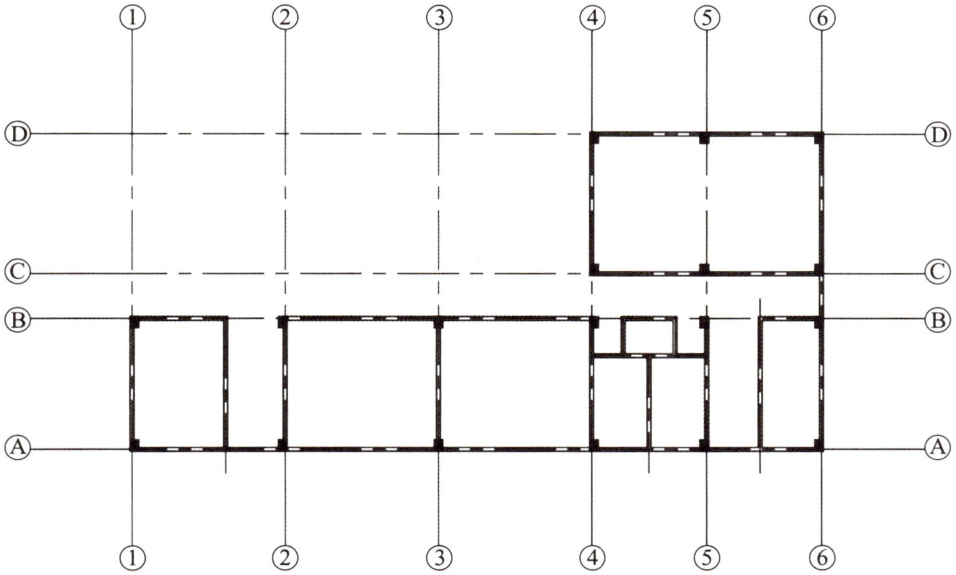

图 3.4.5 完成柱子绘制

3.5 绘制门窗

3.5.1 门窗洞口

1. 绘制辅助线

修剪门洞之前根据门洞定位尺寸，用偏移命令绘制辅助线，步骤如下：

（1）在命令行输入“O”，然后按空格键，执行偏移命令。

此时命令行显示：【指定偏移距离或［通过（T）/擦除（E）/图层（L）］】

（2）输入“1100”，然后按空格键。

此时命令行显示：【选择要偏移的对象或［放弃（U）/退出（E）］<退出>:】

（3）单击①号轴线，然后在①号轴线右侧区域单击，完成第一根辅助线的绘制，用同样的方法绘制第二根辅助线，完成后如图 3.5.1 所示。

门窗洞口修剪

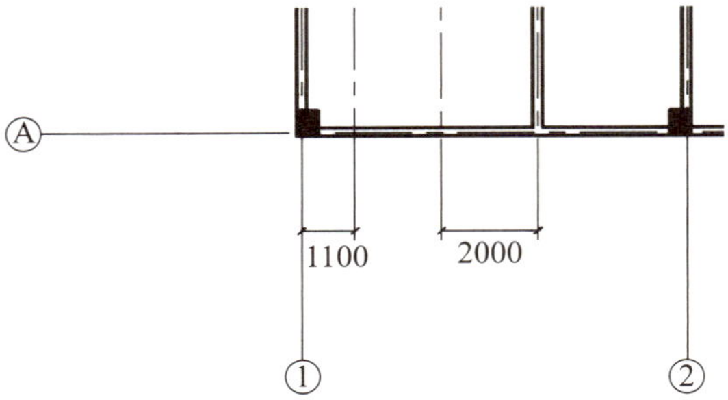

图 3.5.1 窗洞辅助线

2. 修剪门窗洞口

完成窗洞辅助线绘制后，使用修剪命令形成窗洞，步骤如下：

（1）在命令行输入“TR”，然后按空格键，执行修剪命令。

此时命令行显示：【当前设置：投影模式=UCS，边延伸模式=不延伸（N）选取对象来剪切边界<全选>:】

（2）单击步骤（1）中绘制好的两条辅助线，然后按空格键。

此时命令行显示：【选择要修剪的实体，或按住 Shift 键选择要延伸的实体，或［边缘模式（E）/围栏（F）/窗交（C）/投影（P）/删除（R）/放弃（U）］:】

（3）单击两条辅助线之间的墙体，将此处墙体进行修剪形成窗洞，如图 3.5.2 所示。

（4）其余窗洞及门洞均使用同样的方法进行修剪，门窗洞口修剪后将辅助线删除，完成后如图 3.5.3 所示。

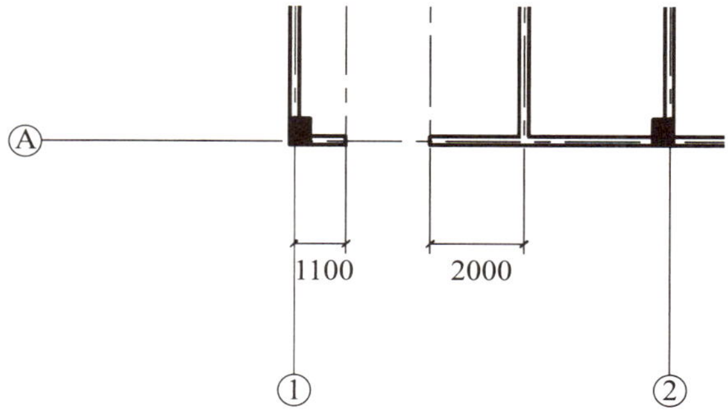

图 3.5.2　修剪形成窗洞

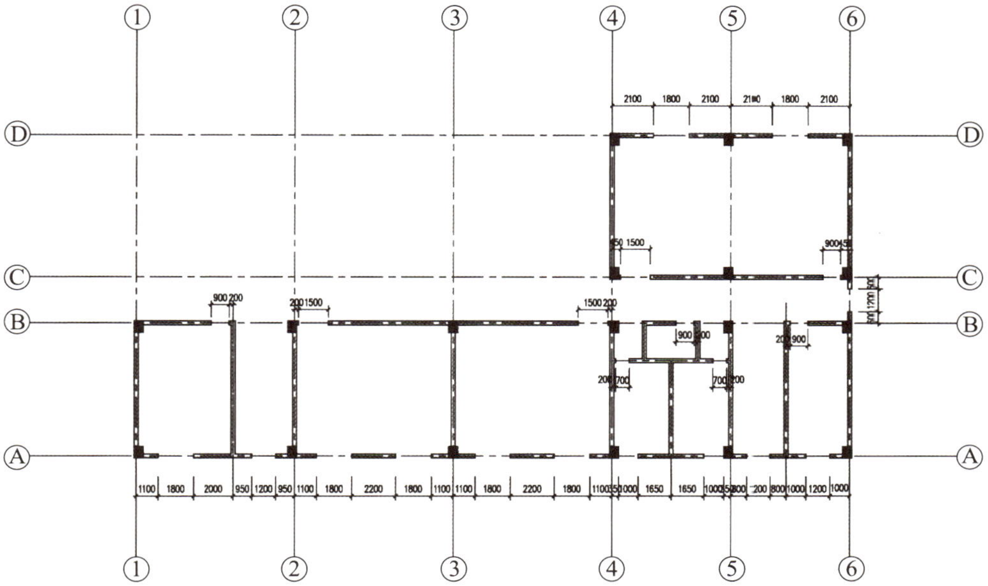

图 3.5.3　完成门窗洞口绘制

3.5.2　绘制门

1. 绘制单位宽度的门

绘制门

用矩形命令和圆弧命令绘制一个宽度为 1000 的门，门扇厚度取为 50，步骤如下：

（1）将“门窗”图层置为当前。

（2）在命令行中输入“REC”，然后按空格键，执行矩形命令。

此时命令行提示：【指定第一个角点或［倒角（C）/标高（E））/圆角（F）/正方形（S）/厚度（T）/宽度（W）］:】

（3）单击绘图区域任一位置。

此时命令行提示：【指定其他的角点或［面积（A）/尺寸（D）/旋转（R）］:】

（4）输入“@50，1000”，然后按空格键，绘制一个 50×1000 的矩形，如图 3.5.4 所示。

（5）在命令行中输入“ARC”，然后按空格键，执行圆弧命令。

此时命令行提示：【指定圆弧的起点或［圆心（C）］：】

（6）输入“C”，然后按空格键。

此时命令行提示：【指定圆弧的圆心：】

（7）光标移至门扇右下角点，当捕捉到图 3. 5. 5 中①所指的角点时单击。

此时命令行提示：【指定圆弧的起点：】

（8）光标移至门扇右上角点，当捕捉到图 3. 5. 5 中②所指的角点时单击。

此时命令行提示：【指定圆弧的端点或［角度（A）/弦长（L）］：】

（9）输入“A”，然后按空格键。

此时命令行提示：【指定包含角：】

（10）输入“90”，然后按空格键，完成门的绘制，如图 3. 3. 5 所示。

图 3. 5. 4　绘制 50×1000 的门扇

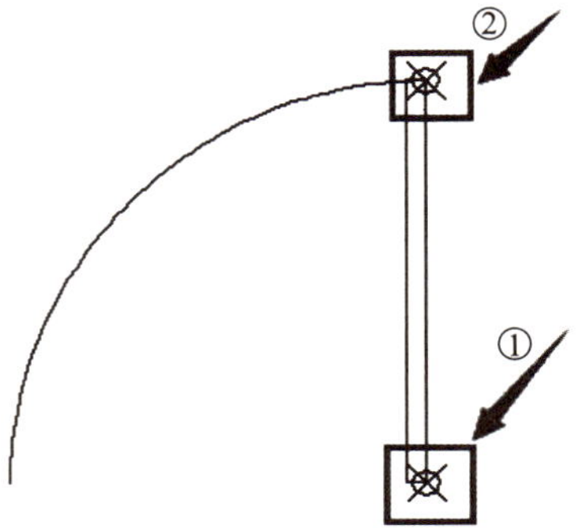

图 3. 5. 5　宽度为 1000 的单扇平开门

2. 创建块

将步骤 1 中所绘制的门创建为块，步骤如下：

（1）在命令行中输入“B”，然后按空格键，弹出“块定义”对话框。

（2）在“块定义”对话框中，名称输入“M”，如图 3. 5. 6 中①所示。

（3）单击图 3. 5. 6 中②所指的图标。

此时命令行提示：【指定基点：】

（4）将光标移至门扇右下角点，当捕捉到图 3. 5. 5 中①所指的角点时单击。

（5）单击图 3. 5. 6 中③所指的图标。

此时命令行提示：【选择对象：】

（6）框选矩形和圆弧，然后按空格键返回“块定义”对话框。

（7）单击图 3. 5. 6 中④所指的“确定”按钮，完成“M”块的创建。

3. 插入块

门的块创建好后，即可利用插入块命令绘制单扇平开门，步骤如下：

（1）在命令行中输入“I”，然后按空格键，弹出“插入图块”对话框，如图 3. 5. 7 所示。

（2）在“插入图块”对话框中，名称选择“M”，如图 3. 5. 7 中①所示。

（3）单击图 3. 5. 7 中②所指的图标，取消选中此项。

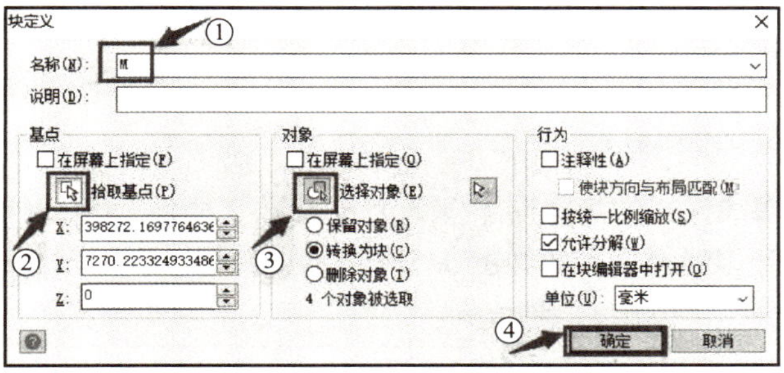

图 3.5.6 "块定义"对话框

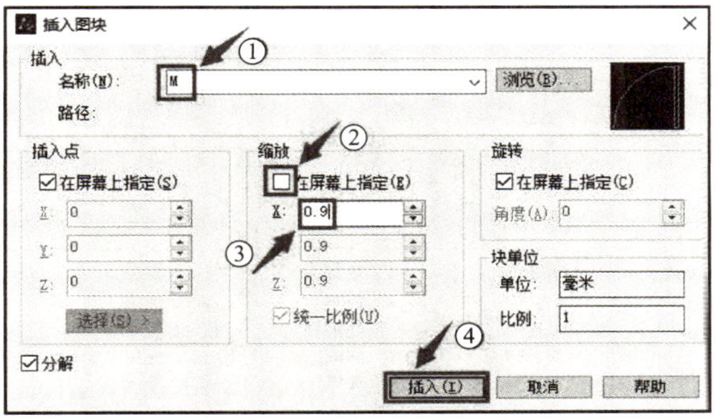

图 3.5.7 "插入图块"对话框

（4）在图 3.5.7 中③所指的格子内输入"0.9"。

（5）单击图 3.5.7 中④所指的"插入"按钮。

此时命令行提示：【指定块的插入点或［基点（B）/比例（S）/旋转（R）］:】

（6）单击绘图区要插入的位置。

（7）单击图 3.5.7 中④所指的"插入"按钮，即可在图形中插入门，完成门的插入后，如图 3.5.8 所示。

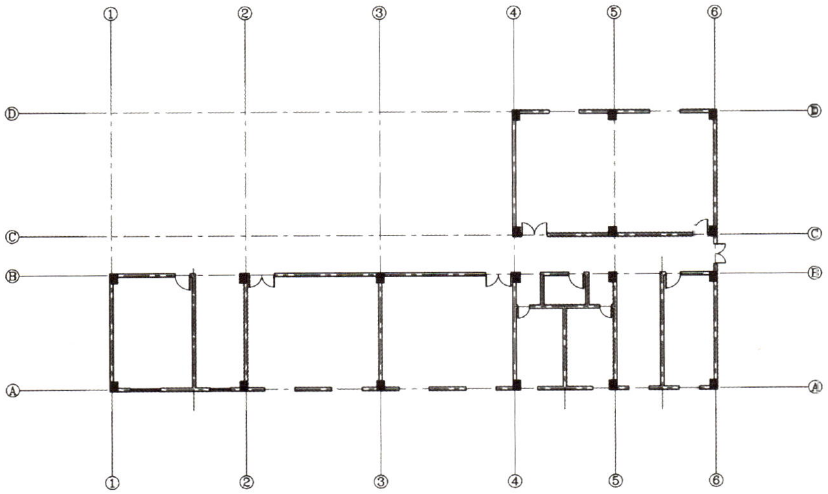

图 3.5.8 完成门的绘制

3.5.3　绘制窗户

1. 设置“窗户”多线样式

设置“窗户”多线样式的步骤同第 3.3.1 节设置“墙体”多线样式，样式名称设置为“窗户”。“窗户”多线样式参数如图 3.5.9 所示，并将“窗户”多线样式设为当前。

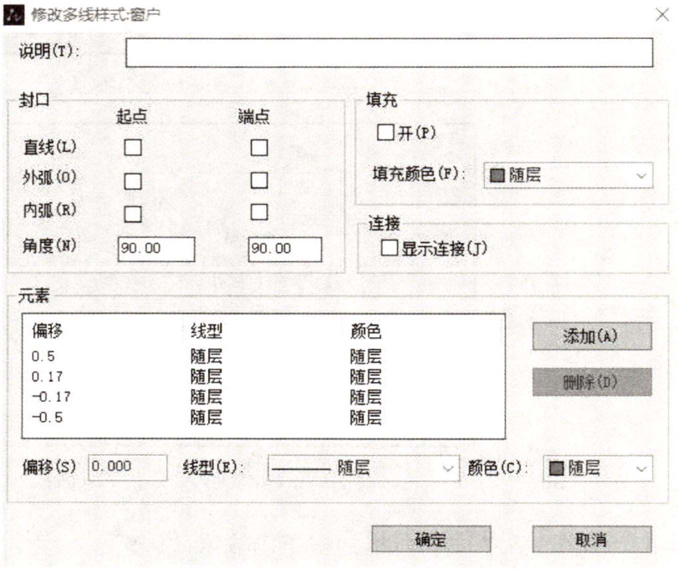

绘制窗户

图 3.5.9　“窗户”多线样式参数

2. 绘制窗户

用多线命令在窗户洞口处绘制窗户，步骤如下（附视频：绘制窗户）：

（1）在命令行中输入“ML”，然后按空格键，执行多线命令。

此时命令行提示：【当前设置：对正 = 上，比例 = 20.0000，样式 = 墙体

指定起点或［对正（J）/比例（S）/样式（ST）］：】

（2）输入“S”，然后按空格键。

此时命令行提示：【输入多线比例<20.0000>：】

（3）输入“200”，然后按空格键。

此时命令行提示：【当前设置：对正 = 上，比例 = 200.0000，样式 = 墙体

指定起点或［对正（J）/比例（S）/样式（ST）］：】

（4）输入“J”，然后按空格键。

此时命令行提示：【输入对正类型［上（T）/无（Z）/下（B）］<上>：】

（5）输入“Z”，然后按空格键。

此时命令行提示：【当前设置：对正 = 无，比例 = 200.0000，样式 = 墙体

指定起点或［对正（J）/比例（S）/样式（ST）］：】

（6）将光标移至窗户洞口边缘，当捕捉到洞口与轴线交点时单击。

此时命令行提示：【指定下一点】

（7）将光标移至窗户洞口另一端，当捕捉到洞口与轴线交点时单击，然后按空格键结束多线命令。重复以上步骤完成其余窗户绘制，窗户绘制完成后如图 3. 5. 10 所示。

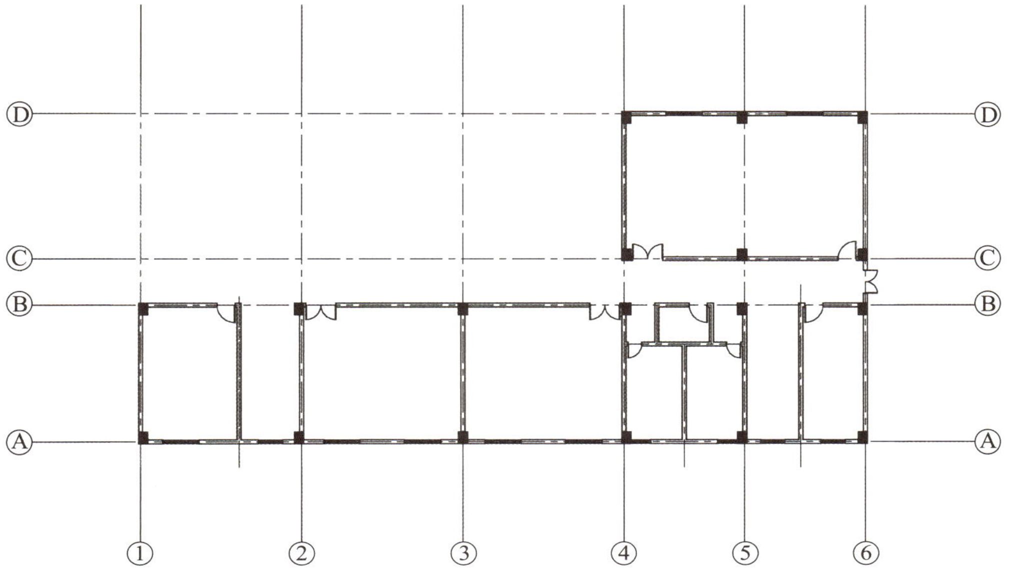

图 3. 5. 10　完成窗户的绘制

3. 6　绘制楼梯和其他

3. 6. 1　绘制楼梯

绘制楼梯

1. 绘制辅助线

用偏移命令把Ⓑ轴向下偏移 2330，得到一条辅助线用来定位楼梯起步位置，步骤如下：

（1）在命令行输入“O”，然后按空格键，执行偏移命令。

此时命令行显示：【指定偏移距离或［通过（T）/擦除（E）/图层（L）］】

（2）输入“2330”，然后按空格键。

此时命令行显示：【选择要偏移的对象或［放弃（U）/退出（E）］〈退出〉:】

（3）单击Ⓑ号轴线，然后在Ⓑ号轴线下方区域单击，按空格键，完成偏移命令，得到一条辅助线用以定位楼梯起步位置。

2. 绘制踏步

用直线和偏移命令绘制踏步线，步骤如下：

（1）将“楼梯”图层设置为当前图层。

（2）在命令行中输入“L”，然后按空格键，执行直线命令。

此时命令行提示：【指定第一个点:】

（3）光标移至步骤（1）所绘制的辅助线与楼梯间左侧墙线相交处，当鼠标捕捉到交点时，单击。

此时命令行提示：【指定下一点或［角度（A）/长度（L）/放弃（O）］:】

（4）将鼠标水平往左移动后，输入“1400”，然后按空格键。

此时命令行提示：【指定下一点或［角度（A）/长度（L）/放弃（O）］:】

（5）再次按空格键，结束命令，完成第一条踏步线的绘制。

（6）在命令行输入“O”，然后按空格键，执行偏移命令。

此时命令行显示：【指定偏移距离或［通过（T）/擦除（E）/图层（L）］】

（7）输入“270”，然后按空格键。

此时命令行显示：【选择要偏移的对象或［放弃（U）/退出（E）］〈退出〉:】

（8）单击绘制好的第一条踏步线，然后在第一条踏步线下方区域单击。

此时命令行显示：【选择要偏移的对象或［放弃（U）/退出（E）］〈退出〉:】

（9）单击绘制好的第二条踏步线，然后在第二条踏步线下方区域单击，重复此步骤，直至绘制出 7 条踏步线，然后按空格键，结束偏移命令。绘制完成后如图 3.6.1 所示。

3. 绘制扶手

将步骤（1）中所绘制辅助线向上偏移 100，得到扶手起步位置的定位线，然后用直线命令绘制出扶手的左侧轮廓线；再用偏移命令将左侧轮廓线向右偏移 60，得到扶手的右侧轮廓线；删除辅助线后用直线命令将扶手上方开口封闭，最后用修剪命令将被扶手遮挡的踏步线进行修剪。完成绘制后如图 3.6.2 所示。

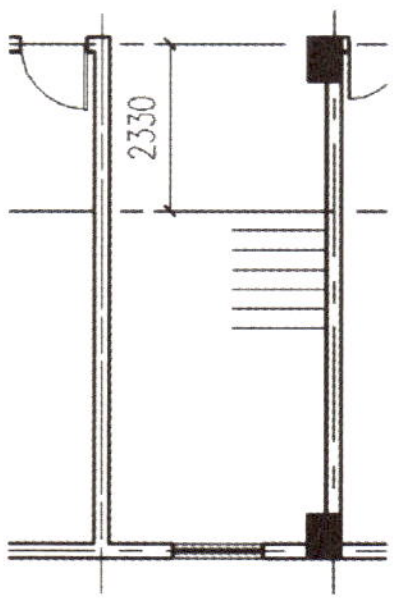

图 3.6.1　绘制 7 条踏步线

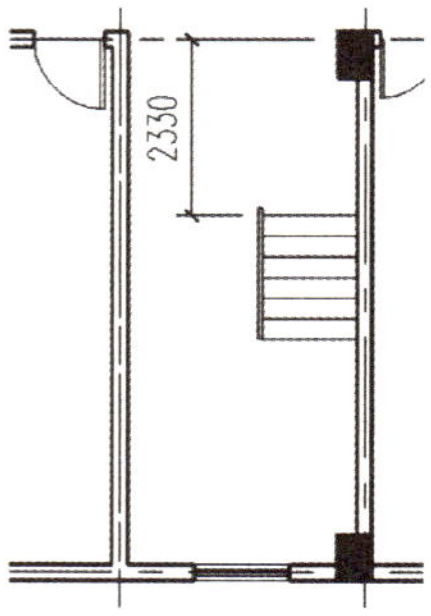

图 3.6.2　完成扶手绘制

4. 绘制折断线

用扩展工具绘制折断线，步骤如下：

（1）单击菜单栏中“扩展工具”→“绘图工具”→“折断线”。

此时命令行提示【块=BRKLINE. DWG，块尺寸=1，延伸距=1. 25

指定折线起点或［块（B）/尺寸（S）/延伸（E）］:】

（2）输入“S”，然后按空格键。

此时命令行提示【折线符号尺寸<1. 0000>:】

（3）输入“100”，然后按空格键。

此时命令行提示【块=BRKLINE. DWG，块尺寸=100，延伸距=1. 25

指定折线起点或［块（B）/尺寸（S）/延伸（E）］:】

（4）光标移至第七条踏步线，当鼠标捕捉到其左端点时单击。

此时命令行提示【指定折线终点:】

（5）光标移至第四条踏步线，当鼠标捕捉到其右端点时单击。

此时命令行提示【指定折线符号的位置<中点（M）>:】

（6）光标移至折线，当鼠标捕捉到其中点时，单击，完成折断线绘制如图 3.6.3 所示。

5. 修剪踏步及扶手

用修剪或删除命令将折断线以下多余的图线进行修剪或删除，完成 1 号楼梯绘制，如图 3.6.4 所示。2 号楼梯绘制方法同 1 号楼梯。

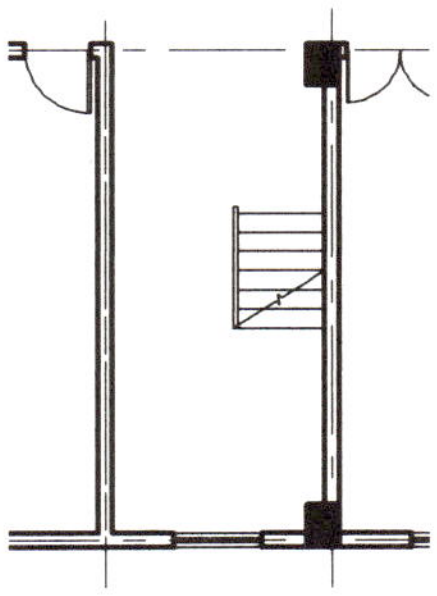

图 3.6.3　完成折断线绘制

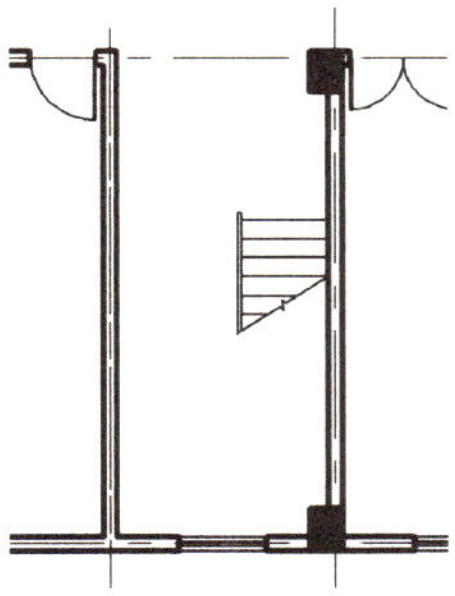

图 3.6.4　完成修剪

3.6.2　绘制台阶和坡道

用直线、偏移等命令完成台阶和坡道的绘制，用矩形命令完成坡道扶手绘制，步骤略，完成绘制后如图 3.6.5 所示。

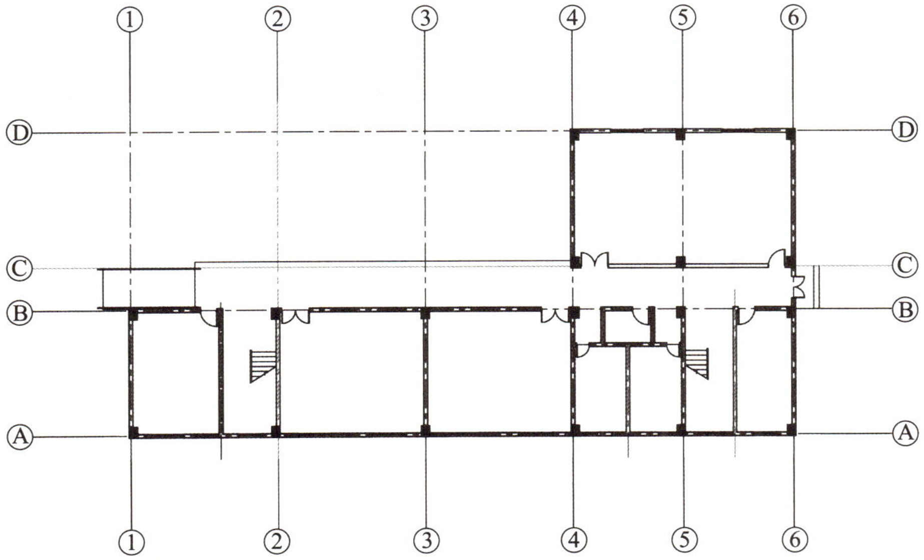

图 3.6.5　完成楼梯、台阶、坡道绘制

3.7 标注文字和尺寸

3.7.1 文字标注

标注房间名称

1. 设置文字样式

利用“格式”菜单中的“文字样式”设置样式名为“汉字”的文字样式，步骤如下：

（1）单击菜单栏中的“格式”→“文字样式”，弹出“文字样式管理器”对话框，如图 3.7.1 所示。

（2）单击“新建”按钮，弹出“新文字样式”对话框，如图 3.7.2 所示。

（3）在“样式名称”中输入“汉字”，然后单击“确定”按钮。

（4）在“文字样式管理器”中，宽度因子输入“0.7”；文本字体的“名称”中选择“宋体”，然后单击“应用”按钮，再单击“确定”按钮，完成“汉字”文字样式的设置。

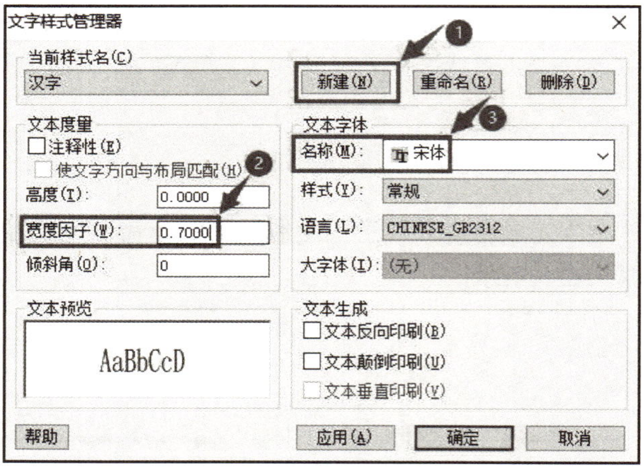

图 3.7.1 “文字样式管理器”对话框

图 3.7.2 “新文字样式”对话框

2. 标注房间名称

利用单行文字命令完成房间名称的注写，步骤如下：

（1）将“标注”图层设为当前图层。

（2）在命令行中输入“DT”，然后按空格键，执行单行文字命令。

此时命令行提示：【当前文字样式：“汉字” 文字高度：2.5000 注释性：否

指定文字的起点或［对正（J）/样式（S）］：】

（3）在任一房间适当位置单击。

此时命令行提示【指定文字高度<2.5000>：】

（4）输入“300”，然后按【Enter】键。

此时命令行提示【指定文字的旋转角度<0>：】

（5）直接按【Enter】键，然后用键盘输入“活动室”。

（6）连续按两次【Enter】键，完成房间名称标注，用同样步骤完成其余房间名称标注。标注完成后如图 3.7.3 所示。

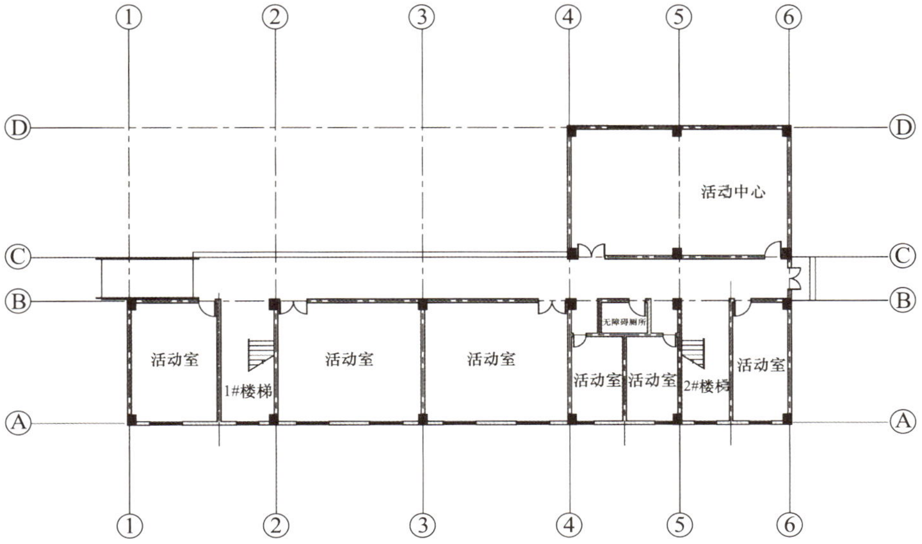

图 3.7.3　完成房间名称标注

3.7.2　尺寸标注

设置标注样式

1. 设置样式名为“100”的标注样式

利用“格式”菜单中的“尺寸样式”设置样式名为“100”的标注样式，步骤如下：

（1）单击菜单栏中的“格式”→“标注样式”，弹出“标注样式管理器”对话框，如图 3.7.4 所示。

（2）单击“新建”按钮，弹出“新建标注样式”对话框，如图 3.7.5 所示。

（3）在“新样式名”中输入“100”，然后单击“继续”按钮，弹出“新建标注样式”对话框，如图 3.7.6 所示，在“标注线”选项卡中按图 3.7.6 所示参数进行设置。

（4）“符号和箭头”选项卡的参数可参照图 3.7.7 所示参数进行设置。

（5）“文字”的设置，首先单击图 3.7.8 中②所指的按钮，弹出“文字样式管理

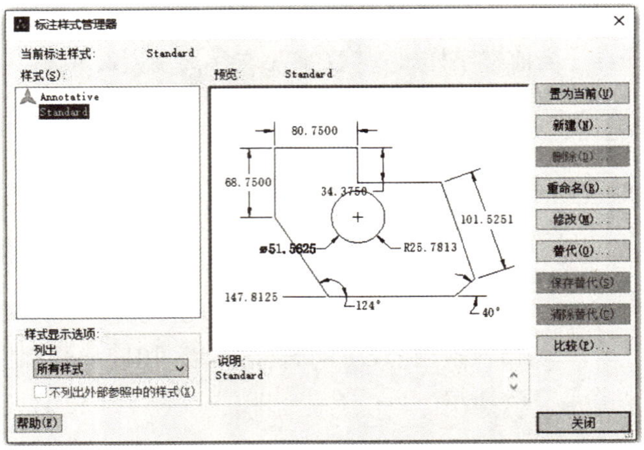

图 3.7.4　“标注样式管理器”对话框

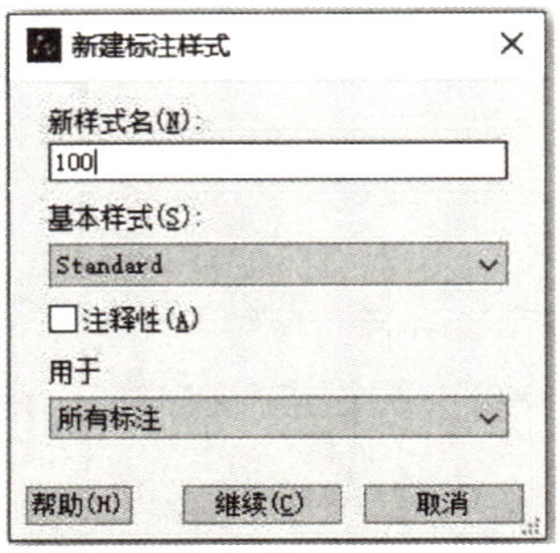

图 3.7.5　“新建标注样式”对话框

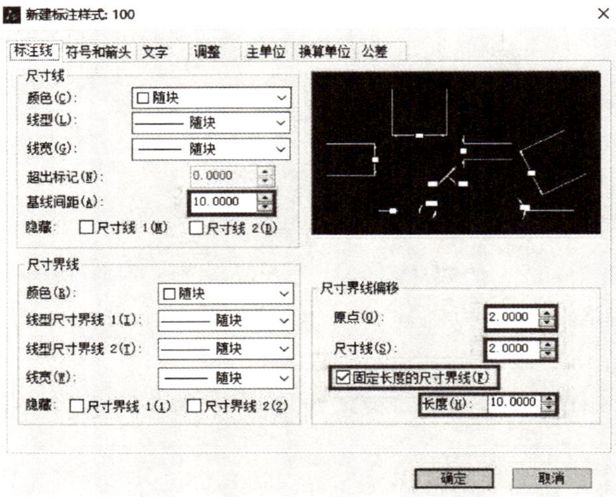

图 3.7.6　“新建标注样式”对话框（“标注线”设置）

器”对话框，新建“数字”文字样式，“数字”样式参数设置如图 3.7.9 所示，参数设置完成后，单击“确定”按钮。

（6）单击图 3.7.8 中③所指方框右侧小箭头，选择设置好的“数字”样式，并将

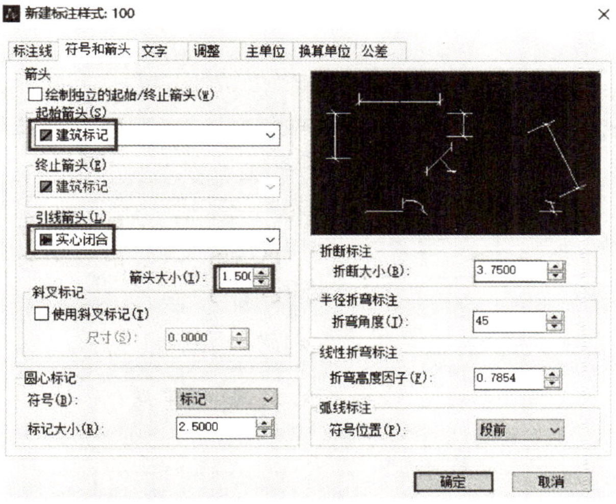

图 3.7.7 “符号和箭头”设置

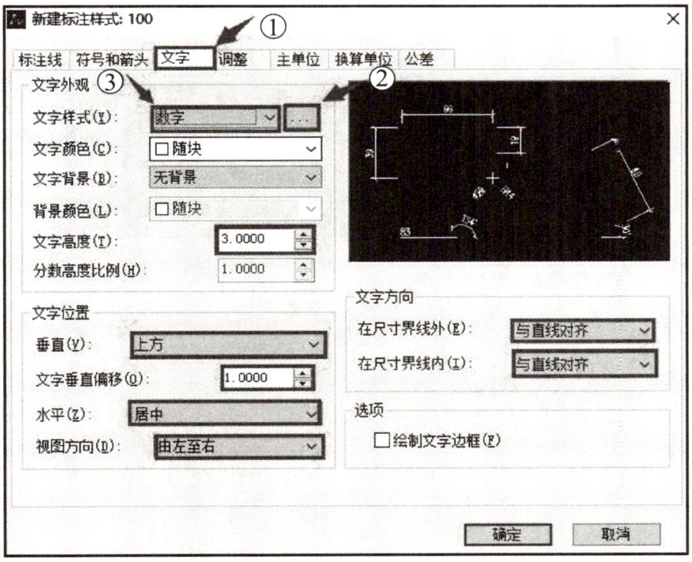

图 3.7.8 “文字”设置

其余参数按图 3.7.8 所示进行设置。

（7）“调整”选项卡中“使用全局比例”输入“100”，其余参数按图 3.7.10 所示进行设置。

（8）“主单位”选项卡中“精度”选择“0”，如图 3.7.11 所示。

（9）其余参数均使用默认参数即可，设置完成后单击“确定”按钮，完成标注样式设置。

2. 标注外部尺寸

标注尺寸

用线性标注、基线标注和连续标注命令完成外部尺寸标注，尺寸

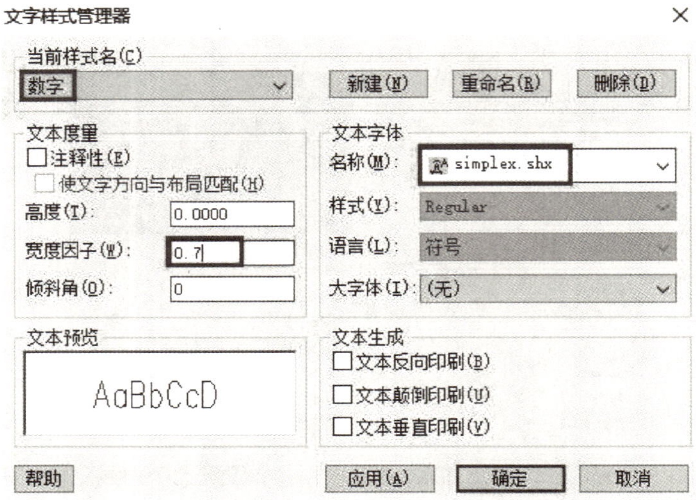

图 3.7.9 “数字”文字样式设置

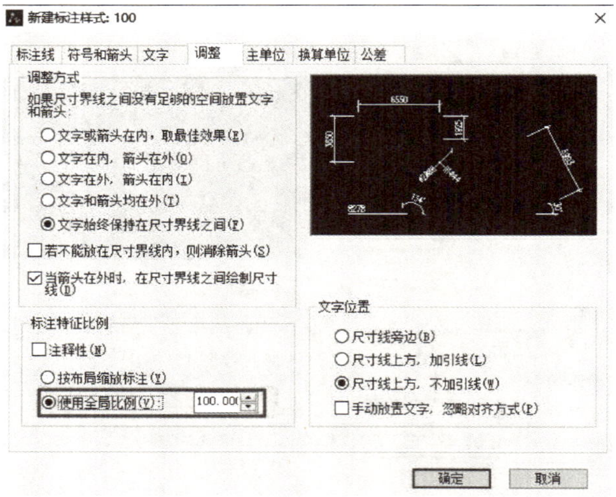

图 3.7.10 “调整”设置

标注过程保持对象捕捉打开状态，步骤如下：

（1）将“标注”图层设为当前图层，在命令行中输入“DLI”，然后按空格键，执行线性标注命令。

此时命令行显示：【指定第一条尺寸界线原点或<选择对象>:】

（2）光标移至①轴与下方第一根柱子相交处，当对象捕捉到如图 3.7.12（a）所示交点时，单击。

此时命令行显示：【指定第二条尺寸界线原点:】

（3）光标往右移动至第一个窗洞口边缘，当对象捕捉到如图 3.7.12（b）所示垂足时，单击。

此时命令行显示：【指定尺寸线位置或［多行文字（M）/文字（T）/角度（A）/

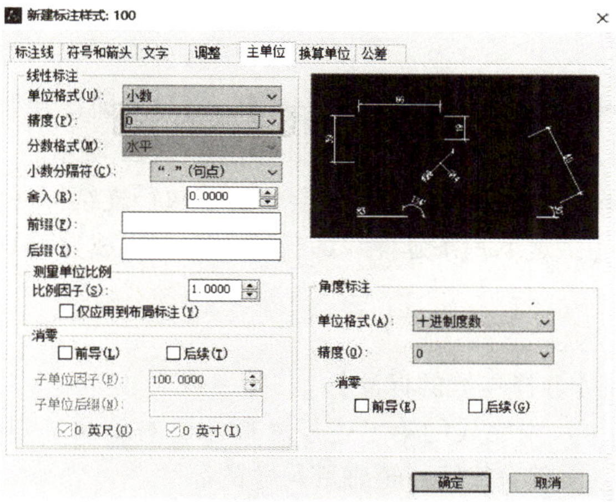

图 3. 7. 11 “主单位”设置

水平（HD）/垂直（V）/旋转（R）]:】

（4）光标移至适当位置单击，完成第一个尺寸标注，如图 3. 7. 12（c）所示。

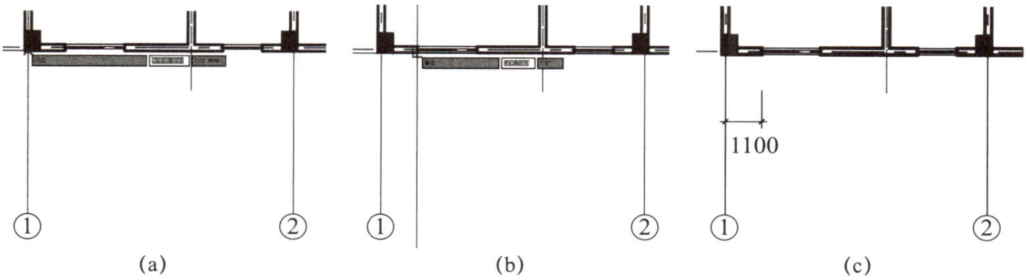

图 3. 7. 12 线性标注

（5）在命令行中输入“DBA”，然后按空格键，执行基线标注命令。

此时命令行提示：【指定下一条延伸线的起始位置或［放弃（U）/选取（S）］<选取>:】

（6）光标移至②轴下方与第一根柱子相交处，当对象捕捉到如图 3. 7. 13（a）所示交点时，单击。

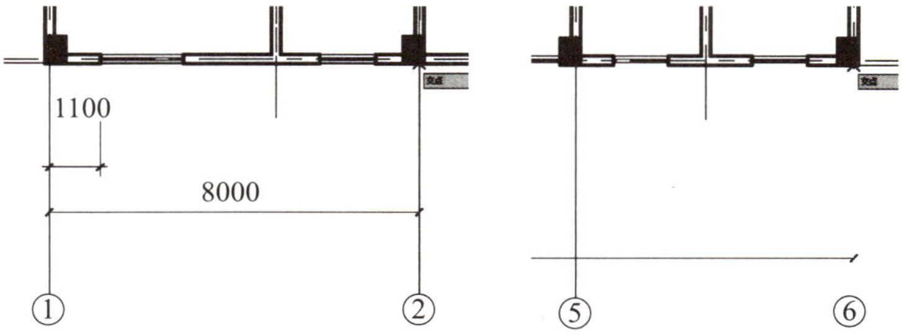

（a）基线标注第一点　（b）基线标注第二点

图 3. 7. 13 基线标注对象捕捉点

此时命令行显示:【指定下一条延伸线的起始位置或［放弃（U）/选取（S）］<选取>:】

（7）光标移至⑥轴下方与第一根柱子相交处，当对象捕捉到如图 3.7.13（b）所示交点时，单击，然后按空格键完成基线标注，如图 3.7.14 所示。

（8）在命令行中输入“DCO”，然后按空格键，执行连续标注命令。

此时命令行显示【指定下一条延伸线的起始位置或［放弃（U）/选取（S）］<选取>:】

（9）输入“S”，然后按空格键。

此时命令行显示:【选择连续的标注】

（10）单击步骤（4）中完成的第一道尺寸标注的右侧尺寸界线，然后逐个单击需要标注的点，最后按空格键完成第一道细部尺寸的标注。

（11）重复步骤（10）的方法标注完成第二道轴线尺寸的标注，如图 3.7.15 所示。

（12）其余外部尺寸的标注重复以上步骤（1）~（11），完成后如图 3.7.16 所示。

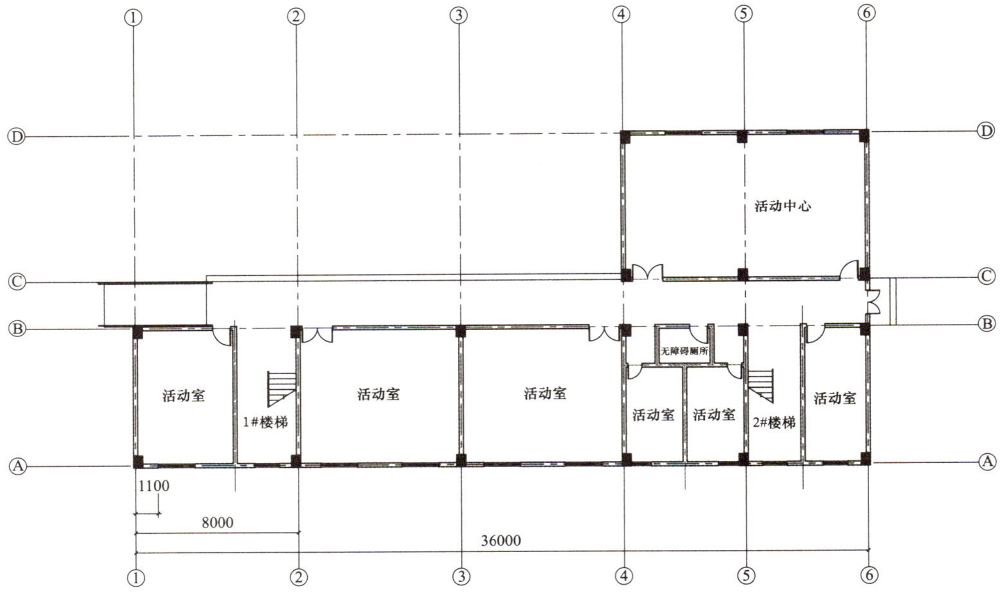

图 3.7.14 完成基线标注

3. 标注坡道栏杆尺寸

用线性标注和连续标注命令完成栏杆尺寸标注，步骤如下：

（1）在命令行中输入“DLI”，然后按空格键，执行线性标注命令。

此时命令行显示【指定第一条尺寸界线原点或<选择对象>:】

（2）鼠标移至栏杆起点处，当对象捕捉到栏杆端点时，单击。

此时命令行显示:【指定第二条尺寸界线原点:】

（3）鼠标移至第一个尺寸的终点，单击。

（4）在命令行中输入“DCO”，然后按空格键，执行连续标注命令；然后逐点单击需要标注的点，最后按空格键，完成栏杆尺寸标注，如图 3.7.17 所示。

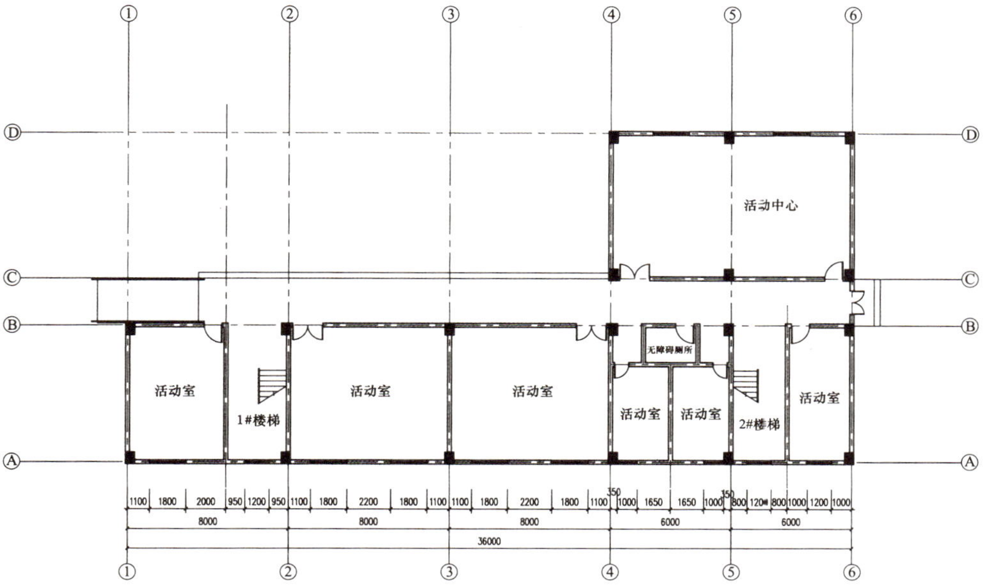

图 3.7.15　完成下方外部尺寸标注

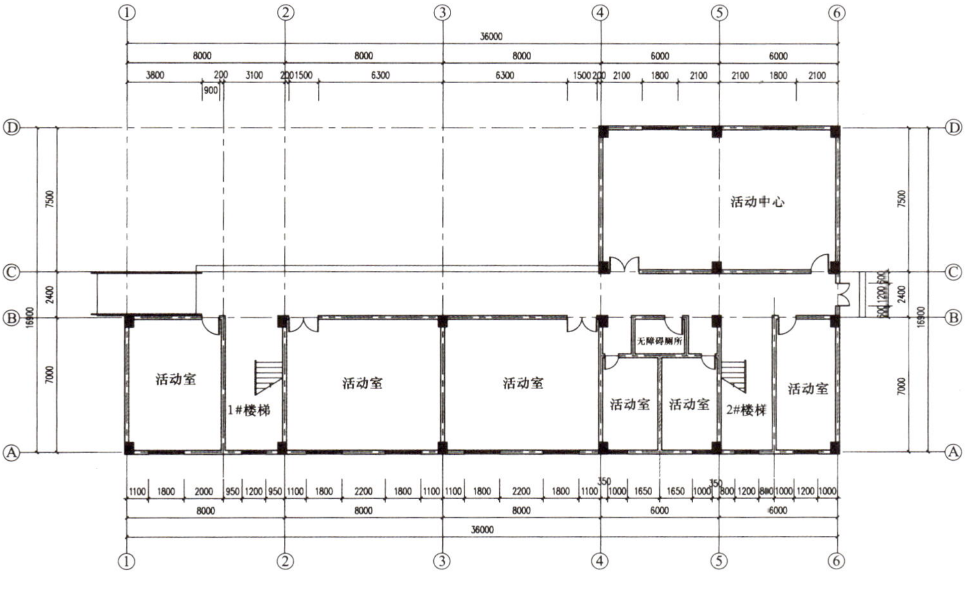

图 3.7.16　完成所有外部尺寸标注

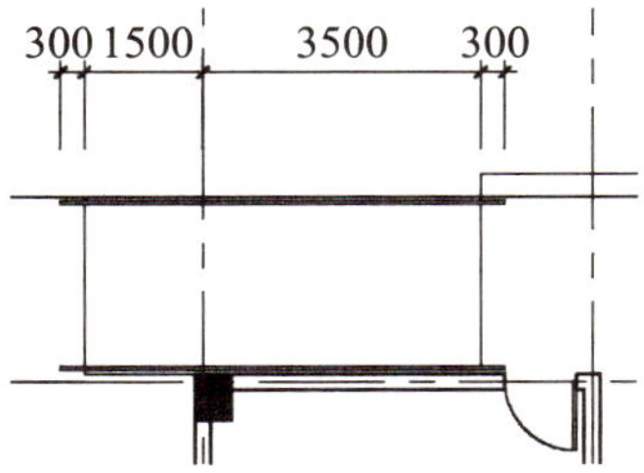

图 3.7.17　完成栏杆尺寸标注

3.8　标注符号和图名

3.8.1　绘制指北针

绘制指北针

保持对象捕捉、对象捕捉追踪、正交模式打开状态，用圆和多段线命令绘制指北针，步骤如下：

（1）将“标注”图层置为当前图层。

（2）在命令行中输入“C”，然后按空格键，执行圆命令，绘制半径为 1200 的圆。

（3）在命令行中输入“PL”，然后按空格键，执行多段线命令。

此时命令行提示【指定多段线的起点或<最后点>:】

（4）对象捕捉绘制好的圆的圆心，再用对象捕捉追踪如图 3. 8. 1 所示的交点，单击。

此时命令行提示【指定下一点或［圆弧（A）/半宽（H）/长度（L）/撤销（U）/宽度（W）］:】

（5）输入“W”，然后按空格键。

此时命令行提示【指定起始宽度<0. 0000>:】

（6）输入“300”，然后按空格键。

此时命令行提示【指定终止宽度<0. 0000>:】

（7）输入“0”，然后按空格键。

此时命令行提示【指定下一点或［圆弧（A）/半宽（H）/长度（L）/撤销（U）/宽度（W）］:】

（8）光标垂直向上移动后，当捕捉到垂足时，如图 3. 8. 2 所示，单击，然后按空格键。

（9）用单行文字（DT）命令，“汉字”样式，字高 500，注写“北”字，完成指北针绘制，如图 3. 8. 3 所示。

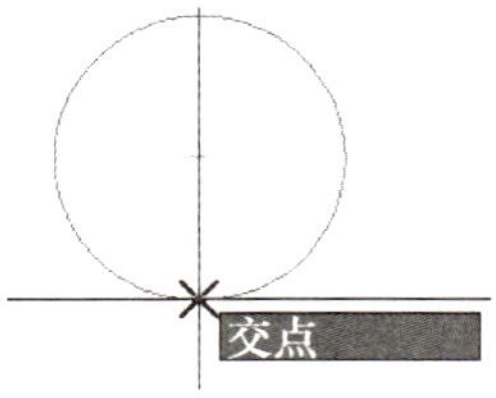

图 3. 8. 1　对象捕捉交点

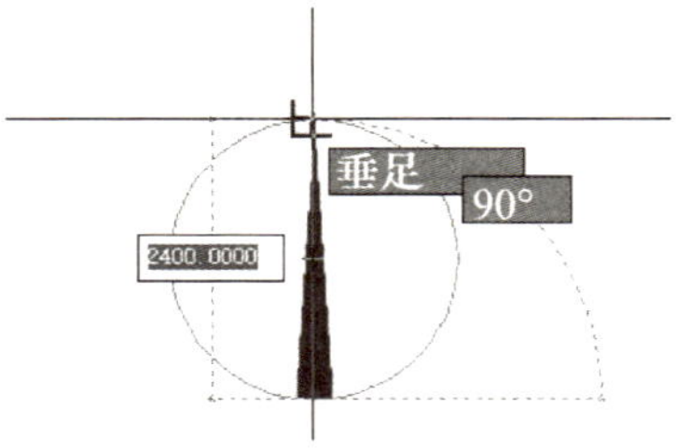

图 3. 8. 2　对象捕捉垂足

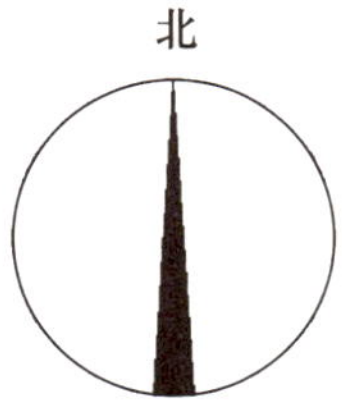

图 3. 8. 3　指北针

3.8.2　绘制剖切符号

绘制剖切符号

保持正交模式打开状态，用多段线命令绘制剖切符号，绘制步骤如下：

（1）将标注图层置为当前图层。

（2）在命令行中输入“PL”，然后按空格键，执行多段线命令。

此时命令行提示【指定多段线的起点或<最后点>:】

（3）在平面图上方，剖切符号所要剖切的位置单击。

此时命令行提示【指定下一点或［圆弧（A）/半宽（H）/长度（L）/撤销（U）/宽度（W）］:】

（4）输入“W”，然后按空格键。

此时命令行提示【指定起始宽度<0.0000>:】

（5）输入“50”，然后按空格键。

此时命令行提示【指定终止宽度<50.0000>:】

（6）输入“50”，然后按空格键。

此时命令行提示【指定下一点或［圆弧（A）/半宽（H）/长度（L）/撤销（U）/宽度（W）］:】

（7）光标水平向左移动后，输入 600，然后按空格键。

此时命令行提示【指定下一点或［圆弧（A）/半宽（H）/长度（L）/撤销（U）/宽度（W）］:】

（8）光标垂直向下移动后，输入 1000，然后按两次空格键结束多线命令。

（9）用单行文字（DT），“汉字”样式，字高 500，注写剖切编号“1”，完成后如图 3.8.4 所示。

图 3.8.4　剖切符号

（10）用镜像命令，完成另一侧剖切符号的绘制。

3.8.3　绘制箭头

用多段线命令绘制楼梯箭头，绘制过程应将对象捕捉和正交模式打开，步骤如下：

绘制箭头

（1）在命令行中输入“PL”，然后按空格键，执行多段线命令。

此时命令行提示【指定多段线的起点或<最后点>:】

（2）光标移至第四条踏步线，当鼠标捕捉到其中某点时单击。

此时命令行提示【指定下一点或［圆弧（A）/半宽（H）/长度（L）/撤销（U）/宽度（W）］:】

（3）输入“W”，然后按空格键。

此时命令行提示【指定起始宽度<0.0000>:】

（4）输入“0”，然后按空格键。

此时命令行提示【指定终止宽度<0.0000>:】

（5）输入“80”，然后按空格键。

此时命令行提示【指定下一点或［圆弧（A）/半宽（H）/长度（L）/撤销（U）/宽度（W）］:】

（6）光标垂直向上移动后，输入“300”，然后按空格键。

此时命令行提示【指定下一点或［圆弧（A）/半宽（H）/长度（L）/撤销（U）/宽度（W）］:】

（7）输入“W”，然后按空格键。

此时命令行提示【指定起始宽度<80>:】

（8）输入“0”，然后按空格键。

此时命令行提示【指定终止宽度<0.0000>:】

（9）输入“0”，然后按空格键。

此时命令行提示【指定下一点或［圆弧（A）/半宽（H）/长度（L）/撤销（U）/宽度（W）］:】

（10）光标垂直向上移动至第一条踏步线上方后单击，然后按空格键完成箭头绘制，如图 3.8.5 所示。

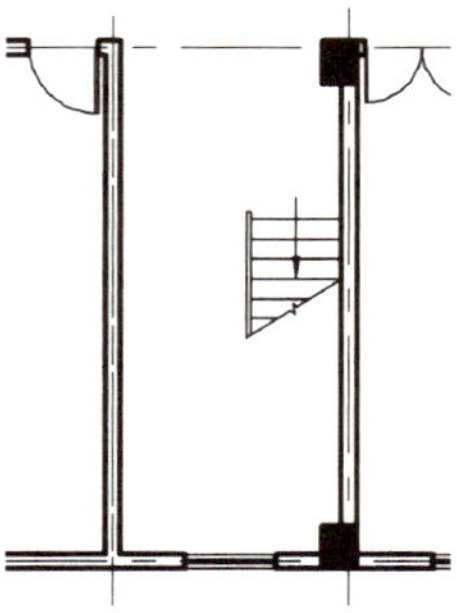

图 3.8.5　完成楼梯箭头绘制

3.8.4　绘制标高符号

绘制标高符号

用圆和多段线命令完成标高符号的绘制，绘制过程中对象捕捉、对象捕捉追踪保持打开状态，步骤如下：

（1）在命令行中输入“C”，然后按空格键，执行“圆”命令。

（2）输入“300”，然后按空格键，绘制一个半径为 300 的圆。

（3）在命令行输入“PL”，然后按空格键，执行“多段线”命令。

（4）将光标靠近圆心，当对象捕捉到圆心时，水平往右对象捕捉追踪，追踪到如图 3.8.6（a）所示交点时，单击。

（5）将光标靠近圆心，当对象捕捉到圆心时，垂直向下对象捕捉追踪，当追踪到如图 3.8.6（b）所示交点时，单击。

（6）将光标靠近圆心，当对象捕捉到圆心时，水平向左对象捕捉追踪，当追踪到如图 3.8.6（c）所示交点时，单击。

（7）按【F8】键，打开“正交模式”后，将光标水平向右移动。

（8）输入“1800”，然后按空格键，结束多段线命令，最后删除圆完成标高符号绘制。

（9）用单行文字（DT）命令，“数字”样式，字高 300，注写±0. 000（输入文字内容为“%%p”时自动转换为“±”符号），完成后如图 3. 8. 6（d）所示。

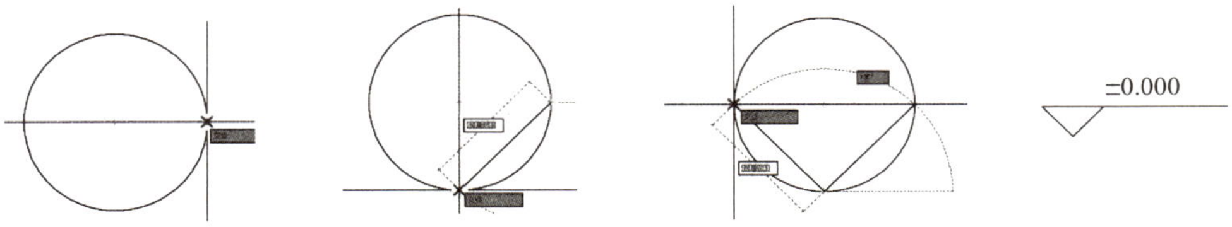

(a)　(b)　(c)　(d)

图 3. 8. 6　标高符号

3. 8. 5　标注图名

图名标注

用单行文字注写图名和比例，图名文字样式为汉字，字高为 700，比例文字样式为数字，字高为 500；用多段线命令绘制图名下方的粗实线，线宽为 50，步骤略。最后将门窗编号标注完成后如图 3. 8. 7 所示。

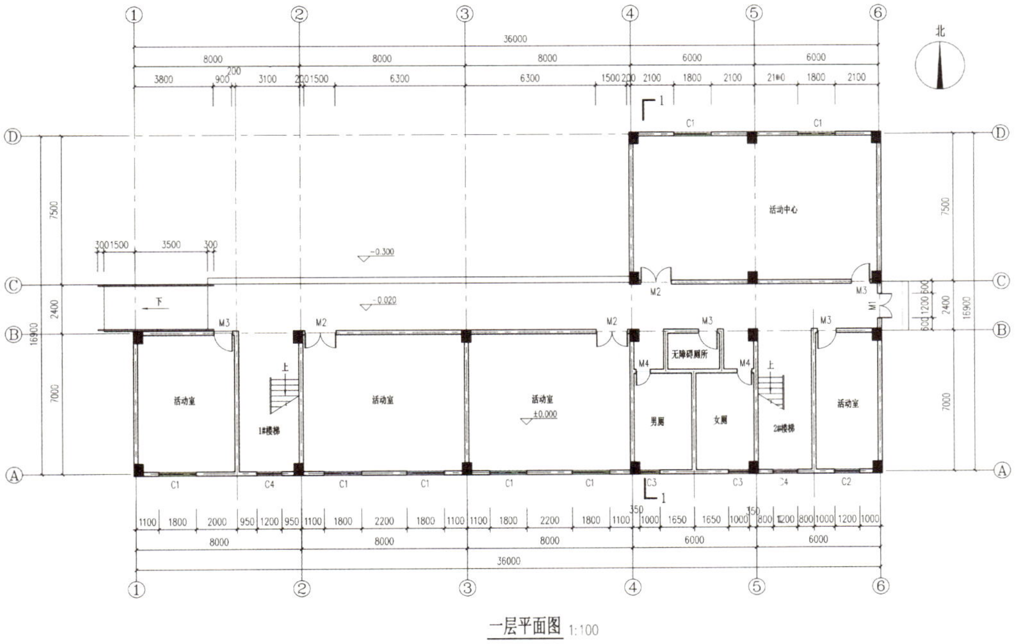

图 3. 8. 7　一层平面图

教学单元 4　建筑立面图绘制

注：本章绘图步骤均在“ZWCAD 经典”工作空间下进行绘制。

4.1　设置图层

建筑立面图可以直接在已完成的平面图文件内绘制，也可以新建一个文件进行绘制。本节介绍直接在平面图文件内绘制立面图。立面图图层设置，可在平面图所建图层的基础上，新增轮廓线、立面装饰等图层。新增图层要求如表 4.1.1 所示，图层的创建与调用方法同 3.1 节。

表 4.1.1　立面图新增图层

图层名称	颜色	线型	线宽
辅助线	251	连续	0.25
轮廓线	白	连续	0.50
立面装饰	23	连续	0.25

4.2　绘制轴线和辅助线

4.2.1　绘制轴线

立面图的轴线可直接从已绘制的平面图中复制，步骤如下。

（1）将轴线层设为当前图层，按【F8】键打开“正交”模式。

（2）在命令行中输入“CO”，然后按空格键，执行复制命令。

此时命令行提示：【选择对象：】

（3）选中一层平面图中的①轴～⑥轴的轴线以及①轴、⑥轴的标注圆，然后按空格键。

此时命令行提示：【指定基点或［位移（D）/模式（O）］<位移>：】

（4）将光标靠近①轴下端点，当捕捉到①轴下端点时，单击该端点。

此时命令行提示：【指定第二点的位移或者<使用第一点当作位移>：】

（5）将光标垂直向下移至一层平面图下方恰当位置时，单击，完成轴线绘制，如图 4. 2. 1 所示。

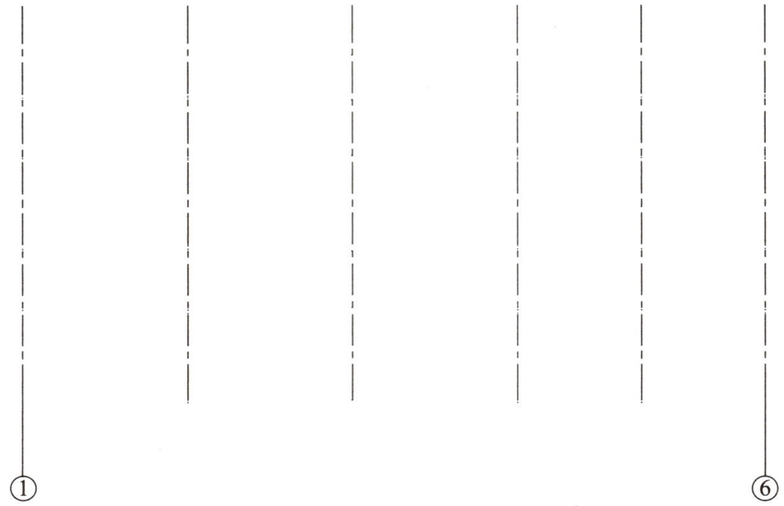

图 4. 2. 1　立面图轴线

4. 2. 2　绘制辅助线

绘制立面图时，高度方向应绘制辅助线，步骤如下：

（1）将“辅助线”图层设置为当前图层并保持“正交”模式打开。

（2）在命令行中输入“L”，执行直线命令，然后按空格键。

此时命令行提示：【指定第一个点：】

（3）在 1 轴左下方恰当位置单击。

此时命令行提示：【指定下一点或［角度（A）/长度（L）/放弃（O）］：】

（4）将鼠标水平往右移动后，输入“40000”，然后按空格键。

此时命令行提示：【指定下一点或［角度（A）/长度（L）/放弃（O）］：】

（5）再次按空格键，结束命令。

（6）在命令行中输入“O”，然后按空格键，执行偏移命令。

此时命令行提示：【指定偏移距离或［通过（T）/擦除（E）/图层（L）］：】

（7）输入“3300”，然后按空格键。

此时命令行提示：【选择要偏移的对象或［放弃（U）/退出（E）］：】

（8）单击步骤（5）绘制好的辅助线。

此时命令行提示：【指定目标点或［退出（E）/多个（M）/放弃（U）］：】

（9）在第一根辅助线上方任意位置单击。

此时命令行提示：【选择要偏移的对象或［放弃（U）/退出（E）］：】

（10）按的空格键，结束命令。

（11）重复偏移命令绘制出其余辅助线，偏移距离为各楼层层高，辅助线绘制完成后如图 4. 2. 2 所示。

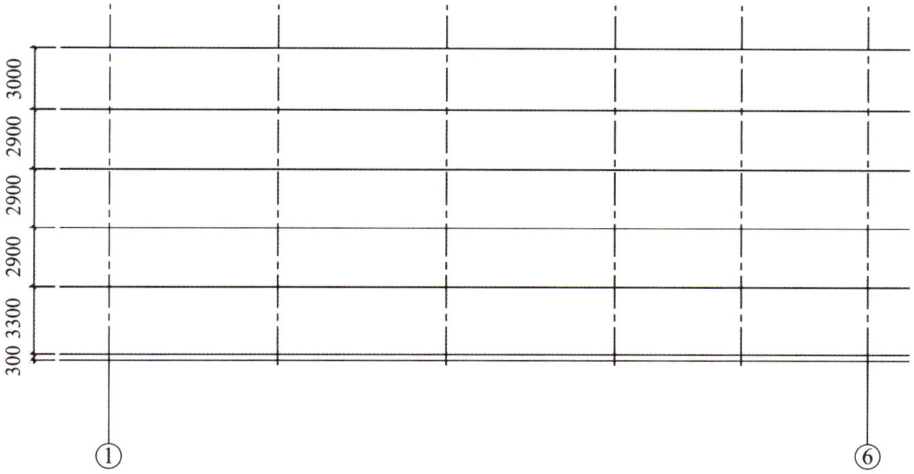

图 4. 2. 2　立面图辅助线

4. 3　绘制地坪线和外轮廓线

4. 3. 1　绘制地坪线

绘制地坪线和外轮廓线

用多段线命令绘制地坪线，并将线宽设置为 70，步骤如下。

（1）将“轮廓线”图层设为当前图层。

（2）在命令行中输入“PL”，然后按空格键，执行多段线命令。

此时命令行提示【指定多段线的起点或<最后点>:】

（3）将光标移至下方第一根辅助线左侧端点处，当捕捉到第一根辅助线左端点时单击。

此时命令行提示【指定下一点或［圆弧（A）/半宽（H）/长度（L）/撤销（U）/宽度（W）］:】

（4）输入“W”，然后按空格键。

此时命令行提示【指定起始宽度<0. 0000>:】

（5）输入“70”，然后按空格键。

此时命令行提示【指定终止宽度<0. 0000>:】

（6）输入“70”，然后按空格键。

此时命令行提示【指定下一点或［圆弧（A）/半宽（H）/长度（L）/撤销（U）/宽度（W）］:】

(7) 光标水平向右移动后，输入“40000”，然后按两次空格键，完成地坪线绘制。

4.3.2 绘制外轮廓线

用多段线命令绘制外轮廓线，并将线宽设置为 50，步骤如下。

(1) 按【F11】键，打开“对象捕捉追踪”。

(2) 在命令行中输入“PL”，然后按空格键，执行多段线命令。

此时命令行提示【指定多段线的起点或<最后点>:】

(3) 将光标移至①轴与地坪线交点处，当捕捉到交点时，光标水平向左进行对象捕捉追后输入“100”，然后按空格键。

此时命令行提示【指定下一点或［圆弧（A）/半宽（H）/长度（L）/撤销（U）/宽度（W）］:】

(4) 输入“W”，然后按空格键。

此时命令行提示【指定起始宽度<0.0000>:】

(5) 输入“50”，然后按空格键。

此时命令行提示【指定终止宽度<0.0000>:】

(6) 输入“50”，然后按空格键。

此时命令行提示【指定下一点或［圆弧（A）/半宽（H）/长度（L）/撤销（U）/宽度（W）］:】

(7) 将光标垂直向上移动后，输入“13800”，然后按空格键。

(8) 根据图 4.3.1 所示外轮廓线尺寸继续完成剩余轮廓线绘制。

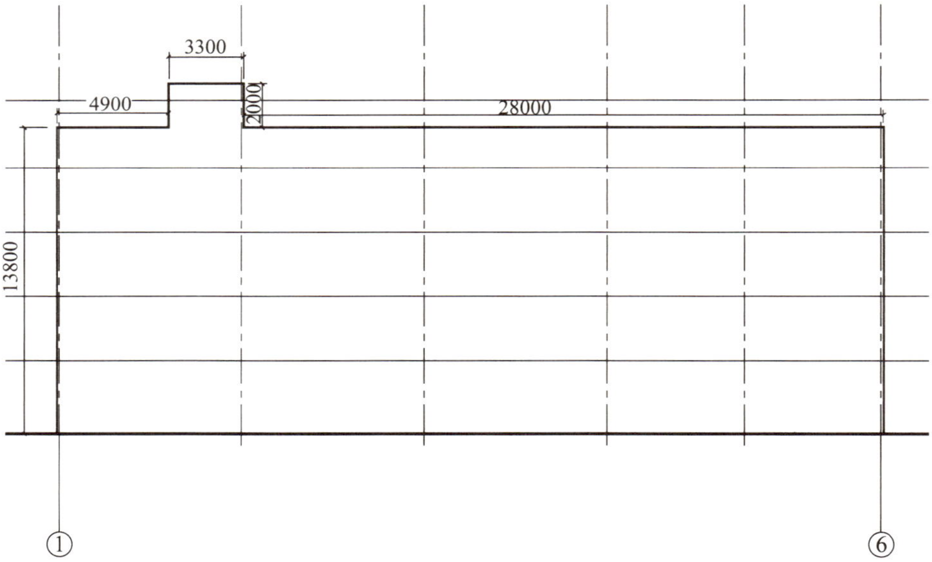

图 4.3.1 立面图地坪线及外轮廓线

4.4 绘制窗户

4.4.1 绘制窗户洞口

绘制窗户洞口

用“构造线”和“偏移”命令绘制出窗户洞口的位置（注：此步骤应保证平面图与立面图 Y 方向完全对齐，方能使用构造线定位窗户洞口位置），步骤如下：

（1）将“辅助线”层设置为当前图层。

（2）在命令行中输入“XL”，然后按空格键，执行“构造线”命令。

此时命令行提示：【指定构造线位置或［等分（B）/水平（H）/竖直（V）/角度（A）/偏移（O）］：】

（3）输入“V”，然后按空格键。

此时命令行提示【定位：】

（4）将光标移至一层平面图南面窗户洞口处，如图 4.4.1 所示，从左至右依次捕捉洞口端点位置，然后单击，最后按空格键，完成构造线绘制，如图 4.4.2 所示。

（5）用偏移命令将地坪线处辅助线向上偏移 900，二层楼面处辅助线向下偏移 650，如图 4.4.3 所示中的阴影处即为立面图中一层窗台为 900 的窗户洞口位置。

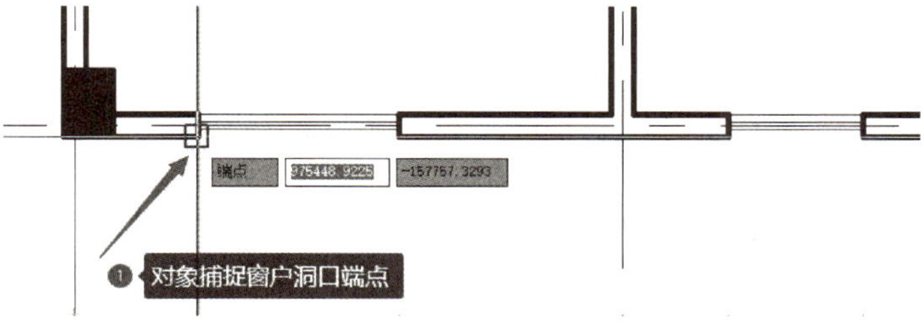

图 4.4.1　对象捕捉窗户洞口端点

4.4.2 绘制立面窗户

绘制立面窗户

绘制立面窗户步骤如下：

（1）将门窗图层设置为当前图层，根据图 4.4.4 所示详图尺寸用矩形、直线、偏移、修剪等命令绘制出 C1 立面图。

（2）将绘制好的 C1 立面图创建成块，块命名为“C1”，基点指定为 C1 左下角点。

（3）用插入块命令将 C1 块插入到图 4.4.3 所示对应 C1 窗洞位置，完成①~⑥立面图中 C1 的绘制。

（4）用以上同样方法绘制其余窗户，完成绘制后如图 4.4.5 所示。

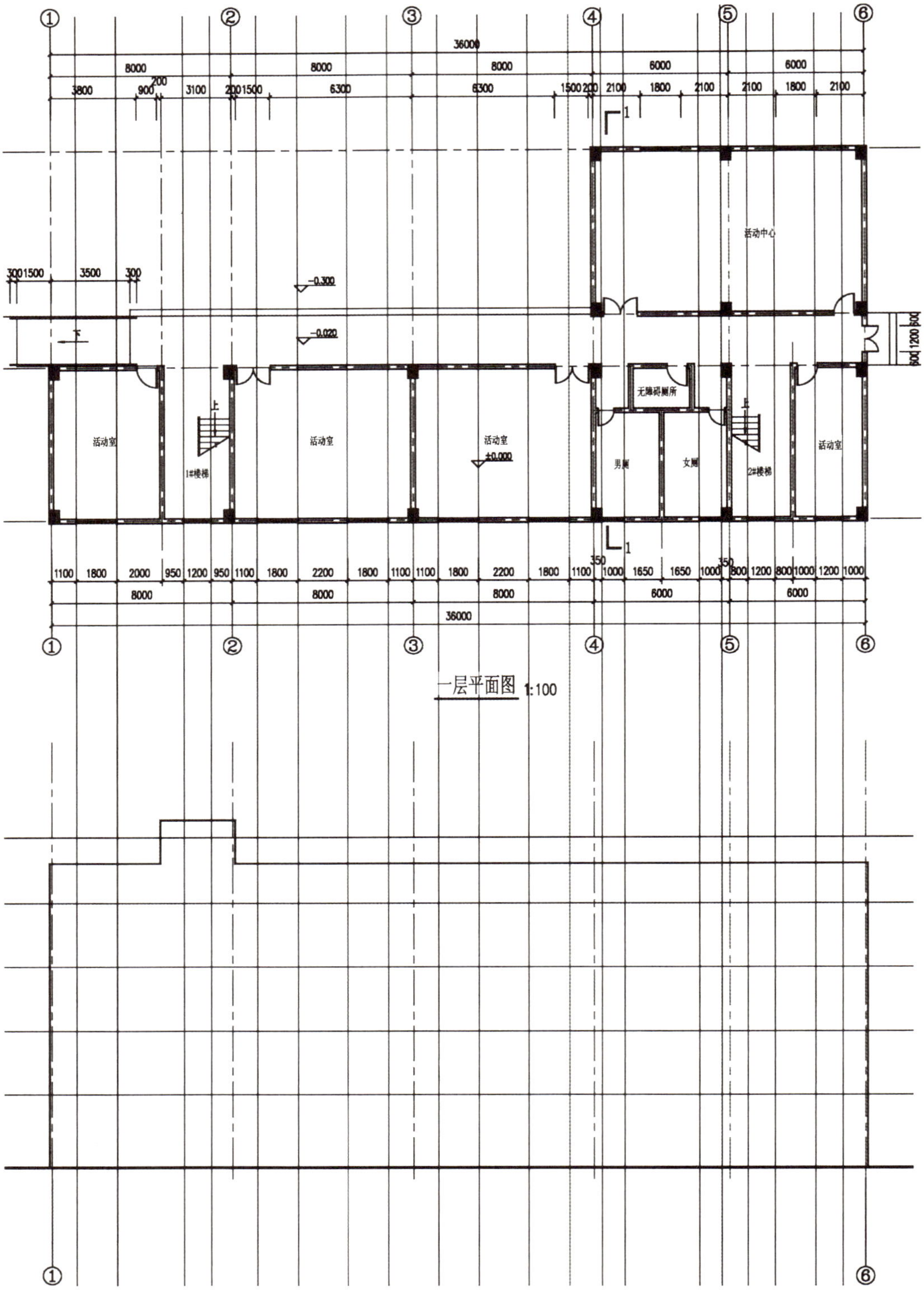

图 4.4.2　完成构造线绘制

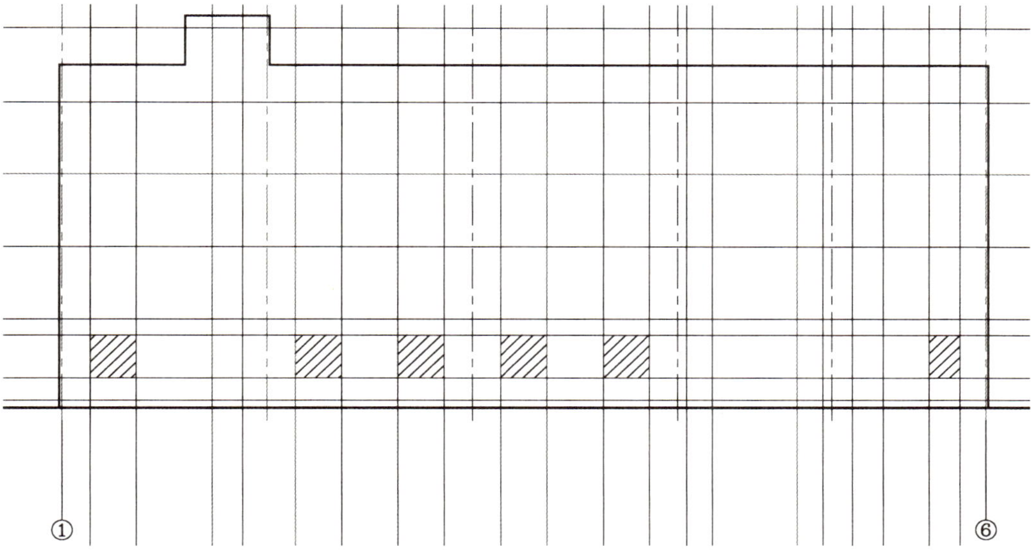

图 4.4.3　窗洞位置

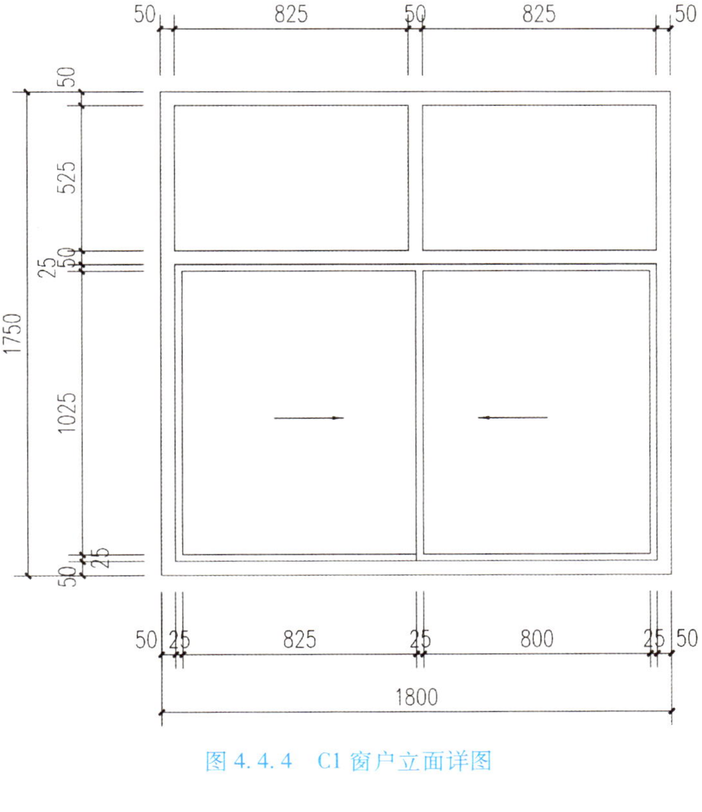

图 4.4.4　C1 窗户立面详图

图 4.4.5　完成①~⑥立面图窗户绘制

4.5　绘制立面装饰

4.5.1　绘制分隔线

绘制分隔线

用直线（L）命令在 900 高窗台处及窗洞顶部位置绘制分隔线，其余辅助线及轴线可删除并调整①轴、⑥轴的轴号圆圈位置，完成后如图 4.5.1 所示。

图 4.5.1　完成立面装饰分隔线绘制

4.5.2 填充立面装饰材料

用填充（H）命令，按照图示要求填充相应图案。“白色面砖”的外墙装饰采用填充图案选择“AR-SAND”，比例设为“5”；“米黄色面砖”的外墙装饰采用填充图案“APPIANRN”，比例设为“1”，立面装饰材料填充完成后如图 4.5.2 所示。

立面装饰材料填充

图 4.5.2 立面装饰材料填充

4.5.3 立面装饰材料注释

外墙装饰做法注释可用“引线”命令进行标注，步骤如下。

（1）将“标注”图层设为当前层，并将标注样式“100”置为当前。

（2）在命令行中输入“LE”，然后按空格键，执行引线命令。

立面装饰材料注释

此时命令行提示【指定第一个引线点或［设置（S）］<设置>:】

（3）输入“S”，此时将弹出“引线设置”对话框，按图 4.5.3 所示参数进行设置，设置完成后单击“确定”按钮。

此时命令行提示【指定第一个引线点或［设置（S）］<设置>:】

（4）单击需注释外墙装饰的填充区域。

此时命令行提示【指定下一点:】

（5）单击引线的位置。

此时命令行提示【指定下一点:】

（6）单击引线长度。

此时命令行提示【输入注释文字的第一行<多行文字>:】

（7）输入“白色面砖”，然后连续按两次【Enter】键结束引线命令。

（8）采用夹点编辑适当调整文字，其余外墙装饰注释重复引线标注命令即可，完成注释后如图 4. 5. 4 所示。

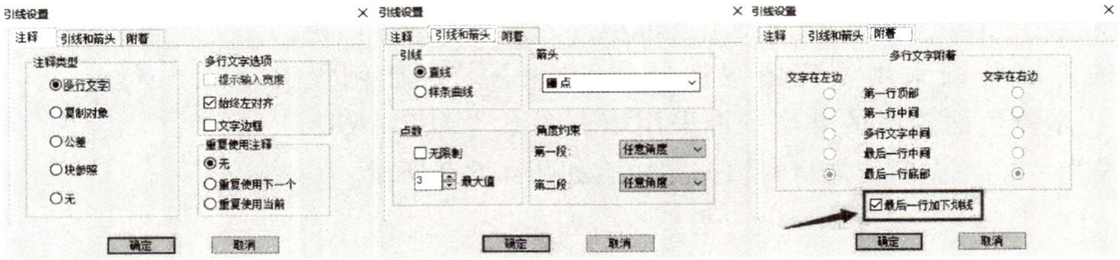

图 4. 5. 3　“引线设置”对话框

图 4. 5. 4　完成外墙装饰注释

4. 6　标注尺寸、图名和标高

4. 6. 1　标注尺寸

建筑立面图标注尺寸方法可参照 3. 7. 2 节进行标注，标注尺寸步骤如下。

（1）设置标注样式。

（2）按图 4. 7. 1 所示尺寸要求进行尺寸标注。

注：建筑立面图标注样式若与平面图一致，则无须新建标注样式，本工程标注直接采用平面图的尺寸标注样式“100”直接进行标注即可。

4. 6. 2　标注图名

标注图名可参照第 3. 8. 5 节进行标注，也可直接复制一层平面图的图名及比例，然后双击文字，把“一层平面图”改为“①~⑥立面图”即可。

4.6.3 标注标高

标高符号绘制方法可参照第 3.8.4 节进行标注，也可直接复制平面图中的标高符号，然后在三角形下方加一根长为 1000 的引线即可，加引线的标高符号完成后如图 4.6.1 所示。

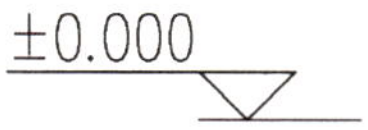

图 4.6.1　加引线的标高符号

4.7 绘制台阶和雨篷

4.7.1 绘制台阶

绘制台阶及雨篷

用多段线（PL）命令绘制台阶，台阶踏步高度为 140，踏步宽度为 300，平台宽度为 1000。

4.7.2 绘制雨篷

用多段线（PL）命令绘制雨篷，雨篷顶标高为 3.100m，雨篷外挑长度为 1100，高度为 300。①~⑥轴立面图绘制完成后如图 4.7.1 所示。

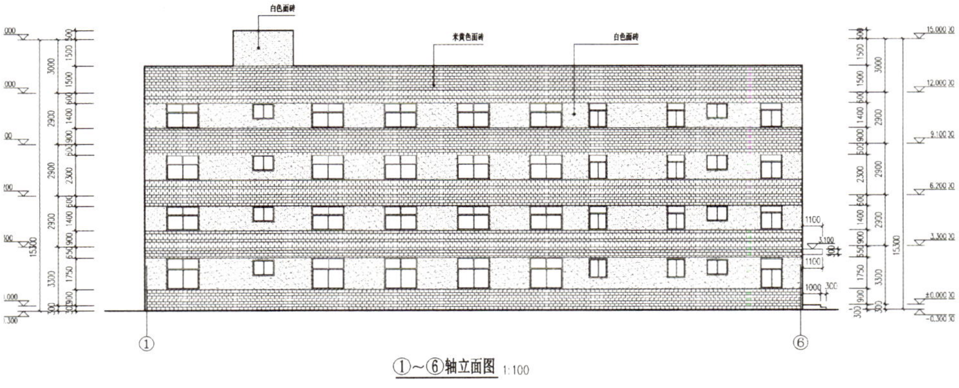

图 4.7.1　完成立面图绘制

教学单元 5　建筑剖面图绘制

注：本章绘图步骤均在“ZWCAD 经典”工作空间下进行绘制。

5.1　设置图层

建筑剖面图可以直接在已完成的平面图文件内绘制，也可以新建一个文件进行绘制。本节介绍直接在平面图文件内绘制剖面图。剖面图图层设置，可在平面图、立面图所建图层的基础上，新增楼板、梁等图层。新增图层要求如表 5.1.1 所示，图层的创建与调用方法同 3.1 节。

设置图层

表 5.1.1　剖面图新增图层

图层名称	颜色	线型	线宽
剖断梁板	洋红	连续	0.50
轮廓线 1	黄色	连续	0.25

5.2　绘制轴线和辅助线

5.2.1　绘制轴线

绘制轴线及辅助线

剖面图的轴线可直接从已绘制的平面图中复制。由一层平面图中的剖切符号可知，1—1 剖面图的剖切位置为④轴右侧自上而下进行剖切，向右投影。在绘制 1—1 剖面图时可借助平面图进行构件定位。在借助平面图绘制 1—1 剖面图前，应将平面图先逆时针旋转 90°，步骤如下（因以下命令前述章节已做详细介绍，本节不再赘述）：

（1）用复制（CO）命令复制一个“一层平面图”作为 1—1 剖面图的辅助图。

（2）用旋转（RO）命令将一层平面图旋转 90°。

（3）用复制（CO）命令将旋转后的“一层平面图”中Ⓐ轴、Ⓑ轴、Ⓒ轴、Ⓓ轴的轴线及轴线编号、总尺寸和轴线尺寸标注进行复制，并放置在平面图正上方。

（4）用偏移（O）命令将 B 轴往右侧偏移 2000。

（5）用对象属性【Ctrl】+【1】将旋转后的Ⓐ、Ⓑ、Ⓒ、Ⓓ四个轴号字母的旋转角度调整为 0，完成后如图 5.2.1 所示。

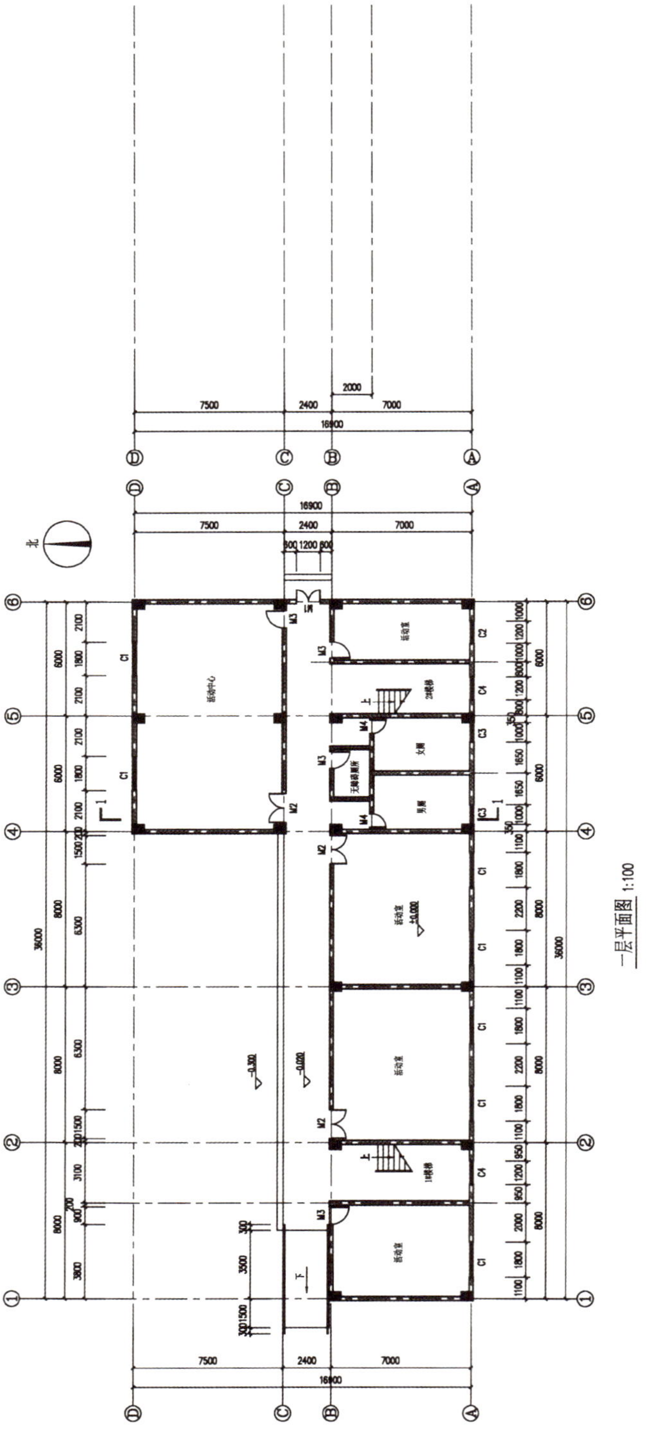

图 5.2.1　剖面图轴线

5.2.2 绘制辅助线

在各楼层处分别绘制一条辅助线，步骤如下。

（1）将辅助线图层设置为当前图层。

（2）用直线（L）命令在轴线靠近下端处绘制一根辅助线作为±0.000 地面面层的定位辅助线。

（3）用偏移（O）命令将绘制好的第一根辅助线分别向上偏移 3300、2900、2900、2900，绘制出各楼层面层的定位辅助线。

（4）用偏移（O）命令将绘制好的第一根辅助线向下偏移 300 绘制出室外地坪的定位辅助线，完成后如图 5.2.2 所示。

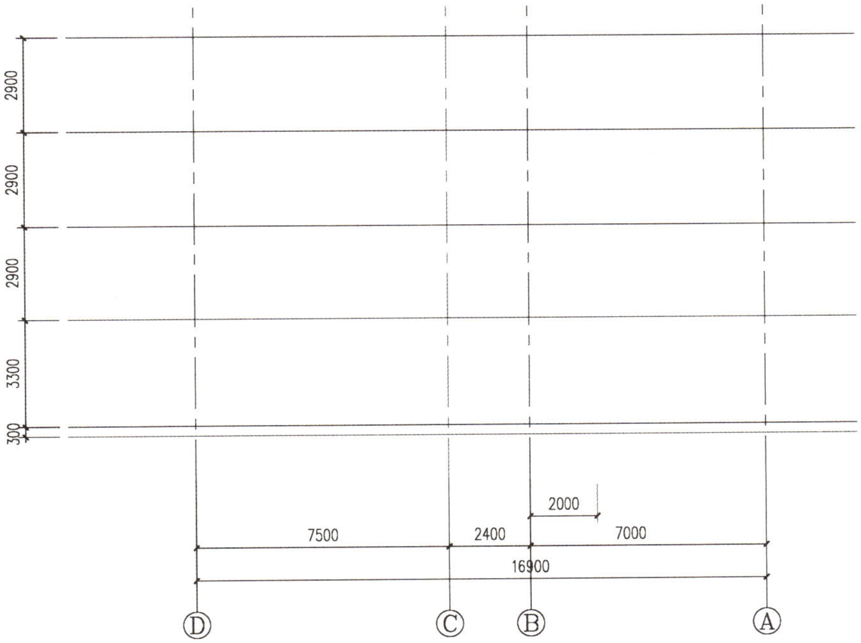

图 5.2.2 剖面图辅助线

5.3 绘制墙体和梁板

5.3.1 绘制墙体

绘制墙体及梁板

用多线命令绘制墙体，多线样式可采用平面图中已设置好的“墙体”样式，步骤如下：

（1）将“墙体”图层设置为当前图层。

（2）将二层楼板面层辅助线向下偏移 600，绘制出墙顶定位辅助线。

（3）用多线（ML）命令绘制对应位置被剖切到的墙体，完成后如图 5.3.1 所示。

5.3.2 绘制剖断梁板

本工程梁截面统一按 200×600，楼板厚度统一按 100 进行绘制，实际工程中应按结构施工图中梁截面的实际尺寸进行绘制，绘制步骤如下：

（1）将剖断梁板图层设置为当前图层。

（2）用多段线（PL）命令，设置线宽为 50，绘制地坪线。

（3）用直线（L）命令在二层楼面面层辅助线处绘制一根直线段。

（4）用偏移（O）命令将绘制好的楼面面层线向下偏移 100。

（5）用矩形（REC）命令绘制出 200×600 的矩形截面梁。

（6）用修剪（TR）命令将多余的线进行修剪。

（7）靠近Ⓐ轴处为卫生间楼板，板底与梁底平，因此用直线（L）命令在梁底处绘制板底轮廓线。

（8）用偏移（O）命令将板底轮廓线向上偏移 100。

（9）对剖切到的梁板轮廓线内进行图例填充，钢筋混凝土图例为 SOLID。

（10）用直线（L）命令在卫生间楼面完成面处用“轮廓线 2”图层绘制面层线，完成后如图 5.3.1 所示。

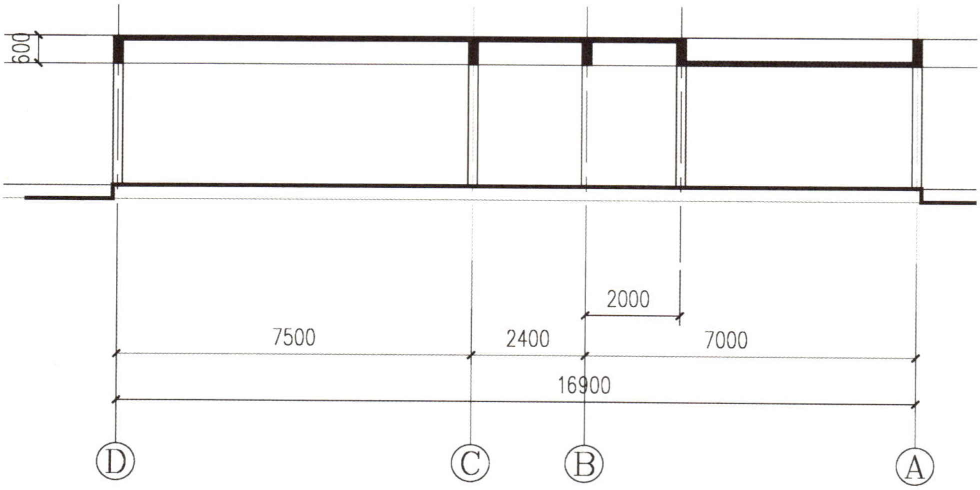

图 5.3.1　一层墙体及梁板绘制

5.4 绘制门窗

5.4.1 绘制剖面门窗

绘制剖面门窗

用修剪命令绘制出门窗洞口位置，再用多线命令绘制剖面门窗，本节绘制门窗剖面采用的多线样式可直接用平面图设置的“窗户”多线样式即可。洞口修剪、多线样式设置、多线绘制详细步骤可参照 3.5 节，本节不再赘述，仅说明绘制步骤。

（1）将门窗图层设置为当前图层。

（2）用偏移（O）命令将±0.000 地面面层定位辅助线向上偏移 2000，绘制出剖面门洞定位辅助线。

（3）用偏移（O）命令将±0.000 地面面层定位辅助线向上偏移 900，绘制出窗台定位辅助线。

（4）用修剪（TR）命令修剪出门窗洞口，修剪完成后如图 5.4.1 所示。

（5）将“窗户”多线样式设置为当前样式，用多线（ML）命令绘制剖面门、剖面窗，对正样式设为无，比例设为 200，完成后如图 5.4.2 所示。

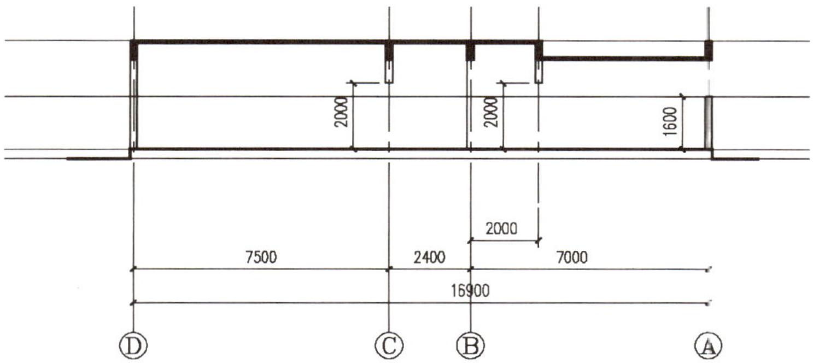

图 5.4.1　一层剖面门窗洞口

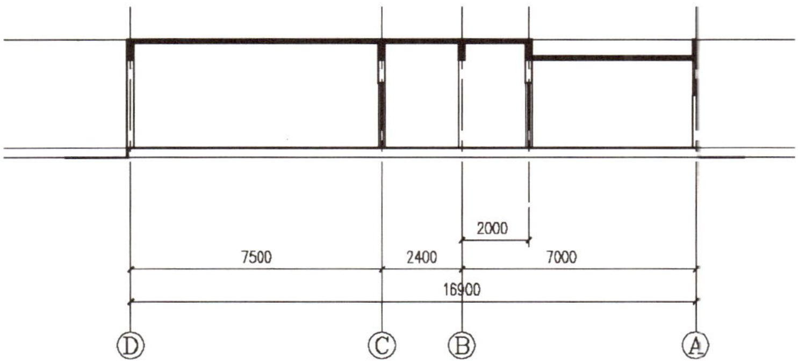

图 5.4.2　一层剖面门窗

5.4.2　绘制立面门窗

绘制立面门窗

剖面图中沿投射方向可见的立面门窗绘制方法同立面图中的门窗绘制方法，可参照 4.4 节进行绘制，本节不再赘述，完成后如图 5.4.3 所示。其余楼层的剖断梁板、门窗的绘制同一层，重复以上步骤即可，绘制完成后如图 5.4.4 所示。

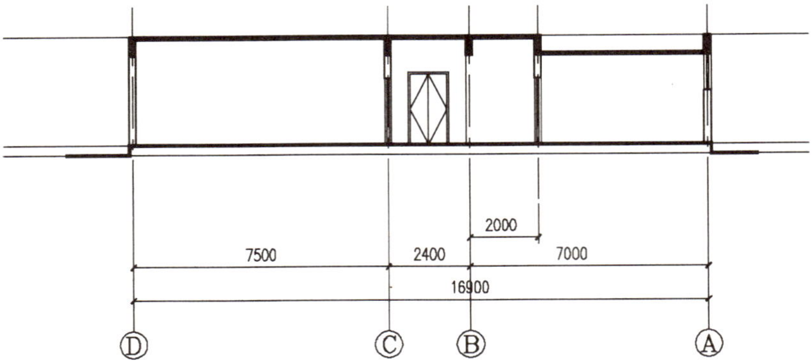

图 5.4.3　一层立面门窗剖面图

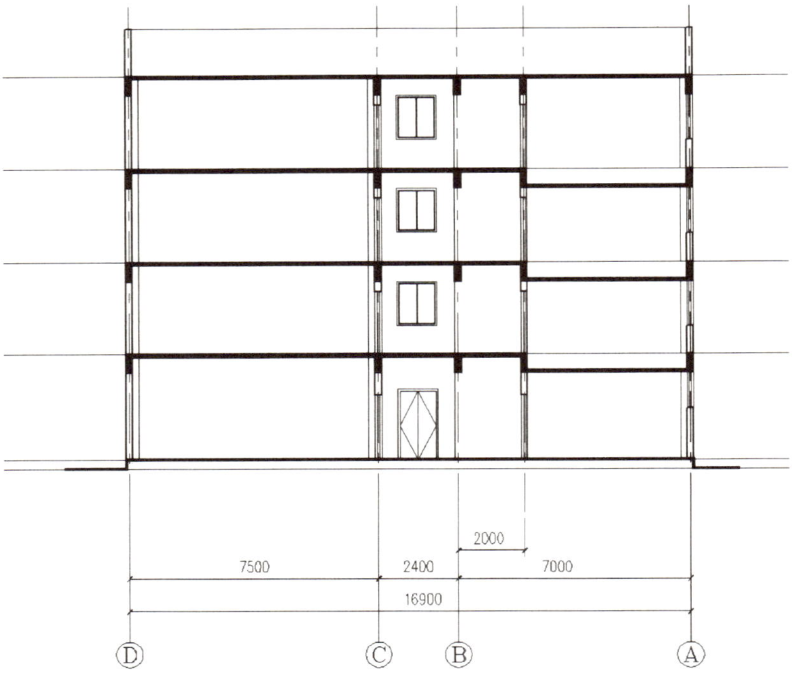

图 5.4.4　各层剖面图

5.5　标注尺寸、图名和标高

5.5.1　标注尺寸

建筑剖面图标注尺寸方法可参照 3.7.2 节进行标注，标注尺寸步骤如下。

（1）设置标注样式。

（2）按图 5. 5. 1 所示尺寸要求进行尺寸标注。

注：建筑剖面图标注样式若与平面图一致，则无须新建标注样式，本工程标注直接采用平面图的尺寸标注样式“100”直接进行标注即可。

5. 5. 2　标注图名

标注图名可参照第 3. 8. 5 节进行标注，也可直接复制一层平面图的图名及比例，然后双击文字，把“一层平面图”改为“1—1 剖面图”即可。

5. 5. 3　标注标高

标高符号绘制方法可参照第 3. 8. 4 节进行标注，也可直接复制平面图中的标高符号，然后在三角形下方加一根长为 1000 的引线即可，加引线的标高符号完成后如图 5. 5. 1 所示。

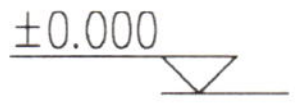

图 5. 5. 1　尺寸标注

最后删除辅助线及其余不属于剖面图绘图内容的对象，整理完成后如图 5. 5. 2 所示。

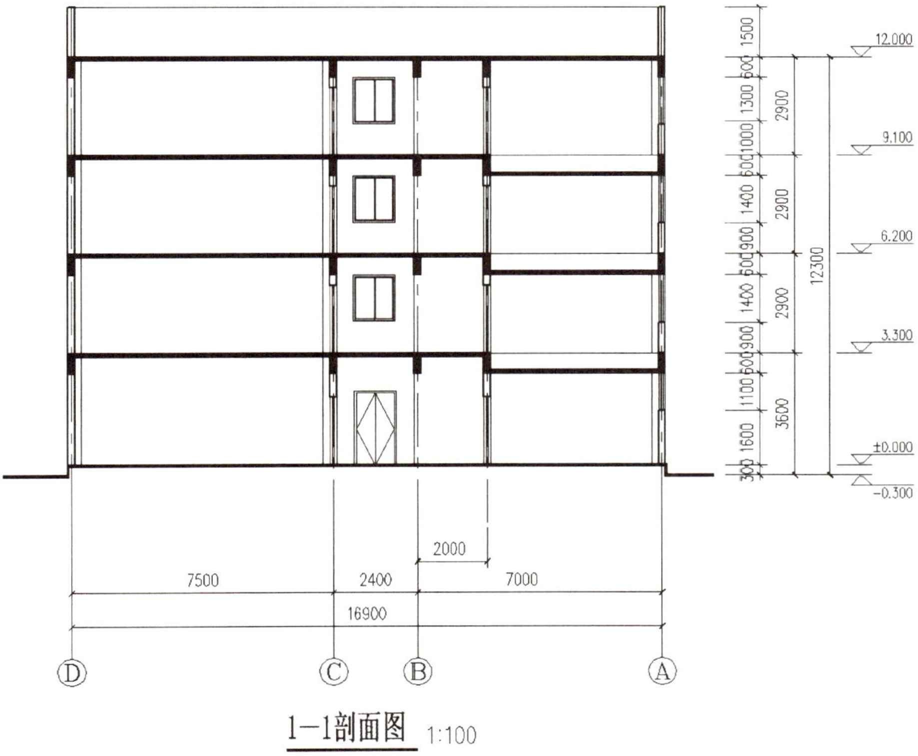

图 5. 5. 2　1—1 剖面图

教学单元 6　结构施工图绘制

6.1　结构施工图介绍

6.1.1　结构施工图概述

在建筑工程施工图中，不同于建筑施工图，结构施工图有其特定的表达方式，国家颁布的《建筑结构制图标准》（GB/T 50105—2010）详细规定了结构构件的表达方式、表达深度等内容。中国建筑标准设计研究院有限公司根据住房城乡建设部建质函〔2016〕89 号“关于印发《2016 年国家建筑标准设计编制工作计划》的通知”编制了国标 16G101 系列图集，即以平面整体表示方法制图规则和构造详图，规范了结构施工图的绘制和表达方式。平法的表达形式，概括地讲，就是把结构构件的尺寸和配筋等，按照平面整体表示方法制图规则，整体直接表达在各类构件的结构平面布置图上，再与标准构造详图相配合，构成一套完整的结构设计施工图纸。

以混凝土结构为例，常见的结构施工图包括图纸目录、结构设计总说明、基础施工图、柱（剪力墙）施工图、梁施工图、板施工图、楼梯配筋等结构详图等。

实际中，从事结构施工图绘制的工程师主要靠结构辅助计算软件如 PKPM、盈建科等结构软件生成的 . dwg 格式文件进行编辑、补充、调整等操作，即直接动手绘制构件的工作较少，主要是附加说明文字、图框图签、补充的尺寸标注、节点详图等。

对于初学者，要从最基本的绘图命令操作着手，从零开始绘制结构施工图，旨在加强对 CAD 绘图、编辑命令等的操作，以及整个绘图过程的灵活掌控，以达到课内实训的目的。

6.1.2　结构施工图的作用

结构施工图是依据结构设计的要求绘制的，用来指导施工的图纸。结构施工图是表达基础、梁、板、柱（墙）等建筑物的承重构件的布置、形状、大小、材料、构造及其相互关系的图样，主要用来作为施工图放线、开挖基槽、支模板、绑扎钢筋、设置预埋件、浇筑混凝土和安装梁、板、柱（墙）等构件及编制预算和施工组织计划等的依据。

6.1.3 结构施工图绘制要求

一般而言，结构平面图打印比例可随建筑图确定，也可以根据结构图纸绘制内容等情况确定，常用 1∶100、1∶150 等；局部平面图，如楼电梯、单元平面，可采用 1∶50；构件的详图一般为 1∶20、1∶25、1∶30、1∶50 等，其中混凝土墙体、暗柱、柱、梁的配筋详图常用 1∶25 的打印比例。

按照结构施工图绘制的要求，施工图中的字体高度、绘图环境的设置、不同比例图形放在同一张图中的方法等均可参照建筑施工图绘制内容进行。

6.1.4 结构施工图绘制要点

目前，结构施工图中主要由结构辅助计算软件自动生成，且结构施工图大多采用平面整体表示法表达，设计工作者主要是完善施工图的其他部分，如补充注释符号、补充配筋详图、增加结构措施做法、补充其他设计说明等。

在利用中望 CAD 软件从零开始绘制结构施工图时，需要确定好绘图比例、打印比例以及绘制方案，建立图层、文字样式、尺寸标注样式等，图层的设置可参照表 6.1.1 进行，并在施工图绘制时随时增加和删除，也可以根据实际需要设置图层。

表 6.1.1 结构施工图绘制用图层设置

图层名	颜色或索引号	线型	线宽（mm）	用途
轴线	红色	点画线	0.15	轴线
轴线号	绿色	实线	0.20	轴线号、轴线定位
柱	黄色	实线	0.40	柱
墙	绿色	实线	0.40	墙线
主梁	青色	虚线	0.20	主梁
次梁	134	虚线	0.20	次梁
尺寸	绿色	实线	0.20	尺寸线
梁号	白色	实线	0.15	标注梁号
柱号	黄色	实线	0.15	标注柱号
楼板正筋	24	实线	0.35	楼板正弯矩配筋
楼板负筋	红色	实线	0.35	楼板负弯矩配筋
楼板正筋文字	白色	实线	0.15	注写钢筋
楼板负筋文字	白色	实线	0.15	注写钢筋
楼板负筋标注	94	实线	0.15	注写负弯矩钢筋长度
图框	黄色	实线	0.15	图框
说明文字	白色	实线	0.15	正文、说明文字
标题文字	黄色	实线	0.15	标题

绘制结构施工图时，中望 CAD 中默认字体库中的字体不能正确显示钢筋符号，而钢筋符号等特殊符号的显示需要中文大字体的支持。结构设计 PKPM 软件导出的图形可以用探索者等软件进行包括钢筋符号在内的字体的转换，我们在用中望 CAD 绘制结构

图时，可以把能显示钢筋符号的中文大字体如 Hztxt. shx、Hzfs. txt、Tessdeng. shx、Tssdchn. shx 等复制到中望 CAD 安装目录下的 Fonts 文件夹内，绘图编辑时直接调用或设置文字样式即可。

本文推荐使用 Tssdchn. shx、Tessdeng. shx 等大字体进行钢筋符号的编辑。表 6. 1. 2 为显示钢筋符号字体的大字体、常见的代码及符号表示方法。

表 6. 1. 2 显示钢筋符号字体的大字体及样式

西文字体及中文字体	Tssdchn. shx、Tessdeng. shx
代码及常用钢筋符号	①%% 130——HPB300 级钢筋；②%% 131——HRB335 级钢筋；③%% 132——HRB400 级钢筋
宽度因子	0. 7

其他设置可参照建筑施工图绘制的内容进行，本章需要说明的主要有以下几点。

(1) 轴线、轴号可以从建筑施工平面图中复制，但要注意图形打印比例一致。

(2) 绘制楼梯结构施工图时，可在楼梯建筑施工图中的平面图、剖面图的基础上进行修改。

(3) 结构施工图中的钢筋，可用命令 Pline 线绘制，线宽结合打印比例确定，如出图比例为 1∶100，钢筋线可设定为 40，以图纸上的钢筋线宽为 0. 40mm 的原则确定，或者使用绝对线宽来定义线宽 0. 40mm 即可。在构件断面图中，不画材料图例，钢筋用黑圆点表示，直径通常可以设置为 1. 0mm 或根据实际情况确定。构件的外轮廓线的线型采用细实线。

(4) 所有绘图要求均根据《建筑结构制图标准》(GB/T 50105—2010) 执行。

6. 2 样板文件

对于一套完整的结构施工图，所有的结构平面布置图中都有一些共同的图形信息，例如轴网、轴号、轴距、柱（墙）、梁平面定位等。在绘制结构施工图时，我们可以将这些共同的信息编辑为一个样板文件，这样在绘制其他如基础平法施工图、柱（剪力墙）平法施工图、梁及板平法施工图时可以直接调用样本文件，并在其基础上修改、编辑，既可使整套图纸统一绘图方式和方法，避免重复绘图，也可以提高绘图速度。

中望 CAD 创建新的图形文件时，New 命令的执行方式，由系统变量 STARTUP 和 FILEDIA 来决定。

当系统变量 FILEDIA 的值为 1 时，如果系统变量 STARTUP 设置为 1，则执行 New 命令弹出“创建新图形”对话框，如图 6. 2. 1 所示。

如果系统变量 1 设置为 0，执行 New 命令则弹出“选择样板文件”对话框，如图 6. 2. 2 所示，用户可选择 dwt 文件或 dwg 文件为模板新建图形文件。

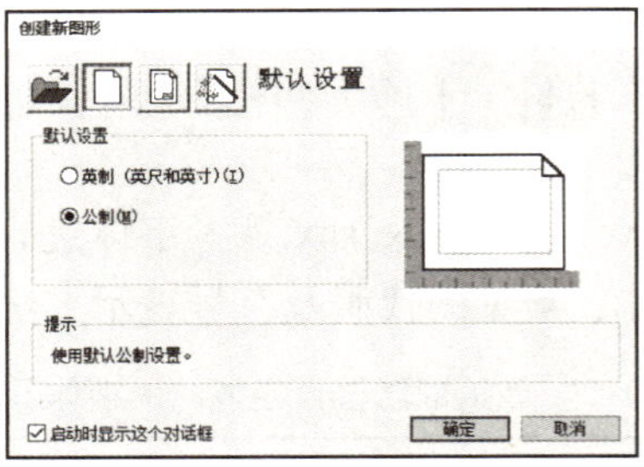

图 6.2.1 “创建新图形”对话框

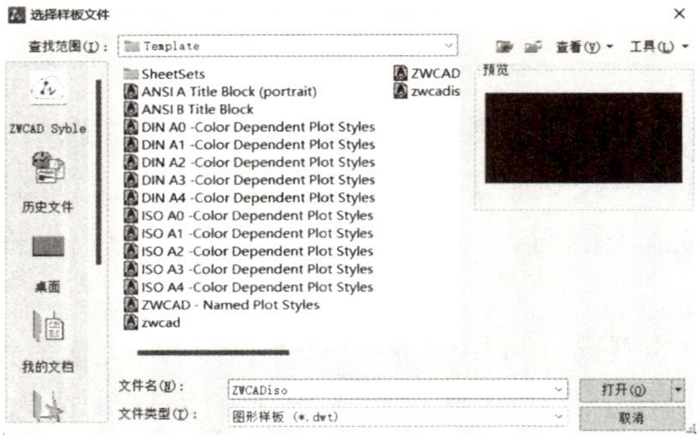

图 6.2.2 “选择文件”对话框

中望 CAD 各命令的调入方式有多种，可以根据自己的习惯选择一种最方便快捷的方式操作即可，具体可参照前面各章节内容，本章不再赘述。

6.2.1 创建样板文件

以本书收录的工程为案例，建立样板文件。

1. 建立工作目录

可依据个人习惯和需求，在工作盘 E 中新建文件夹“项目 1”，然后分别建立子文件夹“结构施工图”“样板文件”等，以后如果有需要可再新建其他文件夹。

2. 双击桌面图标  ，启动“中望 CAD 2024 教育版”

样板文件创建的具体方法和过程如下。

（1）调用命令 New，在弹出的图 6.2.2 所示的“选择文件”对话框中选取文件“zwcad. dwt”，单击“打开”按钮，即可调用中望 CAD 预设的样板文件。为方便绘制施工图，此时可先保存一下该文件，依次执行“文件”→“另存为”，在如图 6.2.3 所示的“图形另存为”窗口内依次打开“E 盘”→“项目 1 施工图”→“样板文件”文件夹，然后在文件名内输入“项目 1 样板文件”，文件类型改为“图形样板（＊. dwt）”，单击“保存”按钮即可在“样板文件”文件夹内创建了一个扩展名为 . dwt 的样板文件“项目 1 样板文件 . dwt”。

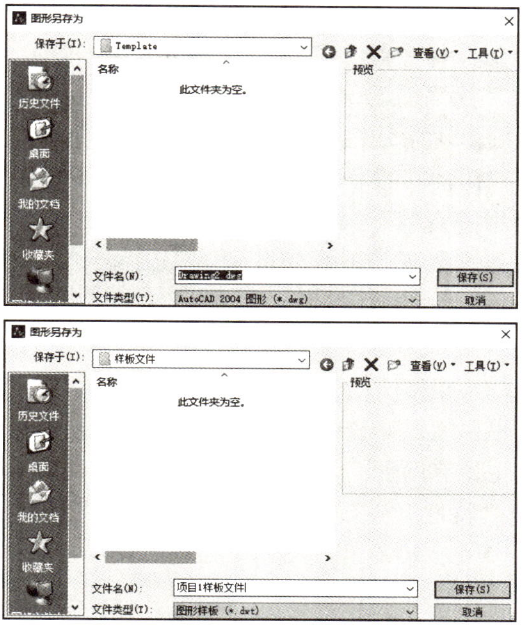

图 6.2.3　图形另存为窗口

创建图形新文件并命名为项目 1 样板文件，以 . dwt 文件扩展名储存在用户自定义的文件夹内，例如可建立一个名为“样板文件”的文件夹，包含图形的默认设置、样式及其他数据信息。

（2）单击“图层特性管理器”按钮，在展开的窗口内根据本工程的具体情况，新建各图层等信息如图 6.2.4 所示。

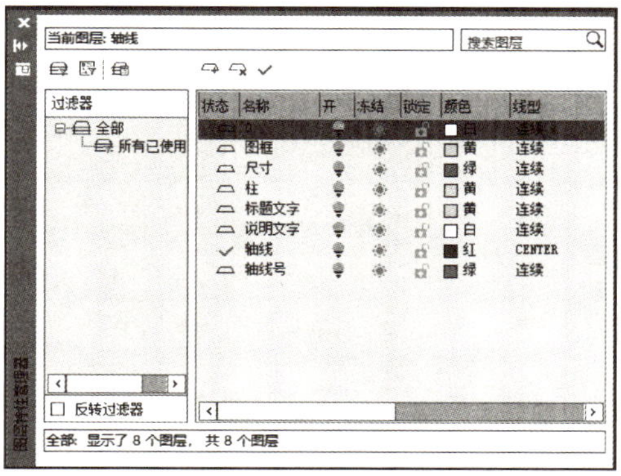

图 6.2.4　创建样板文件基本图层

注意：在图 6.2.4 中，其中 0 图层是软件默认的图层，同时也是各种软件之间转换时，进行数据交换的临时存储层，为避免数据转换中发生错误，绘图时尽量避免占用 0 图层。其他各图层是结构平面图中共有的信息。在设置图层时，要针对工程的实际情况，对施工图所表达的内容进行归类，分别为每一类图形对象设置其固有属性的图层，以方便施工图的绘制及修改。

（3）绘制轴网。

主要用到“直线”绘图命令和“拷贝”“偏移”等修改命令。在“图层特性管理器”窗口中选择“轴线”为当前层，进入“轴线”图层绘制轴线。轴线又称定位轴线，是用于确定构件位置的图形对象，并在施工中用于放线。因此轴网的绘制一定要准确，为使轴网大小适中，需根据轴网的尺寸，设置适合的图形界限以方便绘图。

绘制轴网时可先利用“直线”命令，分别在水平方向和垂直方向绘制长度适中的两条相交的直线，这两条直线既是轴线（分别为①轴和Ⓐ轴）也是辅助线，可以利用这两轴线通过执行“拷贝”“偏移”等编辑修改命令，按照 3.2 节的操作步骤即可完成轴网的绘制。

轴线的线型为点画线，根据所绘制的平面图形的大小，其线型显示的效果不同，可以通过调整线型比例因子，使线型显示更合理。调整的方法主要有两种。

一种方法是，打开“特性”选项板，选择要修改的直线，将线型比例改为 100、500、1000 等适合数值，如图 6.2.5 所示。

另一种方法是，打开“线型管理器”，通过修改全局比例因子进行调整，根据建筑平面尺寸的不同，全局比例因子也不同。例如本工程设置全局比例为 1000，线型显示效果比较好，如图 6.2.6 所示。

（4）尺寸标注。

在“图层特性管理器”窗口选择“尺寸”图层为当前层，轴网标注方法参照 3.2 节，本节不再赘述，如图 6.2.7 所示。

如图 6.2.8 所示的标注，第一个标注（标注值为 8000）应用线性标注，第一行后面的所有标注（标注值为 8000、8000、6000 等）均采用连续标注，第二行的标注（标注值为 36000）采用基线标注，完成后的轴网如图 6.2.9 所示。

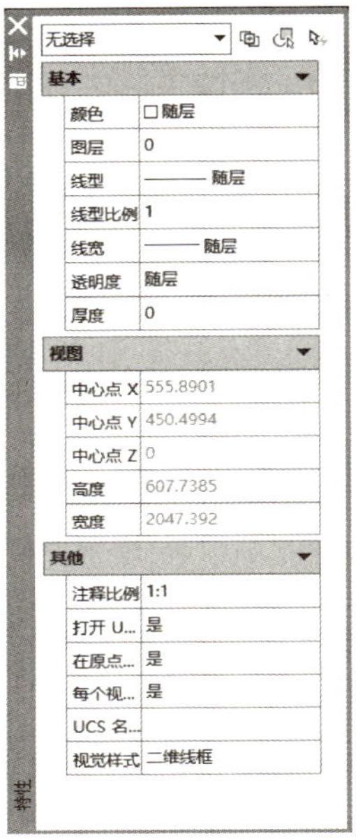

图 6.2.5　特性面板调整直线的线型比例

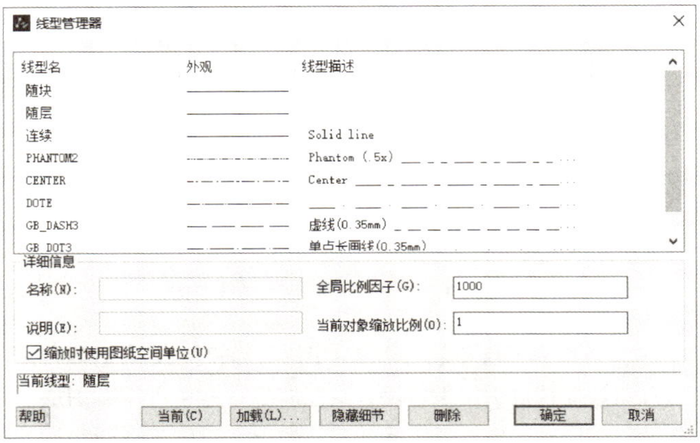

图 6.2.6　线型管理器调整直线的线型比例

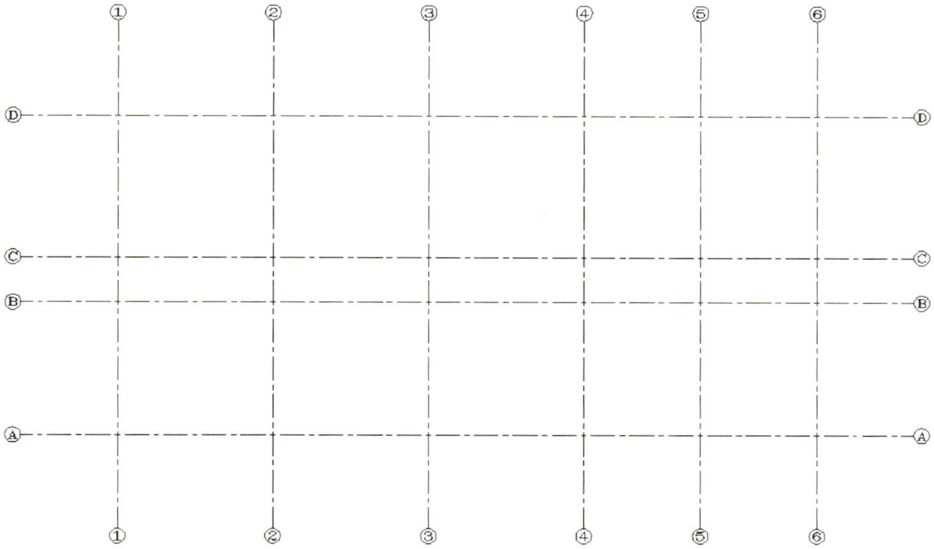

图 6. 2. 7　完成编号的轴网布置图

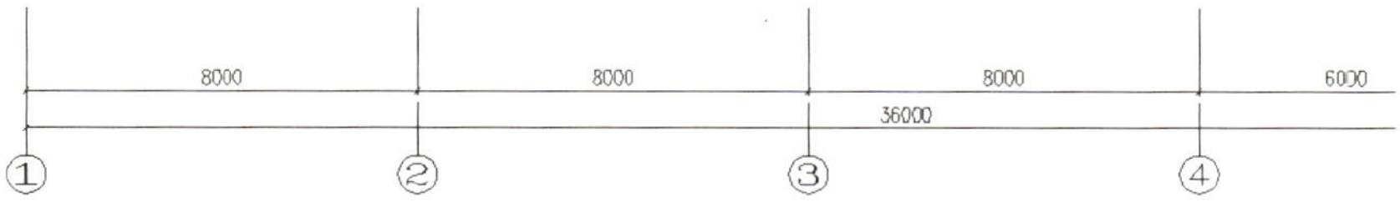

图 6. 2. 8　轴网尺寸标注

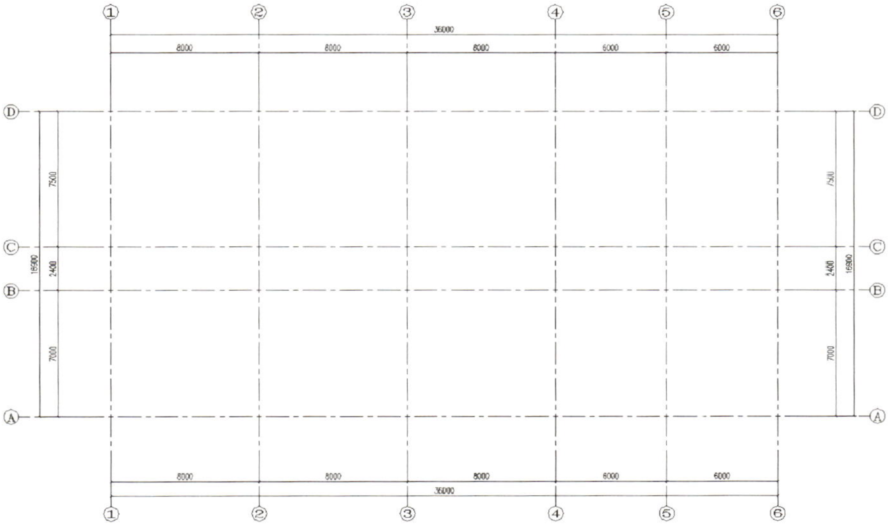

图 6. 2. 9　轴网布置图

（5）布置框柱。

主要用到“矩形”绘图命令，“移动”“拷贝”“镜像”等修改命令。图层特性管理器窗口选择“柱”图层为当前层，绘图工具条选取“矩形”按钮，绘制截面尺寸为450mm×600mm（宽×高）的矩形柱，线宽设为 0.4mm。

以①轴交Ⓐ轴的 KZ-1 为例，根据本工程框柱平面布置的对称关系，利用“移动”命令将利用“矩形”命令绘制的柱移动到①轴与Ⓐ轴交点，根据施工图的定位尺寸，设置好偏心，例如 KZ-1 对①轴的偏心距为 125mm，对Ⓐ轴的偏心距为 200mm。

② 轴交Ⓐ轴的 KZ-3 与 KZ-1 截面尺寸相同，平面定位与 KZ-1 是左右对称的关系，因此可以利用“镜像”复制命令，在②轴与Ⓐ轴交点处布置 KZ-3。

同样方法，可以分别布置Ⓑ轴交①轴和Ⓑ轴交②轴的 KZ-2 和 KZ-4，如图 6. 2. 10 所示。其他柱均按此方法布置，最终的柱平面布置如图 6. 2. 11 所示。

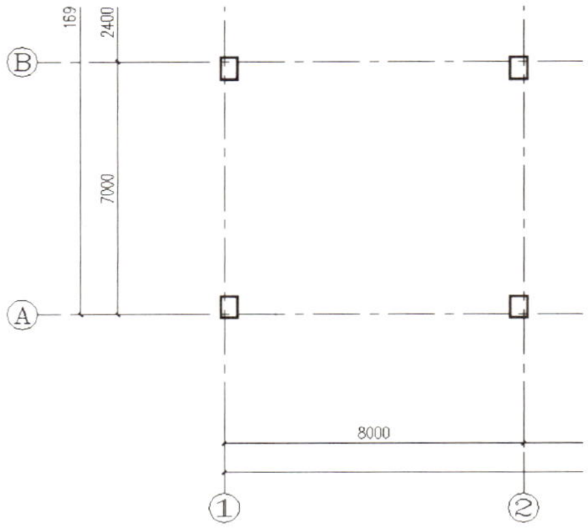

图 6. 2. 10　柱平面布置图（局部）

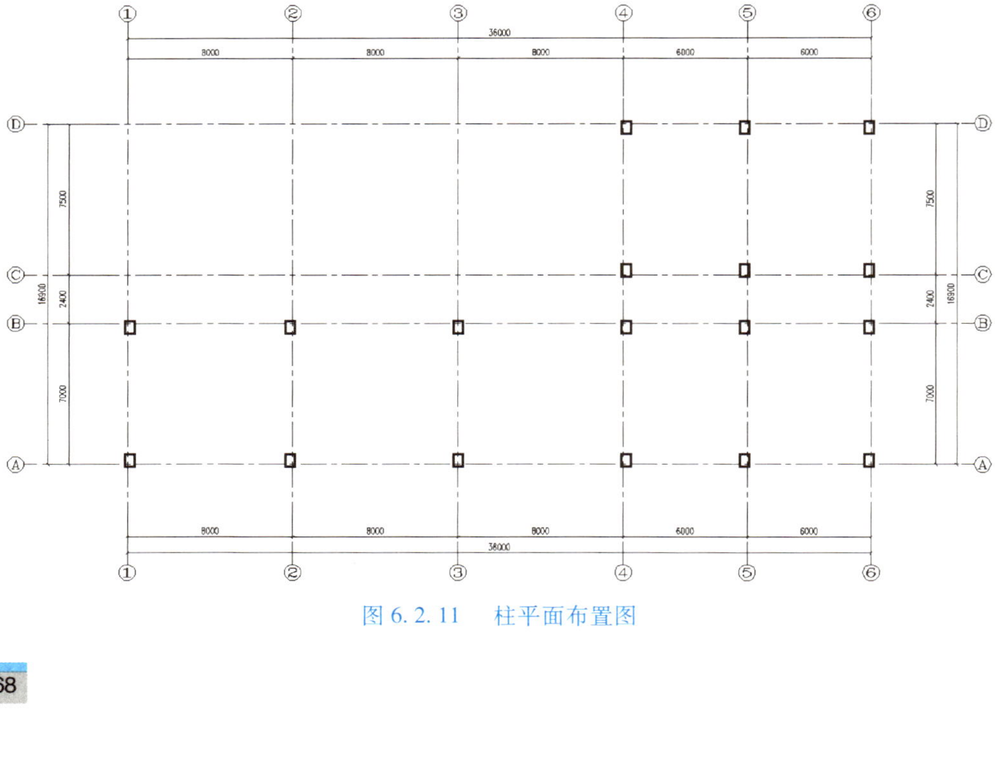

图 6. 2. 11　柱平面布置图

根据以上操作创建了一个名为“项目 1 样板 . dwt”的样板文件，并保存在工作目录中，样板文件中包含图层、轴网、柱布置等共有图形信息，可在后续的施工图绘制中随时调用。

在创建本工程的样板文件时，要求对所要绘制的施工图有很好的了解，应该具有识读施工图的能力，明确施工图所表达的内容，准确、快速提取所需要的图形信息来绘制样板文件。

6.2.2 调用样板文件

根据本节前面的叙述，将系统变量 STARTUP 设置为 0，执行 New 命令，弹出“选择样板文件”对话框，选择“项目 1 样板文件 . dwt”，单击“打开”按钮即可调用样板文件。如图 6.2.12 所示。

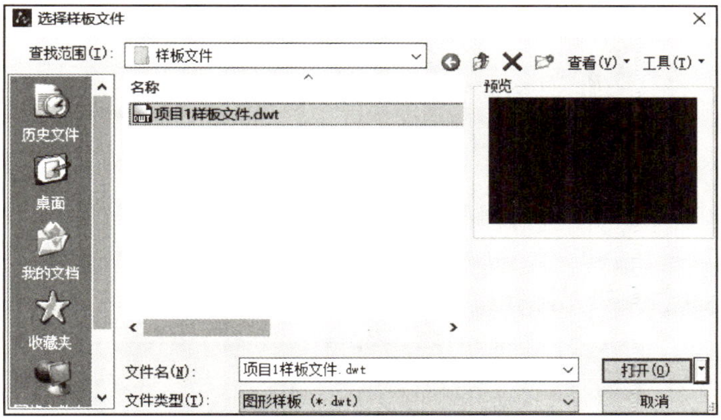

图 6.2.12 调用样板文件

6.3 绘制基础平法施工图

6.3.1 基础图绘制内容

结构施工图一般按施工顺序排序，依次为结构设计总说明、基础施工图、柱（剪力墙）施工图、梁施工图、板施工图、结构详图等。

结构施工图的绘制，应该在充分理解建筑施工图的基础上按照步骤有序进行，清晰、完整地表达结构施工图的内容，使之能正确指导施工。

结构设计总说明是结构施工图的纲领性文件，根据现行规范要求，结合工程结构实际情况，将设计依据、材料要求、选用标准图集和施工特殊要求等，以文字表达方式为主的设计文件，本节不再赘述。

基础平法施工图包括基础平面布置图、基础构件尺寸及配筋的平面注写、基础施工说明等。基础平面布置图是在相对标高±0.000 处用一个假想水平剖切面将建筑物剖开，移去上部建筑物和覆盖土层后所作的水平投影图，主要表示基础板、基础梁、柱（剪力墙）等平面位置关系。本节主要讲述基础平法施工图的主要绘制步骤和方法。

6.3.2 调用样板文件

按照 6.2.2 节的方法，调用“项目 1 样板文件 . dwt”并将其另存为扩展名为 . dwg 的图形文件（图 6.3.1），保存在工作目录“结构施工图”中，文件命名为“基础平法施工图 . dwg”。

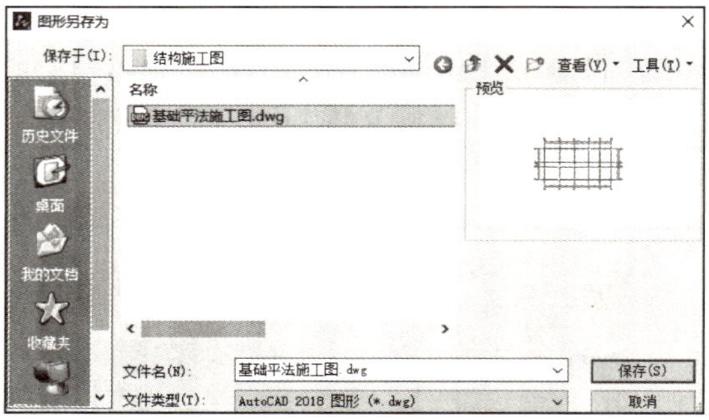

图 6.3.1 样板文件另存为图形文件

通过识读基础平法施工图，可补充图层等信息，例如项目 1 工程的基础图绘制需要补充“基础”“基础配筋”等图层，如图 6.3.2 所示。

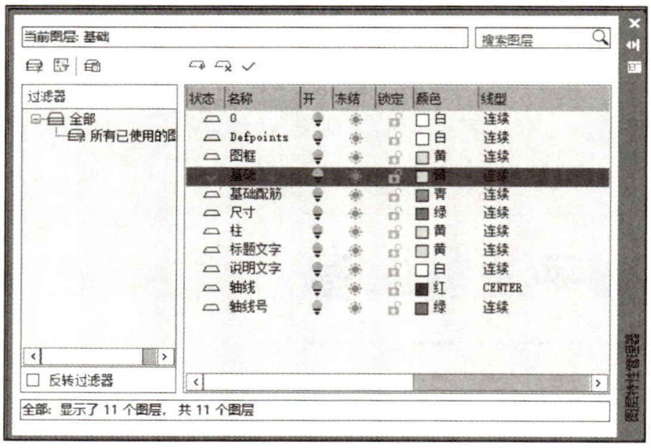

图 6.3.2 基础平法施工图新增图层

6.3.3 基础平法施工图绘制的基本步骤

绘制基础平法施工图的基本步骤如下：

（1）设置绘图环境。

（2）绘制轴线。

（3）绘制柱网。

（4）绘制基础轮廓线。

（5）标注尺寸、平法配筋及文字说明。

（6）加图框和标题栏（本节略）。

（7）打印输出（本节略）。

其中，前三部分可以直接通过调用样板文件完成，因此，基础平法施工图主要是基础平面图、平法配筋、尺寸标注、文字说明等的绘制及说明。

6.3.4 绘制基础平面图

项目 1 的工程案例为框架结构，该基础的形式为柱下阶梯型独立基础。

图层特性管理器窗口选择“基础”图层，进入基础图层绘制基础平面。

利用“矩形”命令绘制基础平面轮廓及平面定位尺寸标注。以①轴交Ⓐ轴处的 DJ_J01 为例。

（1）单击选择“矩形”命令按钮，绘制@3300，3300 的矩形，利用“偏移”命令向内偏移 700mm，得到如图 6.3.3 所示基础轮廓。

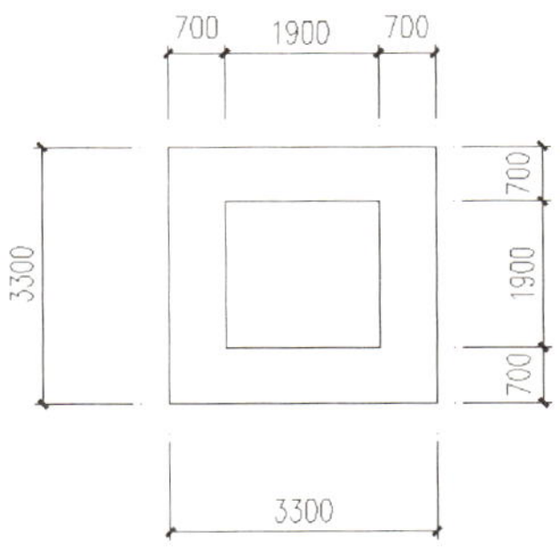

图 6.3.3　基础轮廓

（2）利用“移动”命令，移动到①轴与Ⓐ轴相交处，并使基础轮廓线与样板文件中该处的 KZ-1 中心对正。

（3）进行尺寸标注。利用之前设置的标注样式进行平面定位的尺寸标注。如图 6.3.4 所示。

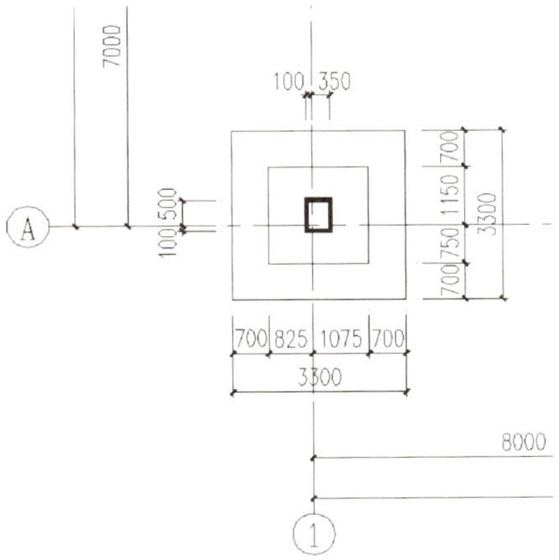

图 6.3.4　基础平面定位（局部）

（4）按照 DJ_J01 的绘制方法，依次完成所有基础的平面轮廓，利用“移动”“复制”等命令操作，将各基础依次移到相应的位置，并进行平面定位尺寸标注，完成基础平面布置图的绘制。如图 6.3.5 所示。

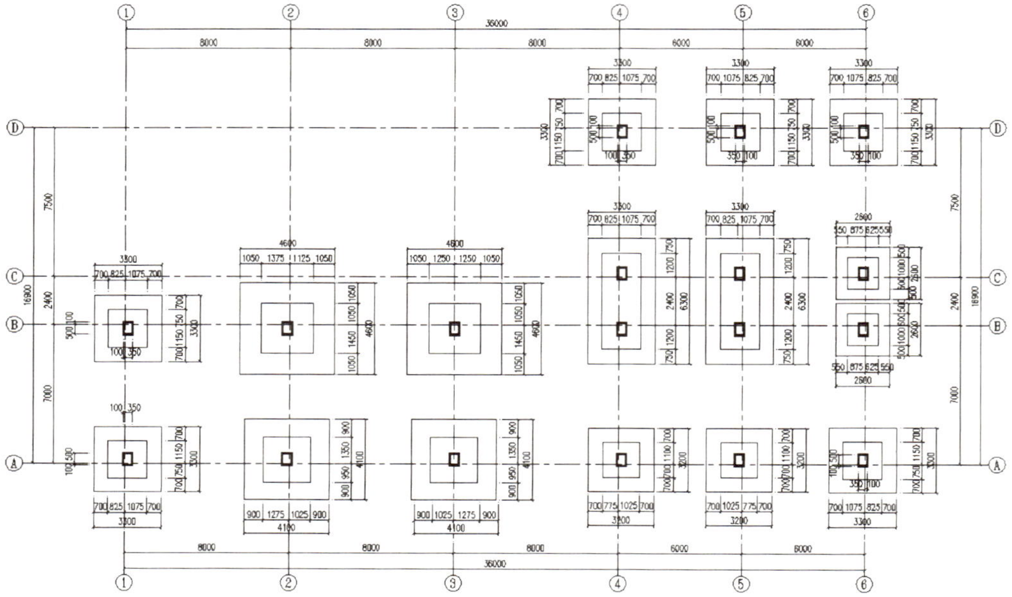

图 6.3.5　基础平面布置图

6.3.5　绘制基础平法配筋

基础平法施工图是在基础平面布置图上采用平面注写方式或截面注写方式表达。制图规则按照国标图集《混凝土结构施工图平面整体表示方法制图规则和构造详图》（独立基础、条形基础、筏形基础、桩基础）16G101-3 执行。

基础平法施工图中，应采用表格或者其他方式注明基础底面的基准标高、±0.000 的绝对标高。当基础底面标高全部相同时，基础底面基准标高即为基础底面标高；当其有不同时，应取多数相同的底面标高作为基础底面基准标高。

施工图绘制时，为方便表达和识读，规定图面从左至右为 X 向，从下至上为 Y 向。

本项目工程案例，基础形式为钢筋混凝土柱下阶梯型独立基础，独立基础平法施工图有平面注写和截面注写两种表达方式，目前常用的是平面注写方式。在绘制基础平法施工图时，基础平面布置图应将基础所支承的柱一起绘制，并标注独立基础的定位尺寸，对于编号相同且定位尺寸相同的基础，可仅选择一个进行标注。

独立基础的平面注写方式，分为集中标注和原位标注。

（1）集中标注。独立基础的集中标注内容有五项：基础编号、截面竖向尺寸、基础底板配筋、基础底面标高、必要的文字注解，其中前三项为必注项，后两项为选注内容。

下面同样以独立基础 DJ_J01 为例，绘制基础平法配筋。

① 单击“图层特性管理器”窗口选择“基础配筋”作为当前层、“文字样式管理器”中选择已设置的文字样式“文字”。

② 识读基础平法施工图关于 DJ_J01 的配筋，在独立基础 DJ_J01 平面图上，绘制一条垂直方向的引线，命令行输入“text”进行单行文字编辑，在引线旁边进行基础配筋的集中注写。如图 6.3.6 所示。

③ 按照以上方法，依次标注其他独立基础配筋的集中标注。

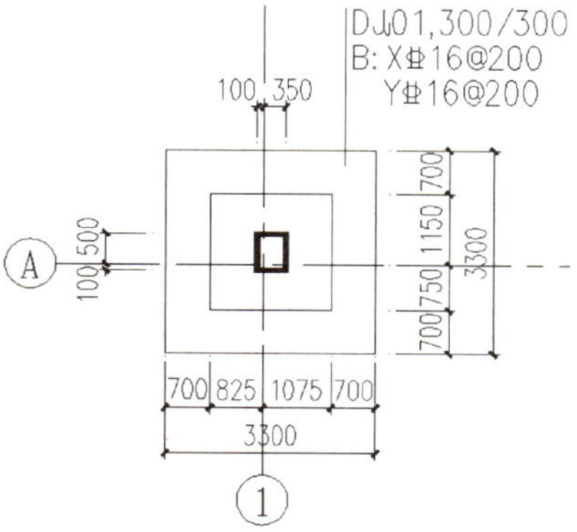

图 6.3.6 阶梯型独立基础 DJ_J01 平面注写

（2）原位标注。表示的是基础平面布置图中基础与轴线间的位置关系、阶梯型基础的各阶宽等定位尺寸。对于相同编号的独立基础，定位尺寸相同可选择一个进行原位标注。图层特性管理器窗口选择“尺寸”作为当前层，以设置好的标注样式进行定位尺寸的标注，此项在 6.3.4 节已完成。

（3）当前层切换到“说明文字”，启动“text”命令，输入关于本图的整体注解说明；当前层切换到“标题文字”，输入并绘制图名；插入预先设置好的图框，完善标题栏及图签栏内容，最后形成一张完整的施工图纸。

图 6.3.7 所示为基础平法施工图。

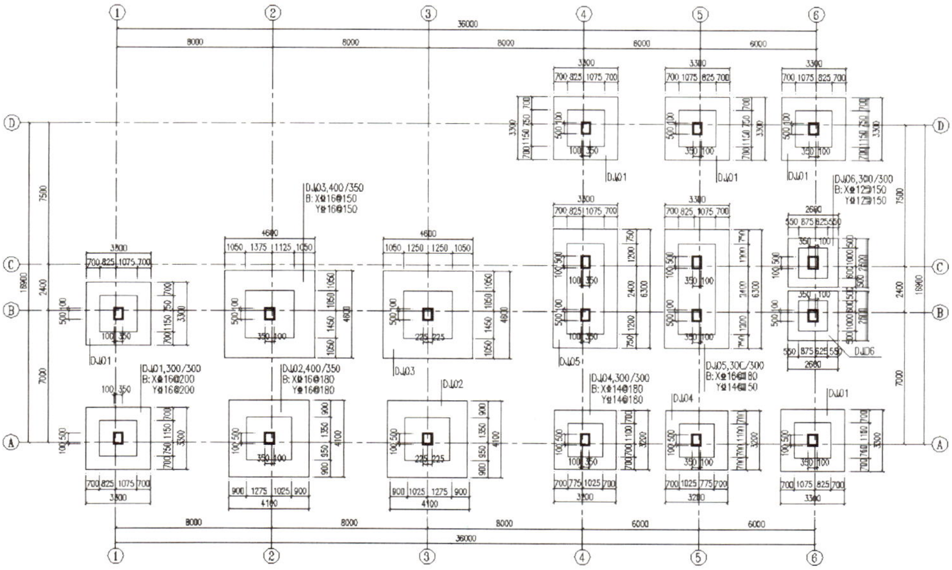

图 6.3.7 基础平法施工图

6.4 绘制钢筋混凝土梁平法施工图

6.4.1 钢筋混凝土梁平法施工图绘制内容

钢筋混凝土梁平法施工图，即在梁平面布置图上采用平面注写方式或截面注写方式表达的梁平法施工图。目前常用的方法是平面注写方式，梁平法施工图（平面注写方式）主要包括以下内容：

（1）图名和比例。

（2）轴网定位尺寸及编号。

（3）梁的平面定位（梁模板图）。

（4）梁的编号、截面尺寸及配筋。

（5）层高表、文字说明。

（6）必要的配筋详图。

其中，轴网、定位尺寸及编号直接调用样板文件“项目 1 样板文件 . dwt”即可，并在其基础上补充所需的相关信息。

本节主要介绍梁模板图、梁平法配筋图、梁详图的绘制。

6.4.2 绘制钢筋混凝土梁模板图

根据前面所述方法，调用“项目 1 样板文件 . dwt”并将其另存为扩展名为 . dwg 的图形文件，保存在工作目录“结构施工图”中，文件命名为“梁平法施工图 . dwg”。

识读结施-06，根据 3. 250~9. 050m 梁平法施工图所表达的内容，补充建立图层等绘图所需信息，如图 6. 4. 1 所示。

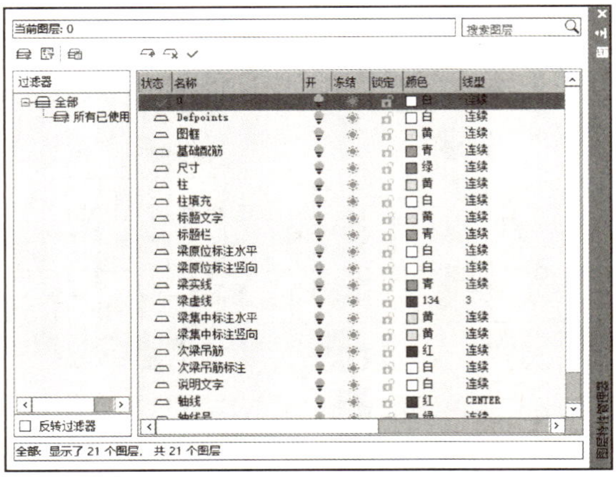

图 6. 4. 1　补充建立图层

梁模板图绘制主要步骤。

1. 柱填充

（1）单击菜单栏“扩展工具”→“图层隔离”，选择图形对象“柱”，即可锁定除柱以外的所有图形对象，如图 6.4.2 所示。

（2）选取“柱填充”为当前层，快捷工具栏单击选取“图案填充”按钮▦，或命令行输入“bhatch”命令等方式弹出“填充”对话框，填充图案选择 SOLID，单击右侧“添加：选择对象”，弹出界面后选所有柱完成柱填充，如图 6.4.3 所示。

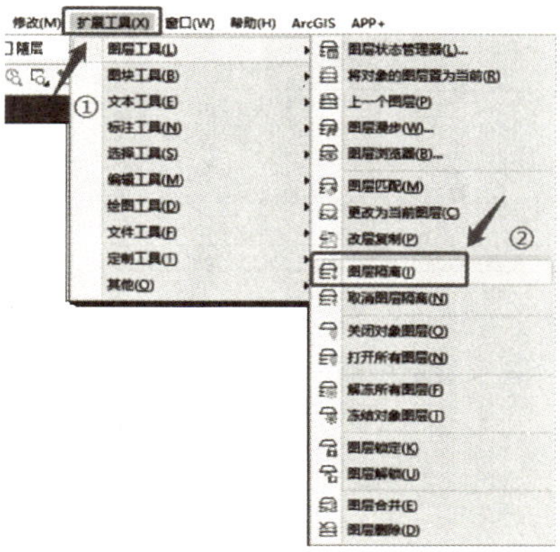

图 6.4.2　图层隔离

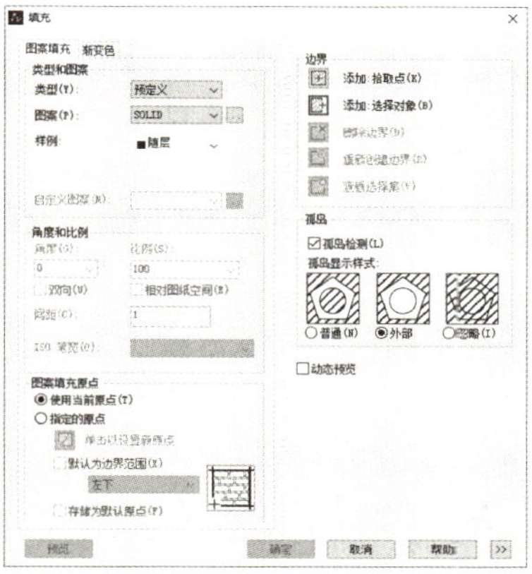

图 6.4.3　图案填充——柱填充

2. 绘制梁模板

（1）选取“梁实线”为当前层，通过识读结施-06 可知，①轴框梁 KL1 宽度为 250mm，且 KL1 外边缘与框柱外边对齐，故可用“直线”命令绘制一条与①轴框柱外侧平齐的直线。

（2）命令行输入“偏移”命令，或快捷工具栏单击“偏移”按钮，以梁实线为源对象向右侧偏移 250mm，可以得到 KL1 的内边线，将其转到“梁虚线”图层，如图 6.4.4 所示。

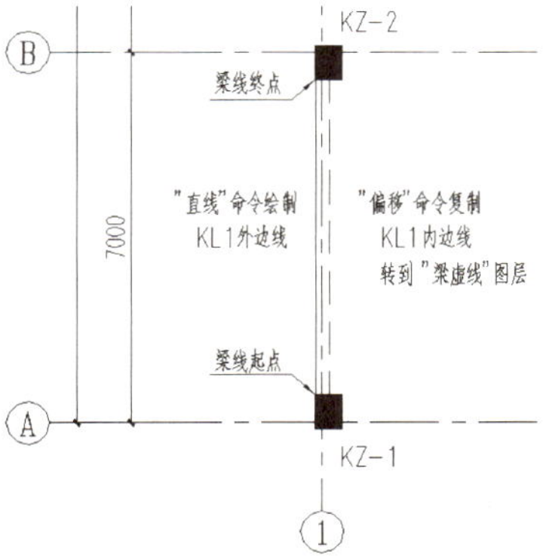

图 6.4.4　绘制 KL1 内外边线

（3）按照第（2）步绘制其他梁线，并根据梁位置分别转到“梁实线”和“梁虚线”图层。可得到图 6.4.5 所示的梁模板图。

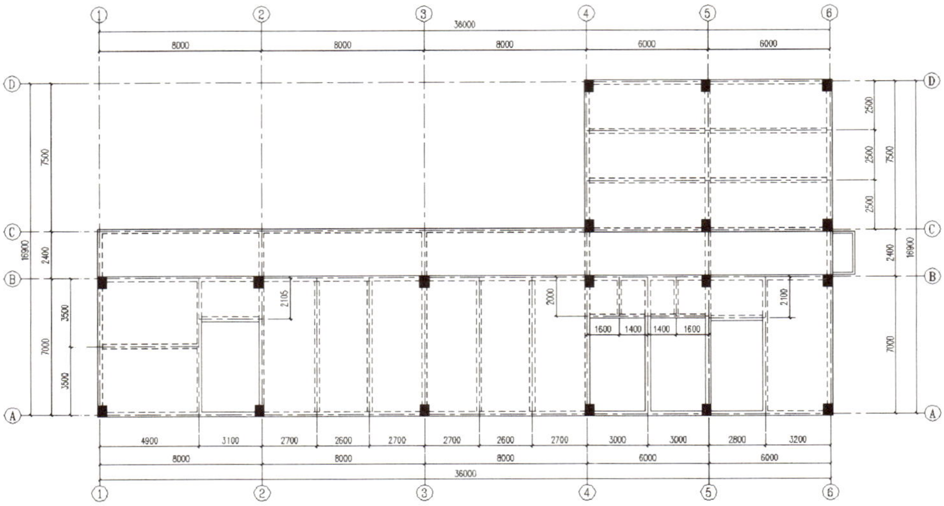

图 6.4.5　梁模板图（梁编号及定位略）

6.4.3　绘制钢筋混凝土梁平法施工图

识读结施-06 梁平法施工图，以平面注写方式标注梁配筋。

根据国标图集 16G101 规定，平面注写方式，就是在梁平面布置图上，分别在同一编号的梁中选择一根，在其上注写截面尺寸和配筋等具体数值。

平面注写包括集中标注和原位标注，集中标注表达通用数值，原位标注表达特殊数值。当集中标注中的某项数值不适用于某部位时，则以原位标注的方式标注该项数值，施工时原位标注优先取值。

中望 CAD 绘图中，以平面注写方式标注梁配筋，主要是利用“单行文字”编辑命令，为编辑方便，分别为集中标注和原位标注设置了不同的图层，如梁集中标注竖向、梁集中标注水平、梁原位标注竖向、梁原位标注水平等。文字编辑时分别在各自图层下输入配筋值，以 KL1 为例。

（1）当前层切换到“梁集中标注竖向”，在①轴梁引出一段水平线，文字样式设为“文字”，输入“text”或快捷键“T”，字高取 350，角度 90°，在水平线上方分别输入以下三行字符串，这三行数值就是 KL1 配筋的集中标注。

KL(1A) 250×600
Φ 6@100/200(2)
2 Φ 18

（2）KL1 在Ⓐ~Ⓑ轴间跨中纵向筋为 2Φ18+1Φ16，编辑此字符串，用移动命令放在 KL1 里边线右侧，并与边线对齐。

（3）同样编辑Ⓑ轴支座负筋 6Φ18 4/2 配筋值，放在 KL1 外边线左侧并对齐（图 6.4.6）。

（4）同样可以设置悬挑端配筋值。

按照上述方法，即可完成 3.250~9.050m 梁平法施工图（结施-06），如图 6.4.7 所示。

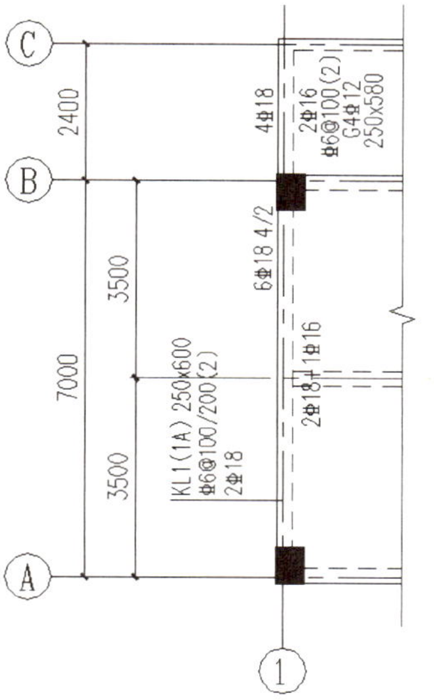

图 6.4.6　KL1 平法配筋图

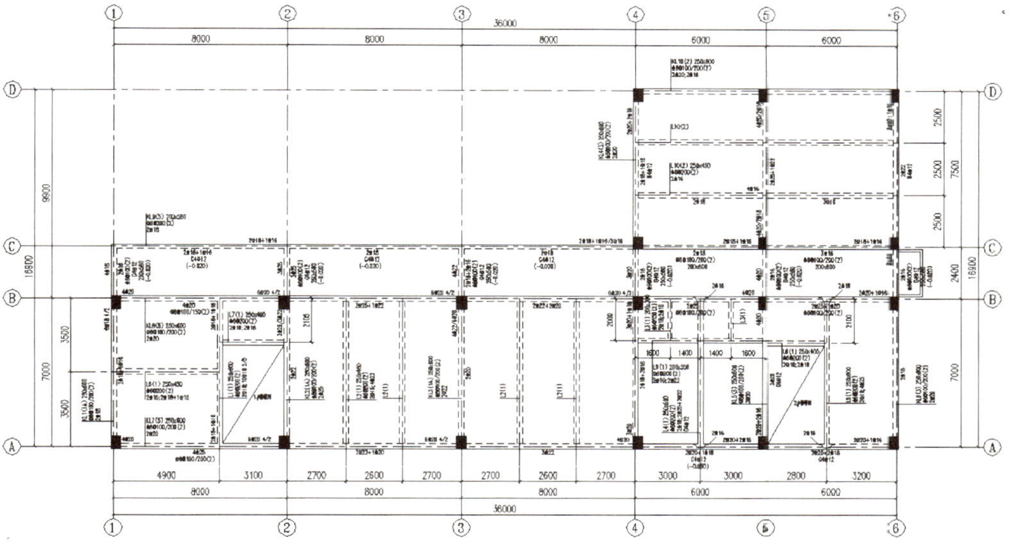

图 6.4.7　梁平法施工图

6.4.4　绘制梁横截面配筋图

平法配筋相比较传统配筋而言，绘图更方便，改变了传统的将构件从结构平面布置图中索引出来，再逐个绘制配筋详图的烦琐方法。但是平法配筋方法绘制的施工图不直观，对施工单位的技术人员的专业技能要求较高。

通常在绘制平法施工图中，对于一些构造比较复杂，仅仅用平法不能完全表达清楚的配筋，可以将平面注写和截面注写配合起来绘制施工图，截面注写类似于传统配筋方式，表达方式直观，识图方便。

我们同样以 KL1 为例，利用中望 CAD，绘制 KL1 横截面配筋图（即截面注写的方式）。

截面注写的绘制主要用到“多段线”“圆环”“矩形”“单行文字”等绘图和其他一些编辑修改命令。

例如，识读结施-06，以截面注写的方式绘制 KL1 在Ⓐ轴～Ⓑ轴跨中位置的横截面配筋，绘图比例 1∶1，出图比例 1∶25，具体步骤如下：

（1）绘制梁横截面轮廓线、箍筋及纵筋。

① 绘制梁轮廓线。在图层特性管理器窗口新建“构件轮廓”图层，颜色为白色，线型为实线，并设为当前层。调用“矩形”命令，绘制宽为 250、高 600 的矩形，并补绘出板及折断线，如图 6.4.8（a）所示。

命令：rectang ↵

指定第一个角点或［倒角（C）/标高（E）/圆角（F）/正方形（S）/厚度（T）/宽度（W）］：

指定其他的角点或［面积（A）/尺寸（D）/旋转（R）］：D

梁板轮廓线绘制

输入矩形长度<250>：250

输入矩形宽度<600>：600

指定其他的角点或［面积（A）/尺寸（D）/旋转（R）］：↵

② 用“偏移”命令把矩形轮廓线向内偏移 25mm（依据经验值确定，也可计算确定），如图 6.4.8（b）所示。

梁截面钢筋绘制

命令：offset ↵

指定偏移距离或［通过（T）/擦除（E）/图层（L）］<25>：25

选择要偏移的对象或［放弃（U）/退出（E）］<退出>：（鼠标选取矩形轮廓线）

指定目标点或［退出（E）/多个（M）/放弃（U）］<退出>：（鼠标点向矩形内部）

选择要偏移的对象或［放弃（U）/退出（E）］<退出>：↵

③ 编辑偏移的目标对象（箍筋）的特性，将全局宽度改为 10mm。

④ 用“多段线”命令绘制长度为 75<-135 的多段线。

命令：pline ↵

指定多段线的起点或<最后点>：

当前线宽是 10

指定下一点或［圆弧（A）/半宽（H）/长度（L）/撤销（U）/宽度（W）］：@ 150<45

指定下一点或［圆弧（A）/闭合（C）/半宽（H）/长度（L）/撤销（U）/宽度（W）］：

⑤ 用“偏移”命令复制两个平行的多段线，即为箍筋的 135°弯钩。

命令：offset ↵

指定偏移距离或［通过（T）/擦除（E）/图层（L）］<25>：20

选择要偏移的对象或［放弃（U）/退出（E）］<退出>：

指定目标点或［退出（E）/多个（M）/放弃（U）］<退出>：

选择要偏移的对象或［放弃（U）/退出（E）］<退出>：↵

⑥ 用“移动”命令将两个平行的 PL 线移动到箍筋的右上角，如图 6.4.8（c）所示。

⑦ 绘制纵向钢筋断面。启动“圆环”命令，绘制箍筋内的纵向钢筋断面图，如图 6.4.8（d）所示。

命令：donut ↵

指定圆环的内径<0>：0

指定圆环的外径<15>：15

指定圆环的中心点或<退出>：（光标点箍筋内左上角）

指定圆环的中心点或<退出>：（光标点箍筋内右上角）

指定圆环的中心点或<退出>：（光标点箍筋内左下角）

指定圆环的中心点或<退出>：（光标点箍筋内右下角）

指定圆环的中心点或<退出>：（光标点箍筋内下中部）

指定圆环的中心点或<退出>：↵

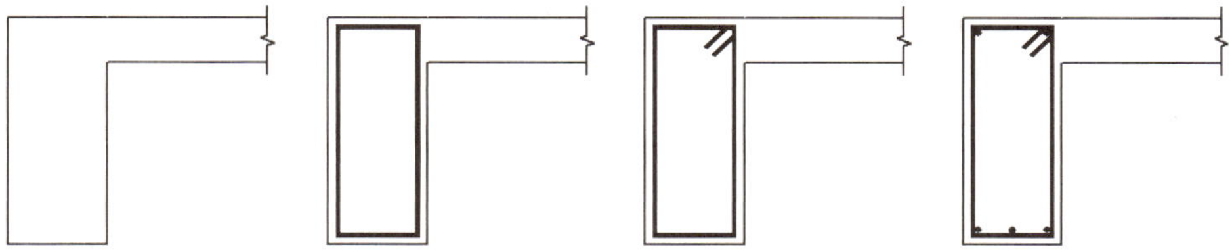

(a)　(b)　(c)　(d)

图 6.4.8　绘制梁横截面图

（2）截面注写梁配筋。

在图层特性管理器窗口新建“截面注写”图层，颜色为白色，线型为实线，并设为当前层。文字样式管理器窗口选取“文字”为当前文字样式，调用“单行文字”命令，编辑梁配筋值字符串：2Φ18、2Φ18+1Φ16、Φ6@200，分别将其“移动”到梁轮廓上部、下部和中部，并根据构造要求，补绘梁腰筋 G2Φ10，如图 6.4.9 所示。

（3）绘制梁截面尺寸、图名、比例，完成梁截面配筋，如图 6.4.9 所示。

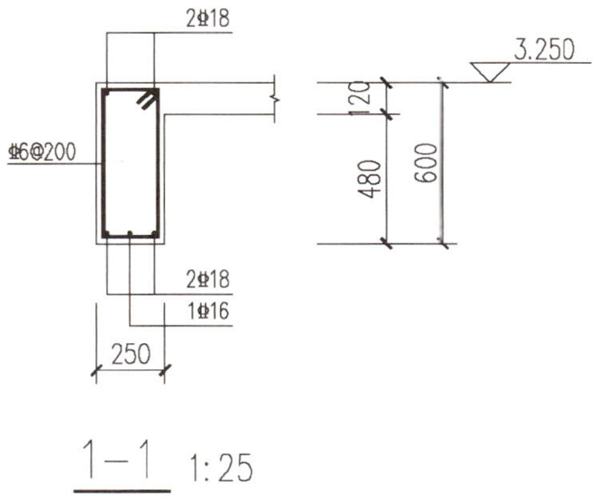

图 6.4.9　梁横截面配筋（截面注写）

梁截面的标注

钢筋及图名注写

6.5 绘制现浇混凝土楼梯结构图

6.5.1 钢筋混凝土楼梯绘制内容

结构详图，主要包括楼梯详图、结构节点构造详图等。

现浇混凝土楼梯施工图主要包括以下内容。

（1）图名和比例。

（2）轴网定位尺寸和编号。

（3）楼梯踏步板、平台板、楼梯梁、楼梯柱等构件平面布置图。

（4）楼梯梯段板、平台板、楼梯梁、楼梯柱截面尺寸及配筋。

（5）特殊构造要求或必要的楼梯结构说明等。

楼梯结构图绘制可以在建筑模板图上编辑修改完成，也可以自行绘制楼梯平面、剖面等。本书工程案例的楼梯结构图是根据国标图集 16G101-2，以平面注写方式绘制，并辅以标准构造详图指导施工。

梯板的平法注写方式包括平面注写、剖面注写和列表注写三种，绘制的方法与基础平法、梁平法类似，主要是通过调用“直线”“单行文字”等绘图命名和“移动”“阵列”“拷贝”“偏移”等编辑修改命令完成。

本节以传统配筋方式讲述楼梯梯段板的配筋详图。

6.5.2 绘制楼梯结构图准备工作

本节主要介绍梯板配筋图的绘制，包括梯段板轮廓线绘制、板内受力钢筋和构造钢筋的绘制、尺寸标注等，绘图比例 1：1，出图打印比例 1：25。

通过识读楼梯平法配筋图，了解掌握 3.250~4.700m 标高的梯板 AT2 的配筋，并结合构造要求绘制梯板剖面配筋。

打开中望 CAD 2024 教育版常用工具栏，单击“新建”按钮，创建一个扩展名为 .dwg 图形文件，单击“保存”按钮，将其存到工作目录下并命名为“楼梯结构图 .dwg”（图 6.5.1）。

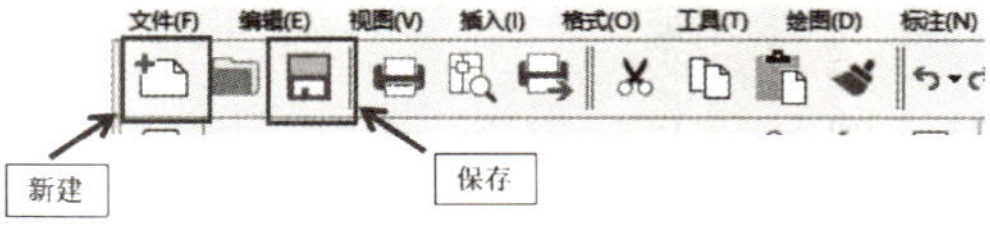

图 6.5.1 新建及保存文件

（1）打开图层特性管理器，根据楼梯平法配筋图所表达的内容及要绘制的图形，新建图层如图 6.5.2 所示。

（2）打开“文字样式管理器”命令按钮 ，设置本图的文字样式“文字”，如图 6.5.3 所示。

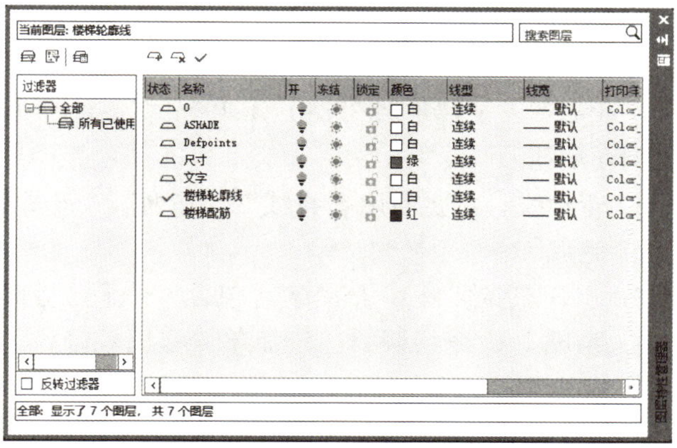

图 6.5.2　楼梯结构图新建图层

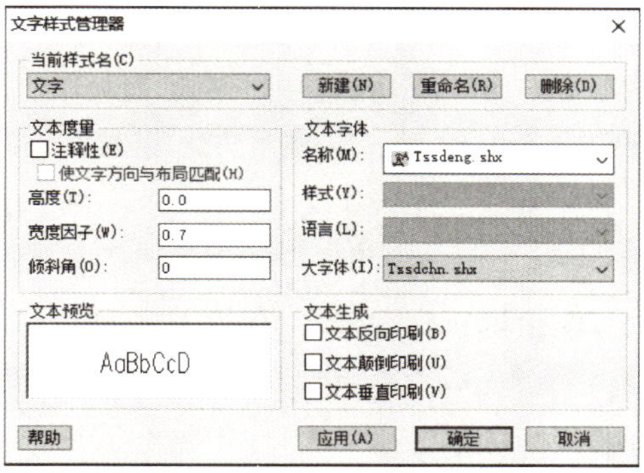

图 6.5.3　文字样式设置

（3）打开“标注样式管理器”命令按钮，设置绘图比例为 1∶1，打印比例 1∶25 的标注样式“尺寸”，如图 6.5.4 所示。

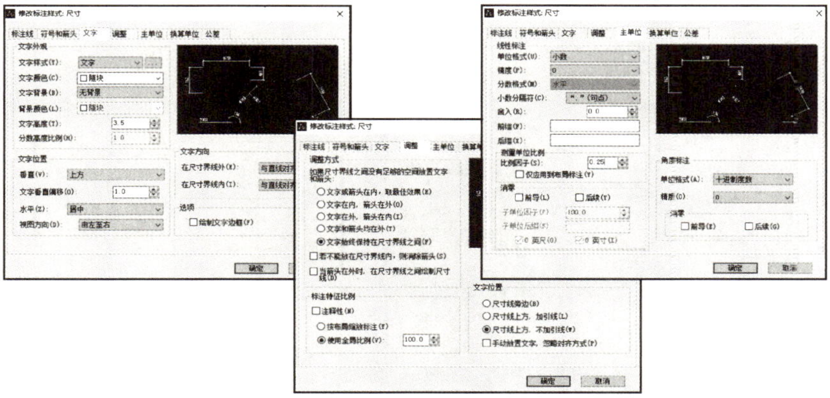

图 6.5.4　标注样式设置

6.5.3　绘制楼梯梯段板配筋图

通过识读楼梯平法配筋图，了解掌握 3.250~4.700m 标高的梯板 AT2 的配筋，并结合构造要求绘制梯板剖面配筋。

（1）绘制梯板 AT2 轮廓线。主要利用“直线”“阵列”“镜像”“移动”“复制”等命令完成。

梯板轮廓线绘制

此梯段板总共有 10 步，需要绘制 10 个踏步（包含 1 个平台板部分），可以用“复制”“粘贴”命令绘制，比较简单，但比较慢。下面介绍以“阵列”的方法绘制梯段板的踏步，不同于常见的矩形阵列和环形阵列，梯段板踏步是采用斜向阵列（设置角度）方法绘制的。

① 调用“直线”命令绘制线段 AB 和 BC，形成踏步的三角形部分，如图 6.5.5 所示。

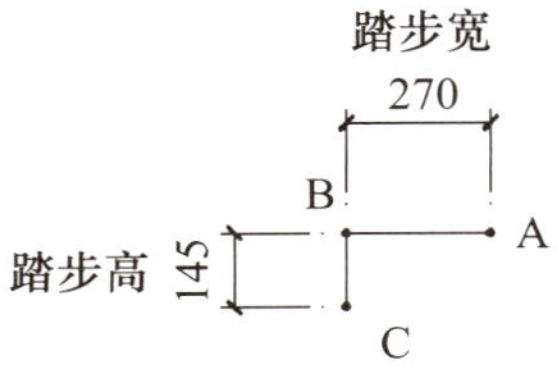

图 6.5.5　踏步示意图

② 以任一种方式启动“阵列”命令，在弹出的“阵列”对话框，设置斜向整列的数值。窗口右侧选中“矩形矩阵”单选按钮，左侧行、列分别输入 1 和 10，左侧下方“偏移距离和方向”分别设置如下。

行偏移：1.0

列偏移：单击数据栏右侧拾取按钮，在绘图界面分别拾取点 B 和点 A，此时数据栏内显示为 306.5，此数据即为踏步斜向阵列的列偏移距离，右侧预览窗口内即时显示阵列的效果。

阵列角度：单击数据栏右侧拾取按钮，在绘图界面分别拾取点 C 和点 A，此时数据栏内显示为 208，此数据即为踏步斜向阵列的角度（相对于 X 轴正向），右侧预览窗口即时显示阵列效果，可由此判断设置是否正确。如图 6.5.6 所示。

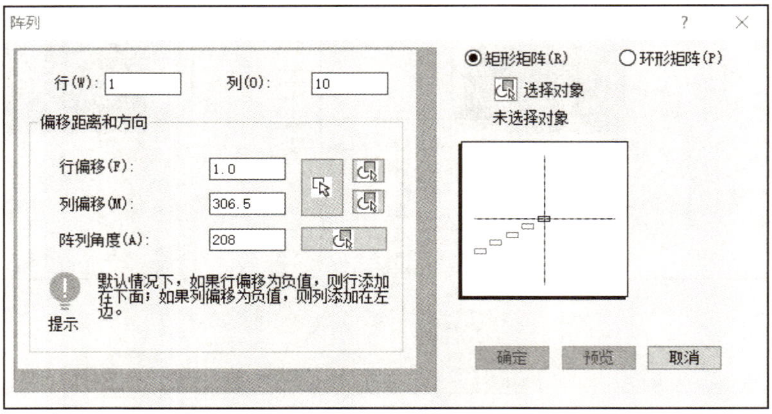

图 6.5.6　设置踏步阵列

③ 单击“阵列”窗口右侧“选择对象”按钮，在绘图截面框选直线段 AB 和 BC，

右击返回“阵列”窗口，单击“确定”按钮，即可阵列出梯段板 AT2 的 10 踏步（三角形部分），如图 6.5.7 所示。

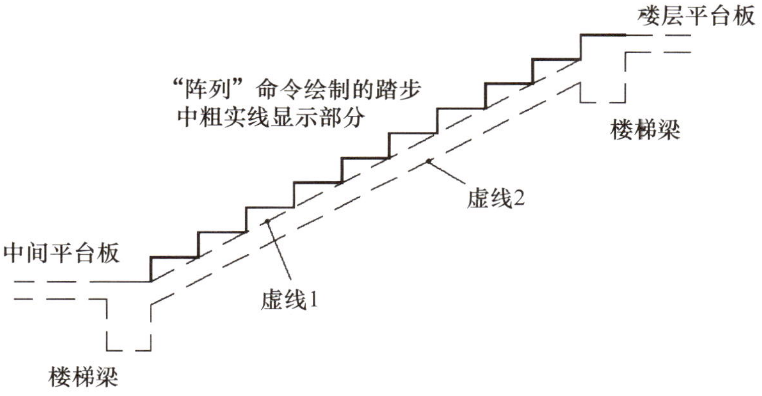

图 6.5.7　“阵列”命令绘制踏步

④ 调用“直线”命令，绘制虚线 1，“偏移”命令绘制虚线 2，偏移距离为 120mm，即可绘制出 120 厚的梯段板。再通过识读楼梯配筋图，补绘其余部分平台板和楼梯梁。图 6.5.8 所示为 AT2 的轮廓线。

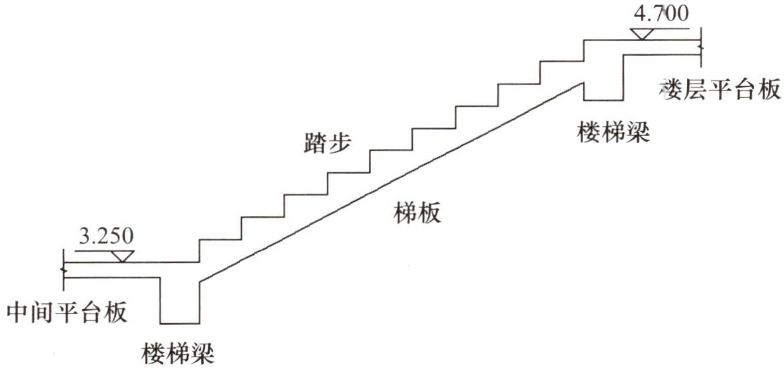

图 6.5.8　梯段 AT2 轮廓线

（2）绘制梯板底部纵向受力钢筋。主要是利用“偏移”“编辑多段线”“多段线”“圆角”等命令绘制钢筋线。

钢筋的绘制

① 调用“缩放”命令，将绘制的梯段 AT2 轮廓线放大 4 倍。

② 以梯板底边线为辅助线，调用“偏移”命令，点取梯板底边线，向梯板内偏移 25mm，复制出一条平行于底边的斜线，在快捷工具栏选取 ✍ 命令按钮或命令行输入 pedit，将复制出的斜线编辑为 PL 线，即为梯板纵向受力钢筋。

调用偏移命令：offset ↵

指定偏移距离或［通过（T）/擦除（E）/图层（L）］<25.0>：25

选择要偏移的对象或［放弃（U）/退出（E）］<退出>：（选取梯板底边线）

指定目标点或［退出（E）/多个（M）/放弃（U）］<退出>：（单击梯板内）

选择要偏移的对象或［放弃（U）/退出（E）］<退出>：↵

命令：pedit ↵

选择要编辑的多段线或［多个（M）］：（单击复制出的斜线）

选择的对象不是多段线．将它转化吗？<Y> y

输入选项［编辑顶点（E）/闭合（C）/非曲线化（D）/拟合（F）/连接（J）/线型模式（L）/反向（R）/样条曲线（S）/锥形（T）/宽度（W）/撤销（U）］<退出（X）>：w

输入所有分段的新宽度：10

输入选项［编辑顶点（E）/闭合（C）/非曲线化（D）/拟合（F）/连接（J）/线型模式（L）/反向（R）/样条曲线（S）/锥形（T）/宽度（W）/撤销（U）］<退出（X）>：↵

如图 6.5.9 所示。

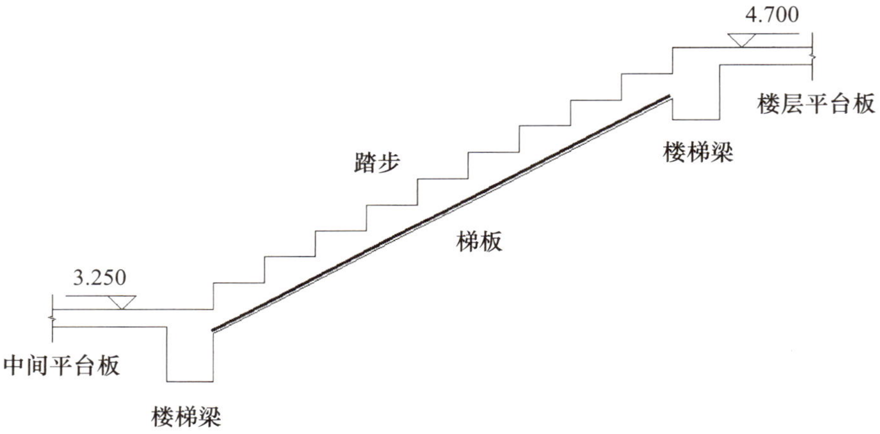

图 6.5.9　编辑梯板底部纵向受力钢筋（1）

③ 梯板纵向受力钢筋应伸入到两端的楼梯梁内并设垂直锚，故需在两端梯梁内分别绘制一段竖向的多段线，并调用倒“圆角”命令连接纵向受力钢筋与垂直锚，如图 6.5.10 所示。

命令：pline ↵

指定多段线的起点或<最后点>：

当前线宽是 10.0

指定下一点或［圆弧（A）/半宽（H）/长度（L）/撤销（U）/宽度（W）］：W

指定起始宽度<10.0>：10

指定终止宽度<10.0>：

指定下一点或［圆弧（A）/半宽（H）/长度（L）/撤销（U）/宽度（W）］：

指定下一点或［圆弧（A）/闭合（C）/半宽（H）/长度（L）/撤销（U）/宽度（W）］：

命令：fillet ◄┘

当前设置：模式=TRIM，半径=0.0

选取第一个对象或［多段线（P）/半径（R）/修剪（T）/多个（M）/放弃（U）］：

选择第二个对象或按住【Shift】键选择对象以应用角点：

命令：◄┘

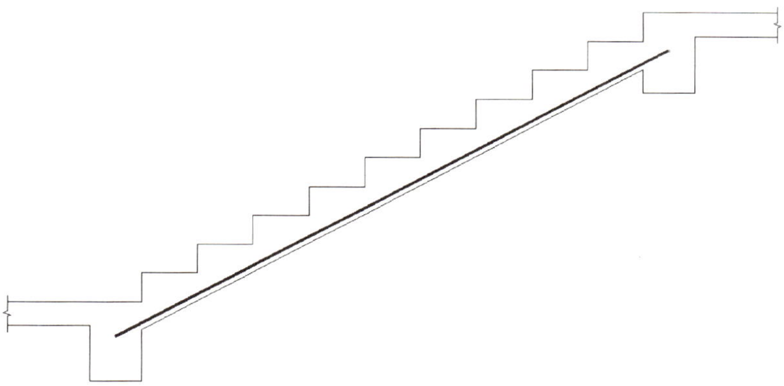

图 6.5.10　编辑梯板底部纵向受力钢筋（2）

（3）绘制梯板上部支座钢筋。主要是利用“偏移”“编辑多段线”“多段线”“倒角”等命令绘制钢筋线。

梯板支座筋可以利用图 6.5.7 中虚线 1，通过偏移、编辑多段线、绘制多段线、倒角等命令绘制，此处略过。再对 AT2 进行必要的尺寸标注、钢筋编号、分布筋等信息补充，3.250~4.700m 标高范围内的 AT2 配筋如图 6.5.11 所示。

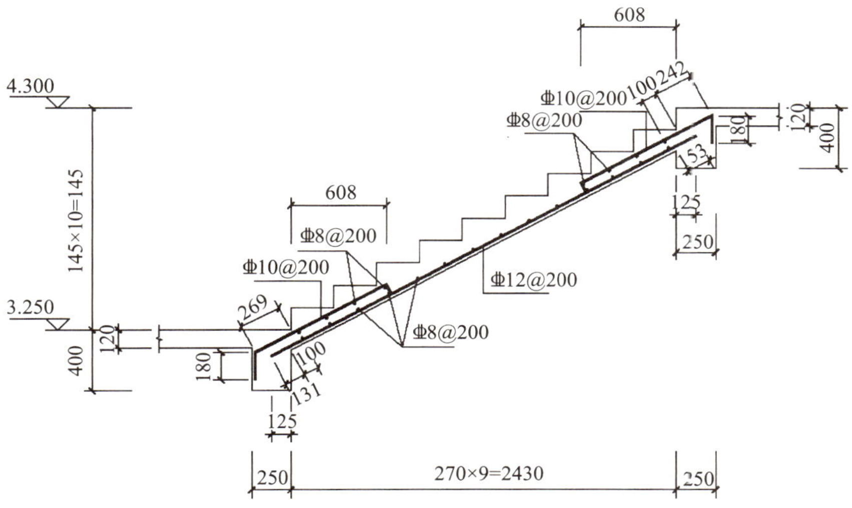

AT2　1 : 25

图 6.5.11　梯板 AT2 配筋图

教学单元 7　图形输出和打印

在所有的图样绘制完成后，通常需要输出和打印纸质版图纸，用来指导施工，它是进行技术交流的介质，同时也是后期竣工验收的依据，因此，学会图纸的输出与打印是必要的。在教学单元 1.2 中介绍了模型空间和图纸空间的概念，本章主要介绍应用。

7.1　模型空间和图纸空间

7.1.1　模型空间和图纸空间的切换

（1）从图纸空间到模型空间的方法：选择“模型”选项卡。

（2）从模型空间到图纸空间的方法：选择“布局”选项卡。

在图纸空间进行图纸模型空间和纯图纸空间之间的切换方法是，在浮动视口内或浮动视口外双击，分别进入“图纸模型空间”和“纯图纸空间”。最外侧的矩形轮廓指示当前配置的图纸尺寸，虚线是打印区域控制线，还包括显示模型图形的浮动视口，如图 7.1.1 所示。

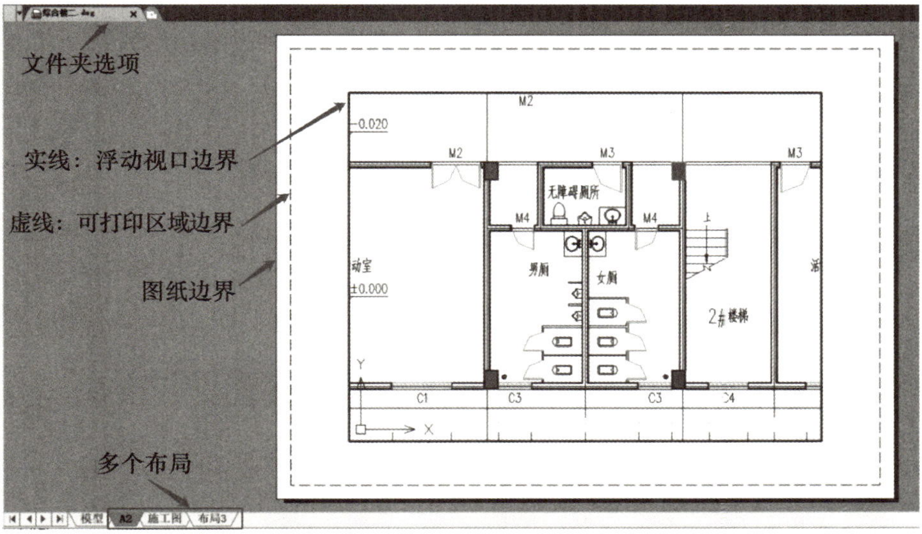

图 7.1.1　进入图纸空间

7.1.2　布局的创建和管理

实际绘图中，1 个布局往往不能满足要求，需要创建多个布局，并且打印时需要对布局进行页面设置。

1. 使用布局向导创建布局

向导创建会引导用户按照系统程序预设的每一步进行创建。

（1）菜单：“插入（I）”→“布局（L）”→“新建布局（N）”。

输入布局名称：A2↵，如图 7.1.2 所示。

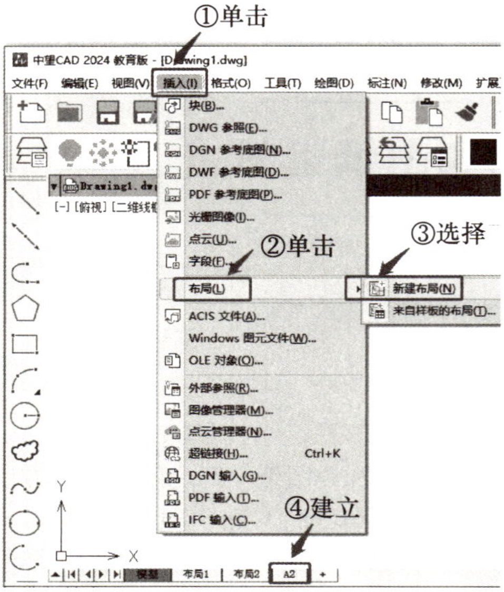

图 7.1.2　新建布局

（2）菜单：“插入（I）”→“布局（L）”→“来自样板的布局（T）”。

选择模板名称：ISO A2 -Color Dependent Plot StylesA2；如图 7.1.3 所示。

创建布局之前，须确认打印设备、图幅大小、图形方向、是否选择用标题栏等。

选择插入布局：根据绘制图形的大小进行选择；我们选择 ISO-A2。

（3）命令行：layout↵。

输入布局选项［复制（C）/删除（D）/新建（N）/重命名（R）/设置（S）/保存（SA）/模板（T）/?］<设置>：c↵

输入要复制的布局名称：<布局 1>：A2↵

输入复制后的布局名称：<A2（2）>：A3↵，如图 7.1.4 所示。

2. 布局操作

（1）修改布局名称：鼠标指向布局名称→右击→单击“重命名”。如图 7.1.5 所示；将“布局 3”改为：“立面图”。

（2）移动、复制、删除：重复图 7.1.5 过程，从弹出的“移动或复制”对话框中选择相应的操作，获得的 A3 布局将继承 A2 布局的特性。

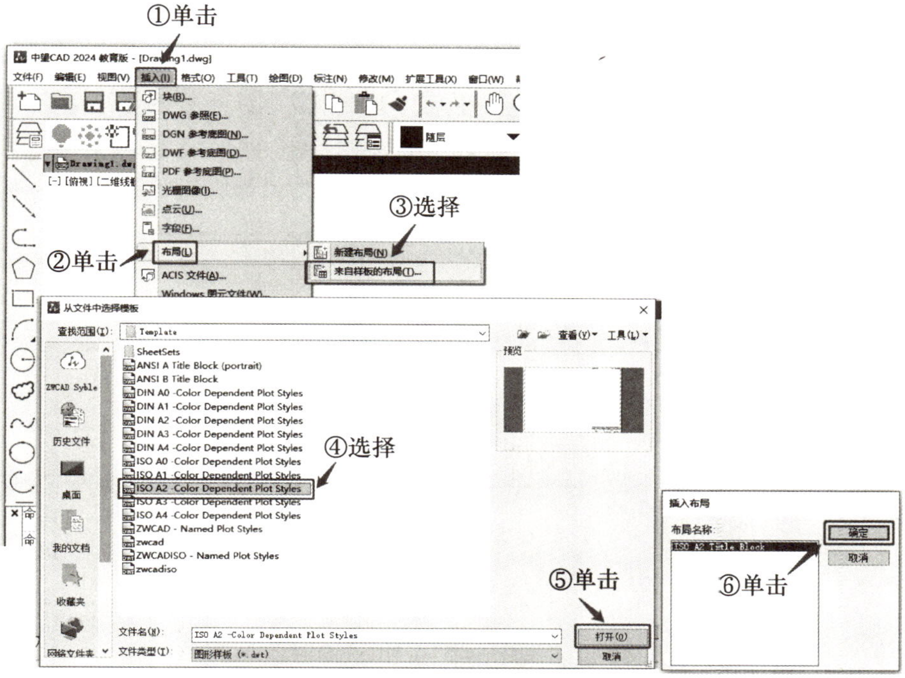

图 7.1.3　插入来自样板的布局

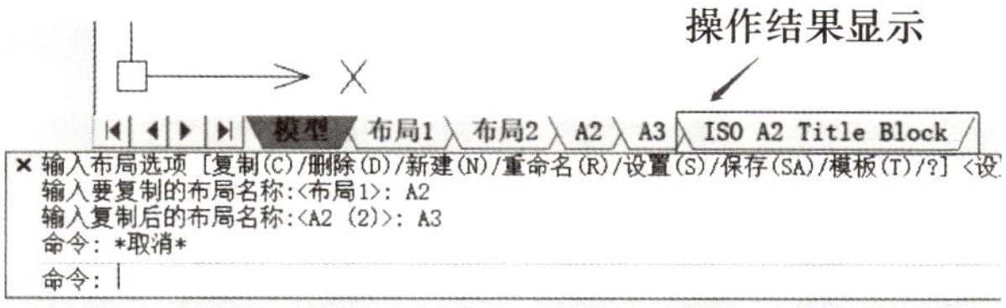

图 7.1.4　layout 操作新建布局

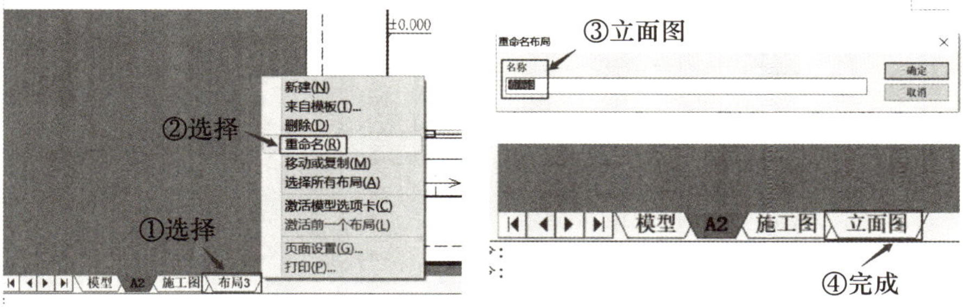

图 7.1.5　修改布局名称

7.1.3　浮动视口的特点和操作要点

浮动视口相当于照相机的镜头，在 ZWCAD 软件中用于显示模型空间的图形，浮动视口就是图纸模型空间，通过它来调整模型空间的图形在图纸上显示的具体大小、位置。

创建布局时，系统会自建一个浮动视口，在视口内进行双击，便激活了浮动的图纸模型空间，这时视口的边界线变成黑色粗线，同时坐标系也显示在视口中，在视口里编辑图像，则模型空间里的对象一同改变。注意，不要轻易删除重要的图形信息。在视口以外的地方双击，则推出可编辑模式，坐标系消失。

图 7.1.6 所示为窗口激活状态显示，图 7.1.7 所示为退出编辑状态显示。

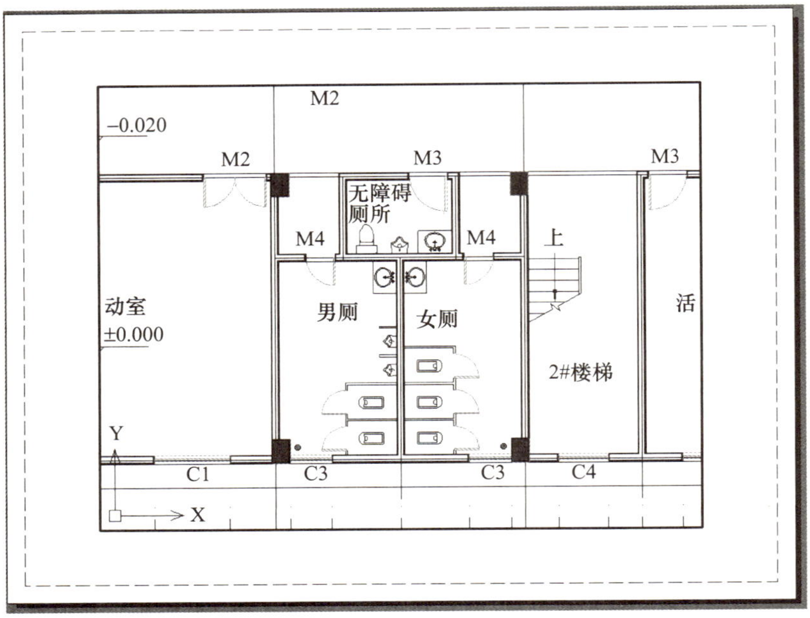

图 7.1.6　窗口激活状态显示

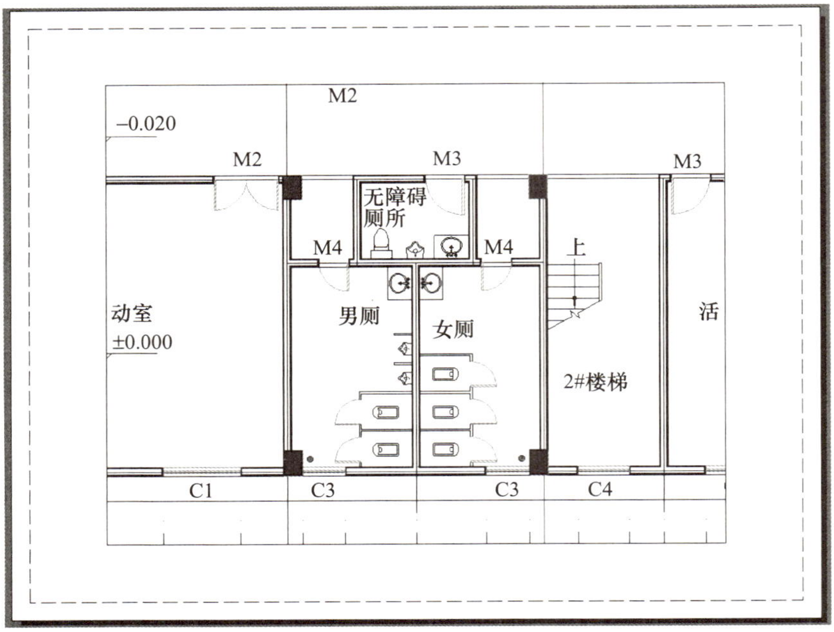

图 7.1.7　退出编辑状态

7.2 图形输出

图形输出成图纸之前要进行页面设置和打印设置，这样可以保证图纸的正确性。

7.2.1 页面设置

页面设置的主要内容是图纸规格、打印设备等，页面设置可以通过“模型空间”和“图纸空间（布局空间）”进行。

修改好的布局设置可以命名保存，应用于其他布局中。

1. 页面设置管理器的访问方法

（1）菜单：文件（F）→页面设置管理器，如图 7.2.1 所示。

（2）按钮：布局工具栏 。

（3）命令行：pagesetup ←┘。

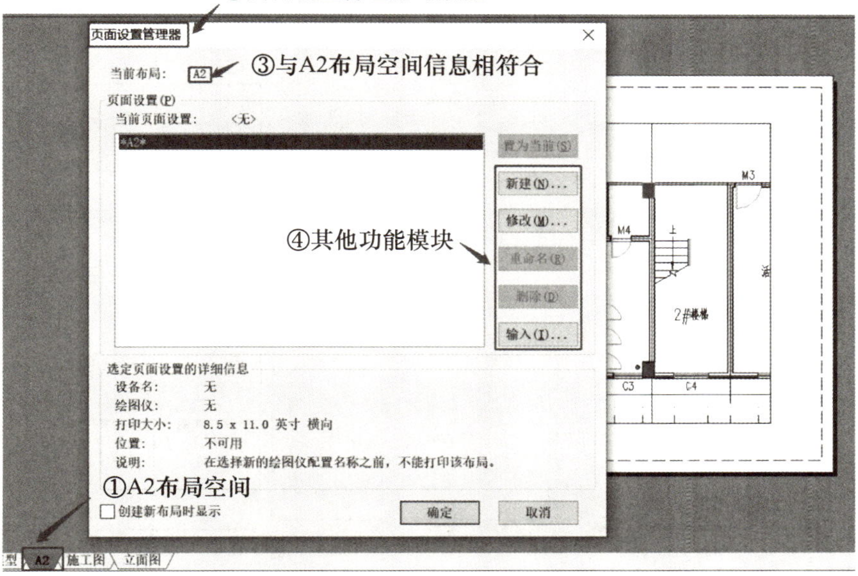

图 7.2.1　页面设置管理器

2. 新建页面设置

根据图纸大小和绘图需要，建立自己的布局空间页面设置，命名为：三层平面图。

操作步骤如图 7.2.2 所示。

（1）打开页面设置管理器→新建→新页面设置名（三层平面图）→基本样式（无）→确定。

（2）新建页面设置确定后，就会弹出“打印设置”对话框。对话框主要由“页面设置”“打印机/绘图仪”“打印区域”“打印偏移”“打印比例”“打印样式表”“着色视口选项”“打印选项”“图形方向”9 部分构成，如图 7.2.3 所示。

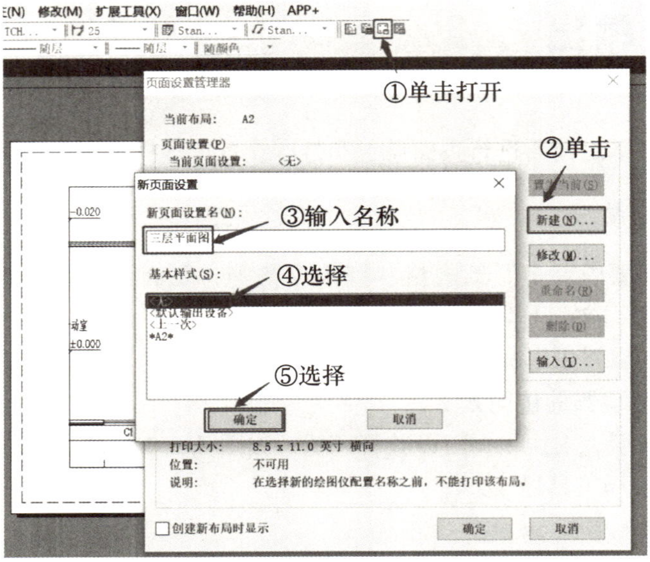

图 7.2.2　新建“三层平面图”页面设置

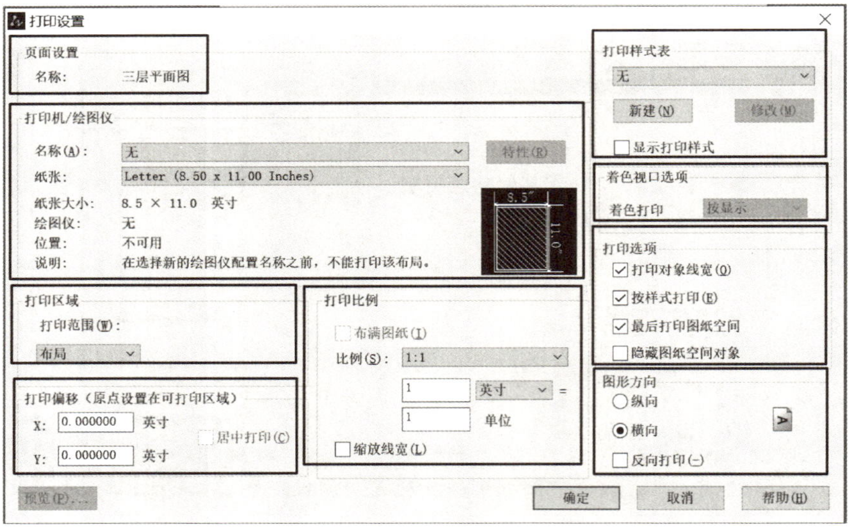

图 7.2.3　新建页面设置对话框

9 个选项说明：

①“页面设置”：显示当前所设置的页面设置名称。

②“打印机/绘图仪”选项组包括以下内容：

“名称”下拉列表框：选择当前配置的打印机，如选择“DWG To PDF. pc5”虚拟打印机，将打印输出成 PDF 文档。

特性(R) 按钮：查看或修改打印机的配置信息。单击该按钮，ZWCAD 弹出“绘图仪配置编辑器”对话框，在该对话框中对打印机的配置进行设置，如修改打印区域等，如图 7.2.4 所示。

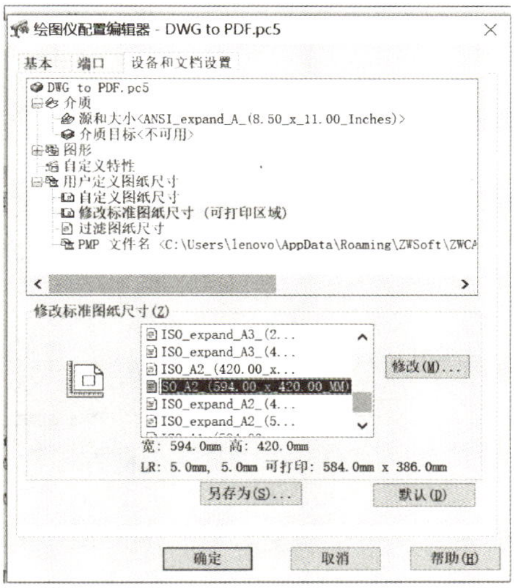

图 7.2.4 “绘图仪配置编辑器”对话框

“纸张”选项：指定某一规格的图纸。用户可以通过其后的下拉列表来选择图纸幅面的大小。

③“打印区域”选项：确定图形的打印区域。在对布局的页面设置中，其默认的设置为布局，表示打印布局选项卡中图纸尺寸边界内的所有图形。其后的下拉列表框中各设置项的意义如下。

“窗口”：打印位于指定矩形窗口中的图形，通过鼠标或键盘来定义窗口。

“范围”：打印图形中所有对象。

“显示”：打印当前显示的图形。

“视图”：打印已经保存的视图。必须创建视图后，该选项才可用。

“图形界限”打印位于由 Limits 命令设置的图形界限范围内的全部图形。

④“打印偏移”选项组确定打印区域相对于图纸的位置。

“X”和“Y”文本框：指定可打印区域左下角点偏移量，输入坐标值即可。

“居中打印”复选框：系统自动计算输入的偏移量以便居中打印。

⑤“打印比例”选项组设置图形的打印比例。

“布满图纸”复选框：系统将打印区域布满图纸。

“比例”下拉列表框：用户可选择标准比例，或输入自定义比例值。

⑥“打印样式表”选项组：选择、新建和修改打印样式表。

其后的下拉列表框中选项操作和意义如下：“新建”ZWCAD 将激活“添加颜色相关联的打印样式表”向导来创建新的打印样式表，选择某打印样式：单击其后的按钮，可以使用弹出的“打印样式表编辑器”对话框，查看或修改打印样式，如图 7.2.5 所示。

“显示打印样式”复选框：指定是否在布局中显示打印样式。

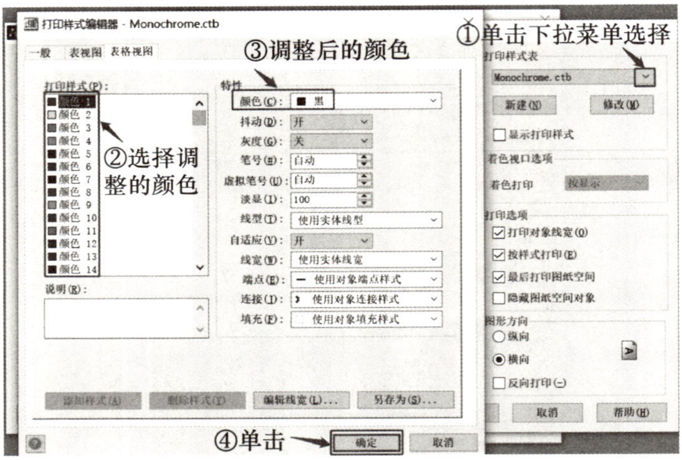

图 7.2.5　打印样式表编辑器

⑦“着色视口选项”选项组：用于指定着色和渲染窗口的打印方式，并确定它们的分辨率级别和每英寸点数（DPI）。

“着色打印”：指定视图的打印方式。要为布局选项卡上的视图指定此设置，请选择该视口，然后在“工具”菜单中选择“特性”命令。当打印模型空间的图形时，可从“着色打印”下拉列表中进行选择，各选项的意义如下。

“按显示”：按对象在屏幕上的显示方式打印。

“线框”：在线框中打印对象，不考虑其在屏幕上的显示方式。

“消影”：打印对象时消除隐藏线，不考虑其在屏幕上的显示方式。

“渲染”：按渲染方式打印对象，不考虑其在屏幕上的显示方式。

“质量”：用于指定着色和渲染视口的打印分辨率。其后的下拉列表中各选项的意义如下。

“草稿”：将渲染和着色模型空间视图设置为线框打印。

“预览”：将渲染和着色模型空间视图的打印分辨率设置为当前设备分辨率的 1/4，DPI 的最大值为 150。

“常规”：将渲染和着色模型空间视图的打印分辨率设置为当前设备分辨率的 1/2，DPI 的最大值为 300。

“演示”：将渲染和着色模型空间视图的打印分辨率设置为当前设备分辨率，DPI 的最大值为 600。

“最大”：将渲染和着色模型空间视图的打印分辨率设置为当前设备分辨率，无最大值。

“自定义”：将渲染和着色模型空间视图的打印分辨率设置为“DPI”框中指定的分辨设置，最大值可为当前设备的分辨率。

“DPI”文本框：指定渲染和着色视图的每英寸点数，最大可为当前设备的分辨率。只有在“质量”下拉列表中选择了“自定义”后，此选项才有用。

⑧“打印选项”选项组：

确定是按图形的线宽打印图形，还是根据打印样式打印图形。有四个选项，其意义如下。

“打印对象线宽”复选框：通过选中和取消选中来控制是否按指定给图层或对象的线宽打印图形。

“按样式打印”复选框：选中该复选框，表示对图层和对象应用指定的打印样式特性。

“最后打印图纸空间”复选框：选中该复选框，表示先打印模型空间图形，再打印图纸空间图形。不选此项，表示先打印图纸空间图形，再打印模型空间图形。

“隐藏图纸空间对象”复选框：选中该复选框，表示将不打印图纸空间对象。

⑨“图形方向”选项组：确定图形在图纸上的打印方向，图纸本身方向不变。

“纵向”单选框：纵向打印图形。

“横向”单选框：横向打印图形。

“反向打印”复选框：选中该复选框，将图形旋转 180°打印。

7.2.2　打印设置

完成页面设置之后就可以打印了。“模型空间”和“布局空间”的图形可以打印。

（1）打印模型空间图形的方法，如图 7.2.6 所示。

① 命令访问。

菜单：文件（F）→打印（P）。

命令行：plot ↵。

按钮：标准工具栏 。

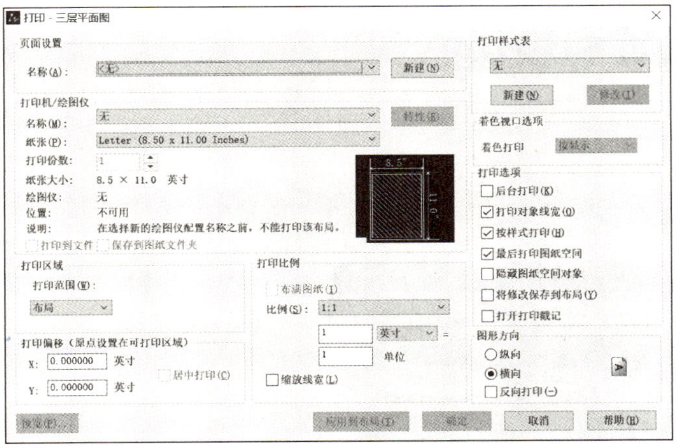

图 7.2.6　模型空间打印界面

模型空间输出三层平面图为 JPG 操作

② 操作说明。

页面设置“名称”处选择已经设置好的；

对话框左下角“预览”打印效果，通过预览可以检查是否符合打印要求，如果通过，按【Esc】键退出预览状态，单击“确定”按钮，打印出图。

（2）打印布局图形的方法。

模型空间打印图形和布局打印命令调用和设置方法相同，执行【Ctrl】+【P】命令后，选择“打印-布局”对话框中相关打印参数。图片效果如图 7.2.7 所示。

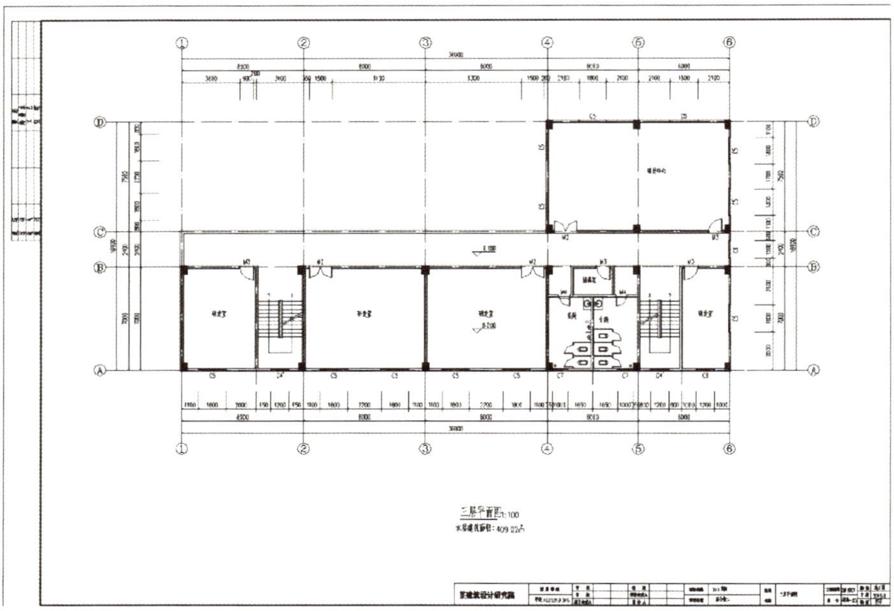

图 7.2.7　模型空间打印图片效果

7.3　布局图的设置和输出

操作步骤如下：

（1）在已有的布局名称处右击→“新建”，如图 7.3.1 所示。

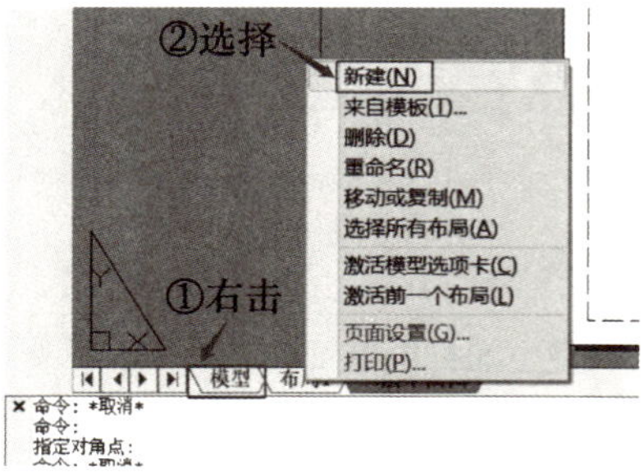

图 7.3.1　新建布局

（2）将新建“布局 1”重命名为“三层平面图”，如图 7.3.2 所示。

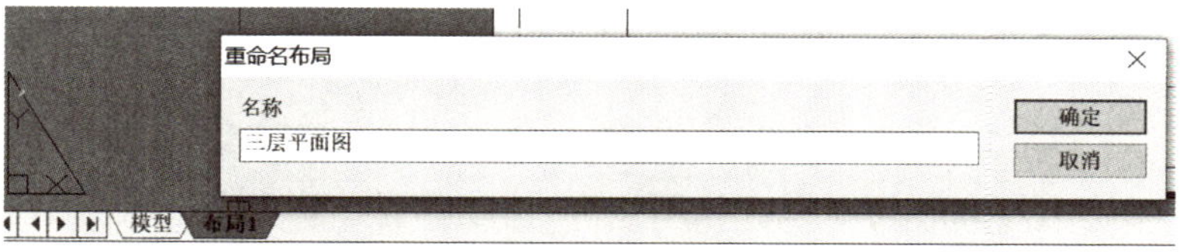

图 7.3.2　重命名布局

（3）单击布局“三层平面图”→删除“浮动视口”，如图 7.3.3 所示。

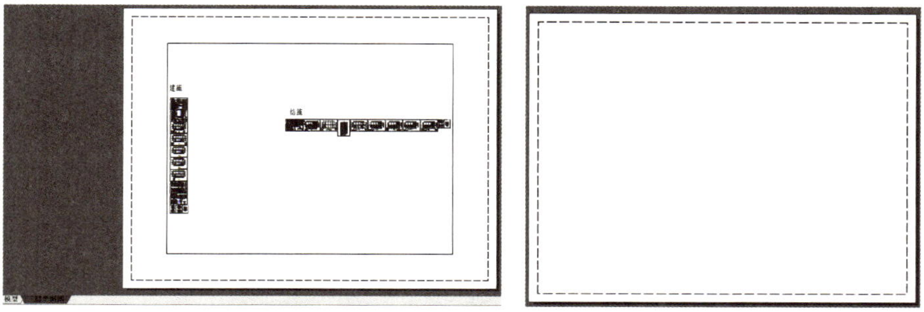

图 7.3.3　删除浮动视口

（4）鼠标指向布局“三层平面图”→单击“页面设置”。

（5）在“页面设置管理器”中单击“修改”按钮，如图 7.3.4 所示。

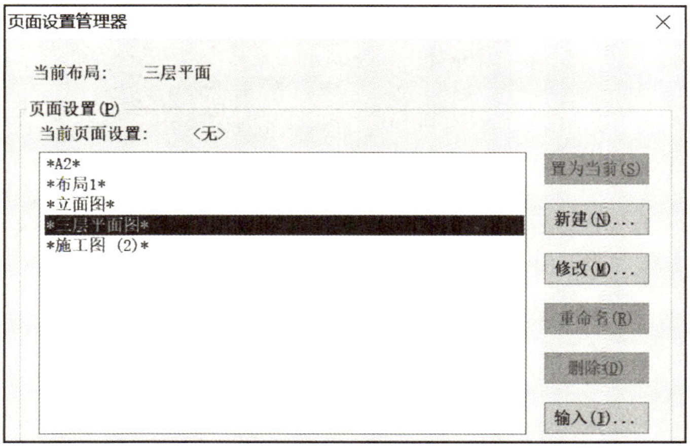

图 7.3.4　修改三层平面图

（6）进入“打印设置”界面，如图 7.3.5 所示。

①“打印机/绘图仪”→“名称”输入“DWG to PDF pc5”。

② 单击“DWG to PDF pc5”后面的“特性”进行修改。

③“绘图仪配置编辑器”→单击“用户定义图纸尺寸”→“修改标准图纸尺寸”→选择 ISO_ A2_ （594.00_ ×420.00）→“调整可打印区域”上下左右均为“0”→下一步，完成，如图 7.3.6 和图 7.3.7 所示。

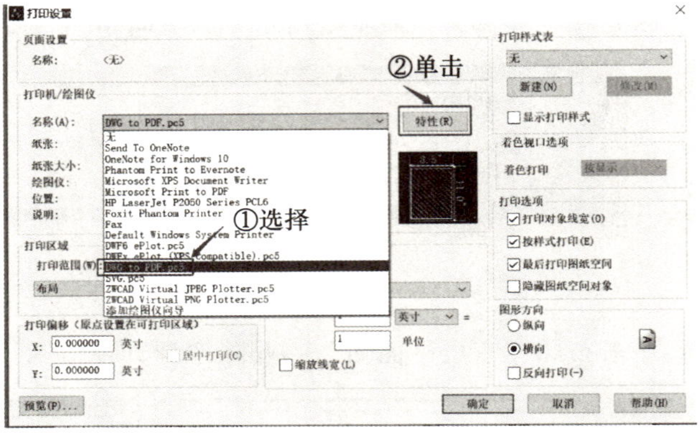

布局打印

图 7.3.5　打印机/绘图仪设置

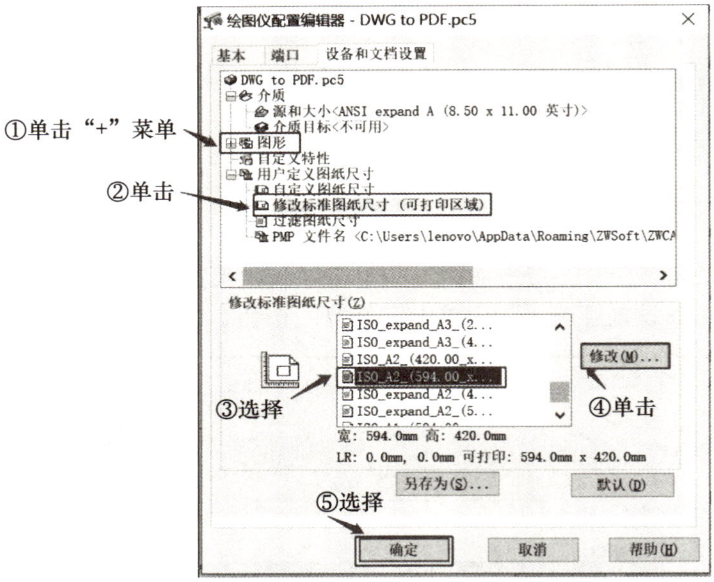

图 7.3.6　绘图仪配置编辑器/修改图纸

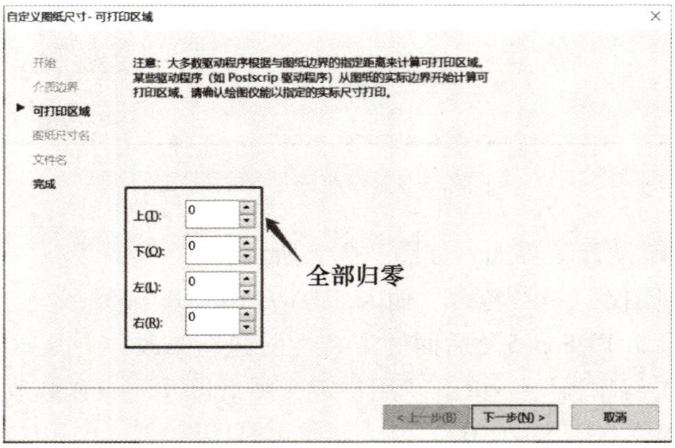

图 7.3.7　修改图纸数值归零

④“纸张”选择“ISO A2（594.00×420.00 毫米）”，如图 7.3.8 所示。

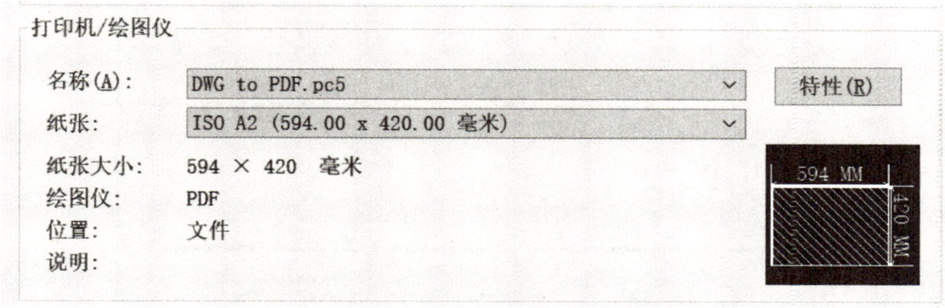

图 7.3.8　打印机/绘图仪参数设置完成

⑤ 打印区域：选择“布局”，其余参数不变，如图 7.3.9 所示。

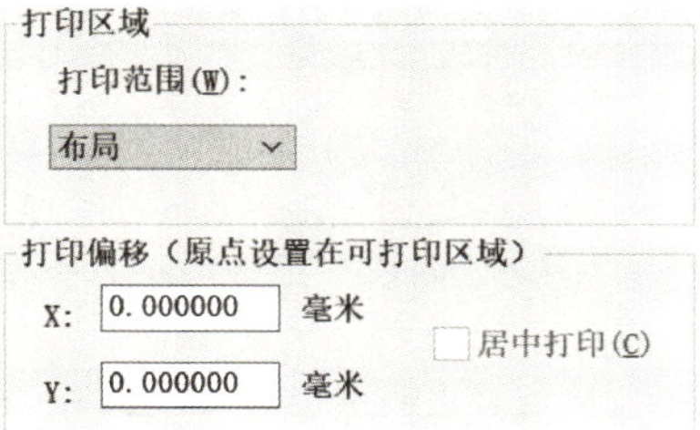

图 7.3.9　打印区域设置

⑥ 打印样式设置：选择 Monochrome.ctb（黑白打印，也经常被说成“灰度打印”），如图 7.3.10 所示。

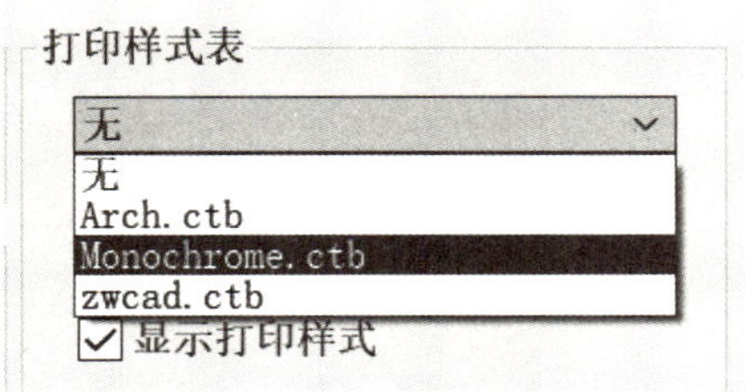

图 7.3.10　选择打印样式

⑦“着色视口选项”“打印选项”“图形方向”参数无调整；

⑧“打印比例”“布满图纸”→“比例 1∶1”。

⑨ 布局空间建立矩形视口（REC、MV）→双击到浮动视口里选出模型空间需要打印的“三层平面图”→退出浮动视口并锁定视口比例为 1∶100→再次双击进入浮动视口“平移需要输出的图形至合适的位置”→退出浮动视口→鼠标指向“三层平面图”右击“打印”→完成保存，如图 7.3.11 所示。

三层平面图的布局打印是“单一比例出图”的操作，如果是“多种比例出图”，方法同理。

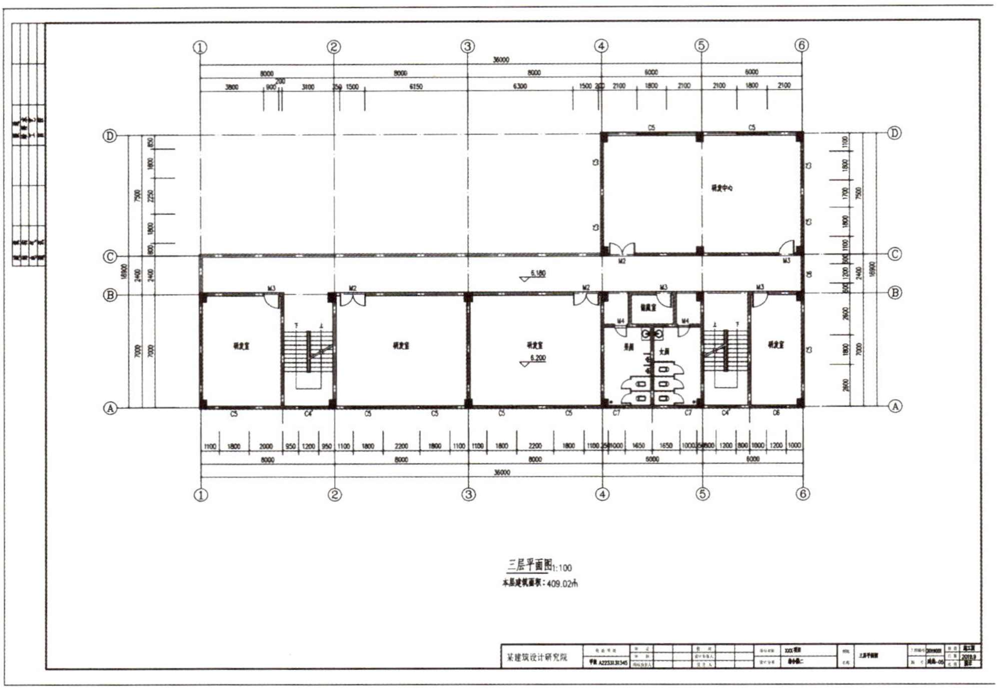

图 7.3.11　完成打印

参 考 文 献

［1］中华人民共和国住房和城乡建设部．总图制图标准：GB/T 50103—2010［S］．北京：中国计划出版社，2011.

［2］中华人民共和国住房和城乡建设部．建筑制图标准：GB/T 50104—2010［S］．北京：中国计划出版社，2011.

［3］中华人民共和国住房和城乡建设部．建筑结构制图标准：GB/T 50105—2010［S］．北京：中国建筑工业出版社，2010.

［4］中华人民共和国住房和城乡建设部．房屋建筑制图统一标准：GB/T 50001—2017［S］．北京：中国建筑工业出版社，2017.

［5］夏玲涛．建筑 CAD［M］．2 版．北京：中国建筑工业出版社，2018.

［6］刘吉新，张雁．建筑 CAD［M］．2 版．哈尔滨：哈尔滨工业大学出版社，2017.

［7］刘进军．建筑 CAD［M］．2 版．哈尔滨：哈尔滨工业大学出版社，2016.

［8］董祥国．AutoCAD 2014 应用教程［M］．南京：东南大学出版社，2014.

［9］董祥国．建筑 CAD 技能实训［M］．北京：中国建筑工业出版社，2016.